接　　地

陈先禄　刘渝根　黄　勇　编　著

重庆大学出版社

内 容 提 要

本书主要叙述接地的基本概念、基本原理,发电厂、变电站和输电线路接地的有关问题,降低接地电阻的方法,计算机及电子设备接地,接地参数的数值计算、现场测试和模拟试验的原理和方法以及接地装置的腐蚀机理和防腐措施。本书注重理论联系实际,并吸收国内外的新技术和新成果,可作为电工学科本科、研究生参考教材,也可供从事接地工程的技术人员参考。

图书在版编目(CIP)数据

接地/陈先禄等编著.—重庆:重庆大学出版社,2001.8(2022.1 重印)
ISBN 978-7-5624-2646-2

Ⅰ.接… Ⅱ.陈… Ⅲ.接地系统 Ⅳ.TM62

中国版本图书馆 CIP 数据核字(2002)第 04750 号

接 地

陈先禄 刘渝根 黄 勇 编著
责任编辑:彭 宁 版式设计:彭 宁
责任校对:任卓惠 责任印制:张 策

*

重庆大学出版社出版发行
出版人:饶帮华
社址:重庆市沙坪坝区大学城西路 21 号
邮编:401331
电话:(023) 88617190 88617185(中小学)
传真:(023) 88617186 88617166
网址:http://www.cqup.com.cn
邮箱:fxk@cqup.com.cn (营销中心)
全国新华书店经销
POD:重庆新生代彩印技术有限公司

*

开本:787mm×1092mm 1/16 印张:10.5 字数:262 千
2002 年 7 月第 1 版 2022 年 1 月第 6 次印刷
ISBN 978-7-5624-2646-2 定价:30.00 元

前言

接地技术已经有二百多年的发展历史，目前它已成为保障电力系统、电子设备和建筑设施等安全可靠运行和人身安全的重要技术措施之一。编写本书的目的是为了帮助学生学习接地的基本概念、基本原理和基本方法；熟悉发电厂、变电站接地设计的方法和步骤；了解国内外接地技术的最新发展。同时为了帮助从事接地工程的技术人员更好地理解和执行国家有关接地的规程和标准。因此，作者在编写本书时，既强调接地的基本概念，又注重接地工程的实际应用，重视技术结论或设计要点，同时尽可能反映国内外在接地技术方面的先进水平。本书还介绍了作者及其同事们长期从事接地技术研究所取得的成果，以及为国内近百座 110 ~ 500kV 发电厂、变电站进行接地设计或咨询工作中所取得的经验和技术结论。

本书共分为 7 章，绪论、第 1 章、第 7 章由陈先禄教授编写，第 3 章、第 6 章由黄勇同志编写，第 2 章、第 4 章、第 5 章、由刘渝根同志编写。

在书稿的编写过程中，曾得到肖新华和刘黎两同志的大力支持，帮助收集整理资料和绘图。在校阅过程得到重庆大学出版社彭宁编辑的支持和热情帮助。对他们的辛勤劳动，作者表示衷心的感谢，同时也感谢对本书编写给予关心和帮助的同志们。

目录

绪 论

二百多年来，接地技术已经从建筑物的一种防雷保护措施发展成为保障电气设备、建筑设施安全可靠运行和人身安全的重要技术措施之一。它涉及能源、军事、建筑、交通、电子通信、石油化工及家用电器等部门和行业，正愈来愈受到广大工程技术人员的普遍重视。

一、接地的基本概念和作用

关于接地的定义在不同的教科书中有不同的提法。通常认为接地是指电气系统的某些节点或电气设施的某些导电部分与地（包括大地，或范围比较广泛、能用来代替大地的等效导体）之间的电气连接。在国家标准 DL/T621—1997《交流电气装置的接地》中定义为：将电力系统或建筑物中电气装置、设施的某些导电部分经接地线连接至接地极。

接地的目的是利用地作为传导电流回路的一个元件，从而在正常、事故或遭受雷击的情况下将电气连接处的电位固定在某一允许的范围内，以保证人身和设备安全，维护系统和设施安全可靠地运行。

电气连接处与地相接触的导体称为接地体。若接地体为垂直埋设在地中的金属导体则称为垂直接地体；若接地体为水平埋设在地中的金属导体则称为水平接地体；若接地体为一组水平埋设的金属导体网格则称为水平接地网。若接地体为水平接地网和垂直接地体共同构成则称为复合（或立体）接地网。电气回路或电气设备与接地体之间的电气连线称为接地引线。接地引线、接地体统称为接地装置或接地系统。

由于地中电场和人工电场的影响，虽然没有电流经接地体向地中流散，但接地处仍存在一定的电位，它一般不超过 10V。在电气系统发生故障或遭受雷击的情况下，有电流经接地体向地中流散，这种流散电流称为入地电流。当存在入地电流时，接地处或接地体对无穷远处的电位称为接地电位或地电位升高。接地电位与接地电流之比称为接地电阻。

当电力系统发生接地短路故障或遭受雷击时，接地电位可达到几到几百千伏，这样高的电位可能使设备遭受反击而损坏其绝缘，或者造成设备误动作，影响供电的安全可靠性。同时，当电流在地中流散时，在地面上将出现梯度电压，此时人站在接地体附近地面上或在地上行走，可能遭受到接触电压和跨步电压的作用被电击。

在较高电压等级（110kV 及以上）的电力系统中，为了降低系统的内部过电压和绝缘水平，减少绝缘投资费用，保证继电自动装置和过电压保护装置可靠动作，须将系统的中性点接地。

电流流进人体会发生触电事故,轻者受伤,重则导致死亡。据不完全统计,每年全国有几千人触电死亡。因电热老化或机械损伤等原因,往往使电气设备的绝缘损坏,会因漏电而使原来不带电的金属部分带电。如果金属外壳没有接地,则具有相电压,人碰到就很危险;若将金属外壳接地,就可以使大部分电流通过接地体而流散到地中,经分流后只有很小的电流经过人体,接触金属外壳的人员就不会发生危险。

雷电是大自然界极为壮观的声、光、热、电现象。它严重地影响着人类的生产活动和生活活动。接地是控制雷电的基本措施之一。对于雷电,大地是保持宇宙电系统平衡,消散雷电能量的终端。自从1745年富兰克林发明避雷针并用来保护圣·马诺教堂起,接地装置就与防雷装置同步发展。避雷针、避雷线、避雷器只有通过良好的接地装置才能将强大的雷电流引入大地耗散掉。为了避免因经接地体流入大地的电流所产生的接地电位升高对邻近的设备造成反击以及因此而使地面上的人体遭受接触电压和跨步电压的袭击,对接地装置应有严格的要求。

静电,在2600年前希腊人塔利斯发现了琥珀被其他物体摩擦后具有吸引轻小物体的能力的时候起就被人们所认识。但是在过去几千年的历史中,它没有像雷电那样凶猛,而且呈现出一幅温柔而又神秘的面孔,没有引起人们的重视。但是到了火箭和电子信息技术高度发展的今天,摩擦所产生的静电就足以使电子计算机元件损坏;微小的静电火花可能烧毁呼啸飞行的巨型火箭。特别是近几十年来,随着高分子聚合技术的发展及其原材料的使用,在工业生产和人们生活中,静电带来了不容忽视的影响和灾害。如石油、化工、兵工、船舶、航天工业等部门,由于静电常引起燃烧和爆炸。又如在高级宾馆、会堂,由于静电会使人们遭受电击产生不愉快,甚至发生二次事故。在呼啸飞掠长空的欧洲-I号火箭因静电引起爆炸以及成万吨石油油库因静电火灾爆炸等事件发生后,震惊了科学界。现在静电防护为发达国家所高度重视。比如美国国防部制订了静电防护规范。我国现正进行静电防护规范的制订工作。在静电防护措施中接地是基本措施之一,它有如下作用:泄漏带电体的静电荷;防止与带电体附近导体的感应而带电;限制带电体电位升高而产生静电放电。

随着电子技术日益向高频率、宽平带、高集成度、高可靠性和高精度方向发展,电磁干扰已成为系统和设备正常工作的突出障碍。所谓电磁干扰是指系统内部或外部的电噪声源的电压或电流通过传导或者电磁场辐射传到某一设备并影响该设备性能时,称为电磁干扰。由于电磁干扰的存在,轻则使系统或设备运行不稳定,严重者可使电子元件毁坏。对于新型模式(MOS)电子计算机,电压超过5V将导致误动作或元件损坏。避免和消除电磁干扰的主要方法之一就是接地或经屏蔽接地。

综上所述,接地是维护系统或设备正常运行(稳定性和可靠性),保障设备、设施和人身的安全,防止雷电和静电危害,抑制电磁干扰等必不可少的措施。目前接地技术愈来愈为人们所重视,国内外不少专家学者正对接地进行深入而广泛的研究。

二、研究内容和方法

接地的种类可以根据地电流的频率、接地的用途和设备、设施的不同来划分。根据接地电流的频率可分为交流(工频)接地、直流接地和冲击(包括雷电、操作波和核电磁脉冲)接地。直流电流在大地中流动会在接地体周围产生恒定电流场,工频电流也可以这样近似认为。在研究直流或工频接地时,要从恒定电场理论出发,研究地中电流的分布规律。表征接地装置性能的重要参数是接地装置的接地电阻,接地电位升高,接地装置上土地表面的电位分布,接触电压和跨步电压。利用传导电流和位移电流在地中分布的相似性,电容和接地电阻互为倒数的关系,能够对简单接地体进行计算。对于复杂接地体,要从理论上对以上参数进行分析计算是很困难的,而且不切实际。过去采用简单接地体计算公式的组合或者用由实验总结出来的经验方式进行计算。国内外不少学者和专家从20世纪70年代开始研究接地参数的数值计算方法,中国、美国、加拿大、法国等都编制了接地计算程序,并用于工程之中。在冲击电流或雷电流通过接地体向大地流散时会在接地体周围产生瞬态电磁场,所以应该用瞬态电磁场理论来研究冲击接地。过去常常用冲击接地阻抗来量度冲击接地的作用。所谓冲击接地阻抗是指接地体对地冲击电压瞬时值与注入接地体的冲击电流瞬时值的比值。目前,在工程中常常用冲击接地电阻来表示冲击接地的作用。所谓冲击接地电阻是接地体对冲击电压的幅值与冲击电流幅值之比。接地体的工频接地电阻与冲击接地电阻之比称为冲击系数。

根据接地的不同用途可以将接地分为工作接地、保护接地、防雷接地和防静电及电磁干扰接地。所谓工作接地是指由于系统或设备工作运行的需要而进行的接地。比如电力系统中发电机和变压器中性点直接接地或经消弧线圈接地,直流系统接地和计算机的逻辑接地等。所谓保护接地是指为了保证人身安全,避免发生触电事故,将设备正常情况下不带电的金属部分(如外壳)与接地装置进行良好的金属连接。比如所有的电气设备和家用电器的外壳接地都是保护接地。所谓防雷接地是指为了将雷电引入地中,且减小雷电流通过时的地电位升高而进行的接地。例如避雷针、避雷线和避雷器接地,建筑物、易燃易爆危险品库房的重要防雷接地,输电线路杆塔防雷接地、计算机防雷接地等。所谓防静电和电磁干扰接地是指为了消除静电荷和抑制电磁干扰而进行的接地。比如用来加工、贮存、运输各种易燃易爆液体、气体、粉末状易燃产品的设备、贮存罐等进行的防静电接地,以及电子设备为防止电磁干扰进行的屏蔽接地等。

根据设备和设施的不同可将接地分为发(变)电站接地、输电线路杆塔接地、电子设备接地计算机接地、高层建筑接地、微波塔接地等。

在进行接地装置设计时,首先要知道埋设接地装置处大地的土壤电阻率。测量土壤电阻率的方法常用文莱四极法。土壤的电阻率是由大地的地质结构决定的,由于地下竖直方向各层所含的物质不同,水平方向各部分的物质也可能不相同,具有随机性。所以大地土壤电阻率具有各向异性的特点,沿不同方向,用不同间距测量出的电阻率不同。若遇地下有可被极化的矿体,地的电阻率将随测量电流频率的变化而变化。因此,在工程中应重视对实测的电阻率数据的分析和处理。对于经埋设完备且准备投入运行的接地装置,为了验证设计计算的正确性和为运行提供可靠的数据,都必须进行现场实测。在实测中应注意消除各种干扰带来的误差。对于正在进行设计研究的接地装置,无法用实测的方法来确定它们的参数,为了研究它们的性能,常常将它们按缩小比例模型在电解槽和大型水(或砂)池中进行物理模拟试验,从模型上确定接地装置的结构和参数。重庆大学高压试验室建立了在国内外都比较大型的模拟水池($(10\times10\times2.5\text{m})^3$和5m直径的半球型砂池),利用它们对实际的变电所接地网进行模拟实验研究和接地理论探讨。今后,模拟试验的方法仍然是研究接地的重要方法之一。

本书共分为7章,第1章讲述接地的基本原理;第2章介绍发电厂、变电站接地的有关问题;第3章讲述输电线路杆塔接地,包括冲击接地的有关理论;第4章简单介绍计算机及电子设备接地;第5章介绍降低接地电阻的方法;第6章介绍接地参数的现场测试和模拟试验方法;第7章叙述接地装置的腐蚀及防护措施。

第 1 章 接地的基本原理

1.1 地电参数

人们为了进行正确合理的接地设计,需要了解电流在地中流动的分布规律,而地中电流的分布规律除了和电流的频率有关外,还决定于大地的电学性质。表征大地电学性质的主要参数是大地的电阻率、介电常数和导磁率。

据分析,在一般情况下,研究直流或工频接地时,可以把大地看成导体;而研究冲击接地时,在低地电阻率地区,只需考虑传导电流的作用,只有在高地电阻率地区,才需考虑位移电流的影响。

1.1.1 地电阻率

电阻率是物质的基本属性,它非常明确地表征物质的导电性能。物质的电阻率是该物质单位立方体的电阻,用 ρ 表示,单位为欧[姆]·米,记为 Ω·m。

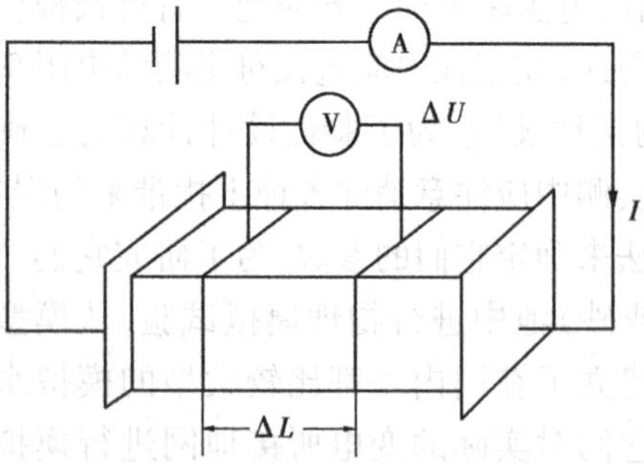

图 1.1 电阻率测试原理图

物质的电阻率一般可采用图 1.1 所示的方法来测量。将被测物质做成横截面积为 S,长度为 L 的几何体,夹在两电极之间,并通以电流,分别用电流表、电压表测出回路中的电流 I 和电极两端的电压 U,则电极间物质的电阻为 $R=\frac{U}{I}$,再由 $R=\rho\frac{L}{S}$ 计算出物质的电阻率为:

$$\rho = R\frac{S}{L} = \frac{U}{I}\cdot\frac{S}{L} \tag{1.1}$$

物质的电阻率与几何形状无关,而电阻则由其几何形状的大小决定。物质的电导率为电阻率的倒数,用 δ 表示,单位为西门子/米,记为 s/m。

1921 年施兰伯格在法国首次将研究地下物质的电阻率用于地质的电法勘探中。电法勘探是以地壳中岩石和矿物的导电性差异为基础,通过观测与研究人工建立的地下电流场的分布规律来达到区分地下物质的种类和分布情况的目的。在接地技术中,为了设计安全可靠而又经济的接地装置,也需要决定地中电流分布规律的地电阻率。有关地电阻率的测量方法将在第6章中介绍。下面介绍常见地下物质的电阻率,并讨论影响电阻率的主要因素。

地电阻率的变化范围很大,在接地工程中常常遇到电阻率小于500Ω·m到大于5 000Ω·m的地层。表1.1列出常见地下物质的电阻率参考值。

表1.1　常见地中物质的电阻率

类别	名　　称	电阻率参考值/Ω·m
泥土	冲积土	5
	陶粘土	10
	泥炭、泥灰岩、沼泽地	20
	黑土、田园土、陶土、白垩土	50
	粘土	60
	砂质粘土	100
	黄土	200
	含砂粘土、砂土	300
	多石土壤	400
	上层红色风化粘土、下层红色页岩	500
	表层土夹石、下层石子	600
砂	砂子、砂砾	1 000
	地层深度大于10m,地下水在深处时草原的砂粒	1 000
	地层深度不大于1.5m,位于多岩石基底上软质粘土	1 000
岩石	砾石、碎石	5 000
	多岩石地	4 000
	花岗岩	200 000
水	海　水	1~5
	湖水、池水	30
	泥　水	15~20
	泉　水	40~50
	地下水	20~70
	溪　水	50~100
	河　水	30~600
其他	金属矿	0.01~1
	混凝土(在水中)	40~50
	混凝土(在湿土中)	100~200
	混凝土(在干土中)	500~1 300
	混凝土(在干燥的大气中)	12 000~18 000
	倒碎的木炭	40

从表1.1可以看出,岩石及土壤的电阻率有一定的变化范围,以下各种因素会使地电阻率发生变化。

1.1.1.1 **地电阻率随外加电场的频率增加而减小**

在变频激发极化物探中发现，用不同频率的电流测量的视在电阻率是不相同的，即使使用的频率很低，也可发现地电阻率随频率的增加而减小。

目前国内外对这种现象提出了电子导体和离子导电两种激发极化的假说[2]。这种激发极化效应是指在充电和放电过程中，由于电化学作用引起缓慢变化的附加电场现象。无论哪种假说，都认为大地的视在电阻率随频率的增大而减小。由第一种假说，根据实验结果，地电阻率有如下近似的计算公式：

$$\rho_f = \frac{\rho_0\rho(1 + A\sqrt{\mathrm{j}f})}{\rho + (\rho_0 + \rho)A\sqrt{\mathrm{j}f}} \tag{1.2}$$

式中：ρ_f——用频率为 f 的电流测量的电阻率；

ρ_0——用直流电流测量的电阻率；

ρ——地中可被极化物体完全激发的电阻率；

A——常数。

由(1.2)式可看出，当频率 $f=0$ 时，$\rho_f=\rho_0$，即直流情况下测得的电阻率。当频率为无穷大时，$\rho_f=\dfrac{\rho_0\rho}{\rho+\rho_0}$，即电阻率为直流情况下和地中可被极化物体完全激发的电阻率的并联值，显然此时电阻率减小了。ρ_0 和 $\dfrac{\rho_0\rho}{\rho_0+\rho}$ 是地电阻率的两个极限值。其中任意频率下的电阻率都是依频率而异的可变复量。

1.1.1.2 **地电阻率随电场强度的增加而下降**

通过实验发现，当地中电场强度超过某一值后，电流和电压已不再是直线关系，而呈现出非线性的电学现象，电阻率随电场强度的增加而下降。在导电的矿物、潮湿或干燥的岩石以及土壤和水中均可以见到。对于这种非线性的电学现象，在潮湿的土壤中，有可能是因为电解溶液中电导在强电场中会增大；在干燥的土壤中，由于颗粒间的空气间隙易于产生局部放电而使

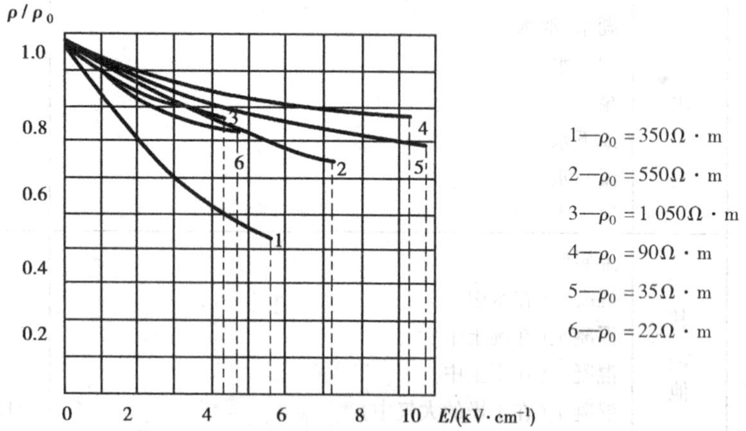

图 1.2 腐殖土壤电阻率与电场强度的关系

电导非线性。地电阻率随地中电场强度的增加而平稳的下降关系，如图 1.2 所示，图中各虚线与横坐标的交点，表示在该电阻率下的击穿场强。

1.1.1.3　地电阻率与其成分和结构的关系

多数岩石及土壤可以视为由均匀相连的胶结物与不同形状的岩石颗粒组成。它们的电阻率决定于这些胶结物和颗粒的电阻率、形状及其相对含量。若胶结物电阻率为ρ_1，颗粒电阻率为ρ_2，当岩石或矿物仅由这两种物质组成时，不同结构的岩石电阻率可由以下表达式来确定：

①球形颗粒

$$\rho = \frac{(\rho_1 + 2\rho_2) - (\rho_1 - \rho_2)V}{(\rho_1 + 2\rho_2) + 2(\rho_1 + \rho_2)V} \tag{1.3}$$

式中：V——颗粒的体积百分含量。

②针状颗粒（其形状近似于拉长的旋转椭球体）

$$\rho_n = \rho_1 \frac{\rho_1 + \rho_2 - (\rho_1 - \rho_2)V}{\rho_1 + \rho_2 + (\rho_1 - \rho_2)V} \tag{1.4}$$

$$\rho_t = \rho_1 \frac{\rho_1 \rho_2}{\rho_1 V + (1 - V)\rho_2} \tag{1.5}$$

式中：ρ_n和ρ_t分别为垂直于颗粒长轴和沿着颗粒长轴方向的电阻率，它们之间的关系为：

$$\rho_n - \rho_t = \rho_1 \frac{V(1 - V)(1 - \mu_{12})^2}{[1 + V + \mu_{12}(1 - V)][V + \mu_{12}(1 - V)]} \tag{1.6}$$

式中：$\mu_{12} = \rho_2/\rho_1$，由于$V \leqslant 1$及$(1 - \mu_{12})^2 \geqslant 0$，故有$\rho_n - \rho_t \geqslant 0$，即$\rho_n \geqslant \rho_t$，这说明，无论$\rho_1$和$\rho_2$及体积百分含量为任何值，垂直于颗粒长轴方向的岩石、矿物的电阻率总是大于沿着颗粒长轴方向的电阻率。

③圆片状颗粒（形状近似于压扁的旋转椭球体）

$$\rho_n = \rho_1(1 - V) + \rho_2 V \tag{1.7}$$

$$\rho_t = \frac{\rho_1 \rho_2}{\rho_1 V + \rho_2(1 - V)} \tag{1.8}$$

式中：ρ_n和ρ_t的含义与针状颗粒相同，它们之间有如下关系：

$$\rho_n - \rho_t = \rho_1 \frac{V(1 - V)(1 - \mu_{12})^2}{V + \mu_{12}(1 - V)} \geqslant 0$$

即$\rho_n \geqslant \rho_t$，垂直于压扁颗粒的电阻率总是大于沿着颗粒压扁方向的电阻率。

根据分析，无论是高阻还是低阻颗粒，当其$V < 60\%$时，整体岩石、矿物的电阻率ρ受ρ_2的影响较小，其值接近胶结物电阻率ρ_1；只有当$V \geqslant 60\%$时，ρ_2才对ρ起作用。这是由于颗粒体积含量不大时，各颗粒是相互分离的，而胶结物是彼此连通的，故矿物颗粒对整体岩石、矿物电阻率影响不大，此时胶结物起主导作用。但当颗粒的体积相当大以至彼此连通时，ρ_2则对整体岩石和矿物的电阻率有明显的影响。

通常，接地工程中涉及到的大地范围从离开接地体几十米（研究电位分布）到数千米（研究接地电阻测量）。在这样的范围内，地电阻率不是均匀的。通常地层具有水平层状和垂直分块结构，这两种结构的地层都是各向异性的。对于由两种电阻率不同的薄层交替分层的情况，可用电阻率分别为ρ_1和ρ_2，两层总厚度分别为h_1和h_2的模型来等效，如图1.3所示。用电阻并联的关系可推得：

$$\rho_n = \frac{h_1\rho_1 + h_2\rho_2}{h_1 + h_2} \tag{1.9}$$

$$\rho_t = \frac{h_1 + h_2}{\frac{h_1}{\rho_1} + \frac{h_2}{\rho_2}} \tag{1.10}$$

式中:ρ_n和ρ_t分别为垂直于分层方向和沿分层方向的电阻率。

由上两式可得:

$$\rho_n - \rho_t = \frac{h_1h_2(\rho_1 - \rho_2)^2}{(h_1 + h_2)(h_1\rho_1 + h_2\rho_2)} \geqslant 0 \tag{1.11}$$

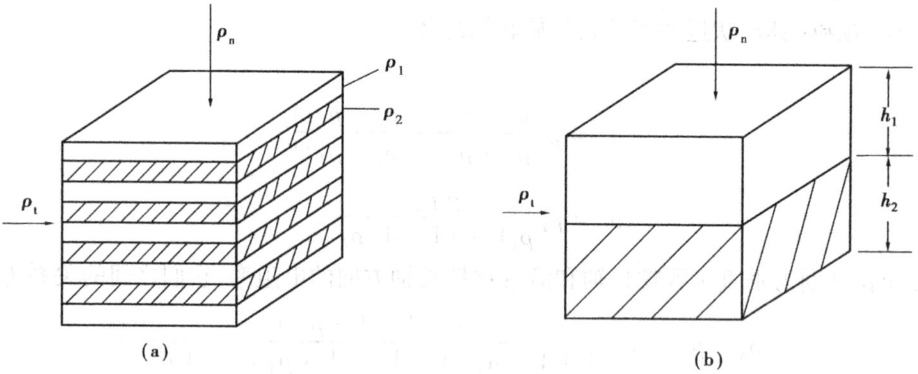

图 1.3　层状岩模型图

(a)实际构造　(b)等效模型

表 1.2　典型地层的各向异性系数

名　　称	$\lambda = \sqrt{\rho_n/\rho_t}$	ρ_n/ρ_t
层理不明的粘土	1.02 ~ 1.05	1.04 ~ 1.10
具有夹石层的粘土	1.05 ~ 1.15	1.10 ~ 1.32
成层砂岩	1.10 ~ 1.59	1.20 ~ 1.65
泥板岩	1.10 ~ 1.59	1.20 ~ 2.50
泥质页岩	1.41 ~ 2.25	2.00 ~ 5.00
煤	1.73 ~ 2.55	3.00 ~ 6.50
无烟煤	2.00 ~ 2.55	4.00 ~ 6.50
石墨页岩及碳质页岩	2.00 ~ 2.75	4.00 ~ 7.50

故只要$\rho_1 \neq \rho_2$,$h_1 \neq 0$和$h_2 \neq 0$,则无论ρ_1和ρ_2及h_1和h_2值的大小如何,皆有$\rho_n > \rho_t$,即总是垂直分层方向的电阻率大于沿分层方向的电阻率。通常用非各向同性系数λ和平均电阻率ρ_m来表示层状结构岩石的导电方向性和非各向同性性,它们的定义为:

$$\lambda = \sqrt{\frac{\rho_n}{\rho_t}} \tag{1.12}$$

$$\rho_m = \sqrt{\rho_n\rho_t} \tag{1.13}$$

常见典型地层的非各向同性系数λ和ρ_n/ρ_t列于表1.2中。

对于垂直分块结构地层,如图1.4。若两块电阻率分别为ρ_1和ρ_2,面积为A_1和A_2的土壤,其等值电阻率可按下式计算：

$$\rho_{eq}=\frac{(A_1+A_2)\rho_1\rho_2}{A_2\rho_1+A_1\rho_2} \tag{1.14}$$

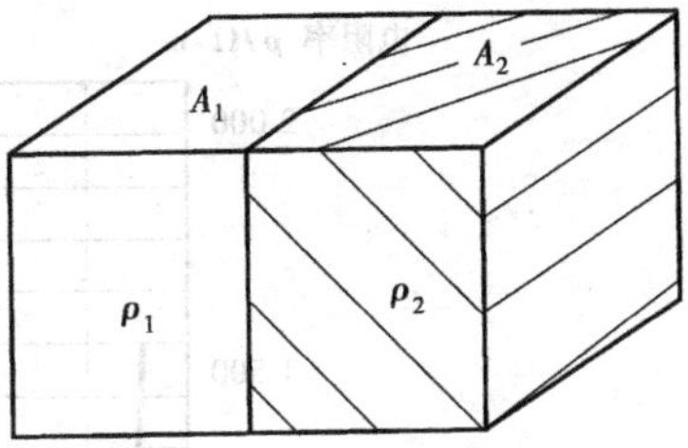

图1.4　垂直分块结构

1.1.1.4　地电阻率与地中所含水分的关系

在自然界的岩石、矿石及土壤中，或多或少地含有溶解盐的间隙水，因而它们的电阻率主要决定于水分含量、电解溶液的性质及其浓度，具有离子导电性能。

一般含水量大的岩石和土壤的电阻率较低，而含水量少的干燥岩石和土壤的电阻率则较高。岩石含水量的大小主要取决于岩石和土壤本身的孔隙度及当地水文地质条件。在地下水位面以下，岩石土壤孔隙中几乎充满了地下水，此时岩石含水量便等于岩石孔隙度。表1.3列出了几种常见岩石的孔隙度的测定值。

表1.3　几种常见岩石的孔隙度

分　类	岩石名称	孔隙度/%
沉积岩	土　壤	20.0~69.4
	砂	15.0~63.2
	粘　土	10.1~62.9
	砾　石	20.2~37.7
	页　岩	1.5~44.8
	砂　石	2.0~18.4
	灰　岩	0.7~10.0
变质岩	结晶石灰岩	0.9~8.6
	片麻岩	0.4~7.5
	大理石	0.1~2.1
火成岩	玄武岩	18.7
	安石岩	6.0
	辉长岩	0.4~1.9
	花岗岩	0.4~4.1
	辉绿岩	0.2~5.1
	闪长岩	0.4~4.0
	正长岩	0.9~2.9

处于地下水位面以上的岩石，通常也不是完全干燥的。因为大气中的水分通过降雨渗入地下，在渗透过程中由于岩石颗粒对水的吸附作用，岩石孔隙中能保持一部分水。一般孔隙直径愈小，吸水性愈强，岩石的含水量便越大，则电阻率较低。图1.5绘出了砂及砂混合的粘土的电阻率与含水量的关系。

从图1.5中曲线可以看出，在含水量相同的情况下，砂的电阻率较高。比如，在含水量为15%时，砂比砂混粘土的电阻率约大5倍。这是由于砂总的孔隙度不如粘土多，更主要的是由于粘土的透水性很差，孔隙中的水不易流动，因而溶解并聚集了大量的盐分，矿化度高，所以粘土的电阻率比砂低。

1.1.1.5　岩石电阻率与温度的关系

据实际资料表明，当岩石所处的外界温度发生改变时，其电阻率也会相应发生变化。这是

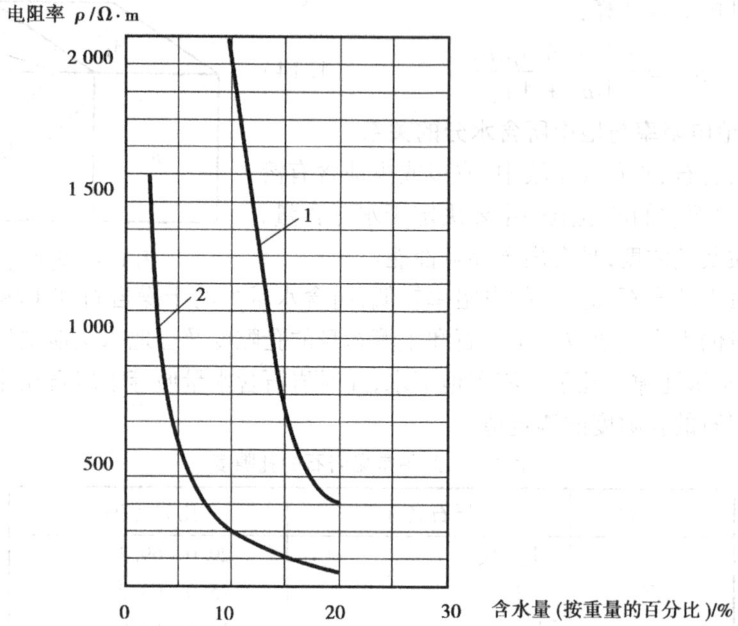

图 1.5 含水量对砂与砂混合的粘土的电阻率的影响

图中:1—砂;2—与砂混合的粘土

由于岩石、矿石中的所含水溶液的电阻率与温度有明显的变化关系。图 1.6 为一块砂岩样本

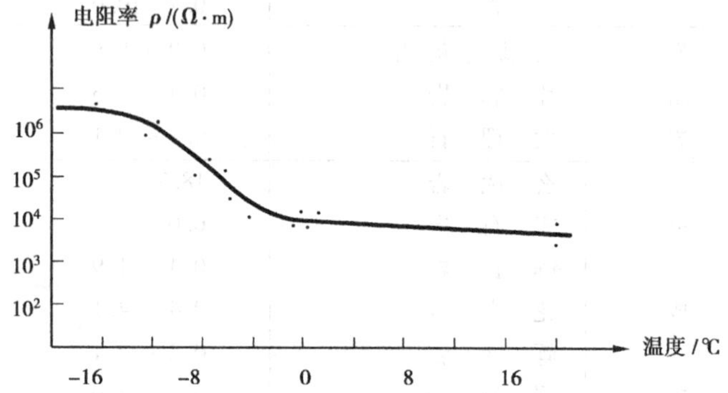

孔隙度 12,湿度 1.5%

图 1.6 含水砂岩电阻率随温度变化的实测曲线

的电阻率随温度变化的实验观测曲线。从图中可以看出,在 0℃以上的正温区内,随温度的升高,电阻率缓慢减小,变化不明显。这说明在常温条件下,温度的变化对岩石电阻率的影响并不大。然而在 0℃以下的负温区,随温度的降低,含水岩石的电阻率明显增高,当温度下降到近 -20℃时,电阻率高达 $10^6\Omega\cdot m$,这是由于岩石孔隙中水溶液结冰后导电性能很差的缘故。

凡温度为负温或零温,且含有冰的各种土层均称为冻土;若不含冰,则称为寒土;冬季冻结,夏季全部融化的土层称为季节冻土。冻结状态持续三年或三年以上的土层为多年冻土。多年冻土的电阻率极高,可达未冻土电阻率的数十倍。例如,在青海省木里多的多年冻土地区的测量结果表明,未冻土与冻土的电阻率变化范围达 500 ~ 15 000$\Omega\cdot m$。

此外,由于地壳常温带(自地表面深度 20 ~ 25m)以下,地温随深度的增加而变大。把地温每升高1℃所下延的深度称为地温增加率，其值因地而异，且同一地区不同深度也不一致。在我国平均约40m增加1℃，这样在地下1 600m深处的地温将比地面约高40℃，在那里金属矿物的电阻率大约降低20%，而含水岩石的电阻率约降低一半。

1.1.2　岩石和土壤的介电常数

在地电阻率较高的地区，需要考虑位移电流的影响。因此介电常数是高地电阻率地区接地设计时应考虑的因素。

从物理学中知道，真空中给定一点电荷 q_0，在其周围空间形成的电场强度为：

$$\vec{E}_0 = \frac{\vec{r} q_0}{4\pi\varepsilon_0 r^3} \tag{1.15}$$

式中：ε_0是真空中的介电常数，r 是观测点离点电荷的距离。当电荷所在的整个空间充满介电常数为 ε 的电介质时，同样数量的点电荷 q_0在其周围电介质中形成的电场强度为：

$$\vec{E} = \frac{\vec{r} q_0}{4\pi\varepsilon r^3} \tag{1.16}$$

式中：$\varepsilon = \varepsilon_r \varepsilon_0$。$\varepsilon_r$是电介质的相对介电常数。由此可见，电场强度缩小了 ε_r 倍。这种减小是电荷 q_0在电介质中被一层符号相反的束缚电荷包围的结果。通常把这种效应说成是极化电荷（束缚电荷）对 q_0起了一定的屏蔽作用。同样，当电介质充满电容器极板之间的整个空间后，其电容量便增大了 ε_r倍。即 $C = \varepsilon_r C_0$，C 是极板间充满电介质时的电容量，C_0为极板间为真空时的电容，因此，该介电常数也可称为电容率。常见岩石和水的介电常数如表1.4。

表1.4　常见岩石和水的介电常数

分　类	岩 石 名 称	介 电 常 数 ε
沉积岩	粘　土	9.5～10.0
	土　壤	2.0～20.0
	碳　岩	8.0～ 8.6
	砂石	4.9
变质岩	角闪岩	7.9～ 8.9
	片麻岩	8.0～15.0
	石英岩	4.36
	大理石	7.0
	页　岩	8.9～ 9.0
火成岩	花岗岩	5.42
	闪长岩	5.9～ 6.3
	玄武岩	15.6
	辉长岩	8.8～10.0
	辉绿岩	11.8
	水	80.0
	石油	2.0～ 2.7

各种岩石的介电常数与下列因素有关:

1. 介电常数与岩石的组成成分有关

前面已经讲到各种岩石是由胶结物和颗粒组成,它们的介电常数也应当由胶结物和颗粒的介电常数决定。一般情况下,两种介质混合物的介电常数 ε 可由如下公式计算:

$$\frac{\varepsilon-1}{\varepsilon-2}=\frac{\varepsilon_1-1}{\varepsilon_1+2}\theta_1+\frac{\varepsilon_2-1}{\varepsilon_2+2}\theta_2 \tag{1.17}$$

式中:ε_1和ε_2分别代表介质 1 和介质 2 的介电常数,θ_1和θ_2分别代表介质 1 和介质 2 在混合物中的体积百分含量,且 $\theta_1+\theta_2=1$。图 1.7 是角闪岩的介电常数 ε 随角闪石含量的变化曲线。

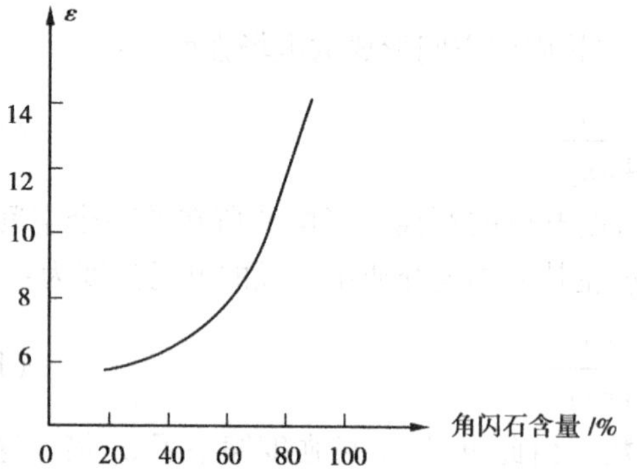

图 1.7 角闪岩的介电常数随角闪石含量的变化曲线

2. 介电常数与岩石湿度的关系

自然状态下的岩石都不同程度地含有水分。水的介电常数很高,因此,岩石中的水分变化对其介电常数有很大影响。当湿度很小时,介电常数与湿度之间的关系几乎是线性的。岩石的介电常数 ε 与湿度 W 之间的关系也可由经验公式 $\varepsilon=\varepsilon_0 W^n$ 来表示,n 是与岩石成分有关的系数,一般在 0.3 ~ 0.33 之间。

3. 压力对岩石介电常数的影响

岩石的介电常数随压力的变化情况,可以从实验得出。图 1.8 是单向压力实验中得出的砂岩、正长岩和花岗岩的介电常数随压力的变化曲线,实线表示加压时的观测结果,虚线表示卸压时的观测结果。从图中可以看出,当 P 小于 6 000N/cm^{2}时,ε 随 P 的变化,变化率很大,当 P 超过6 000N/cm^{2}时,ε 随 P 的变化,变化率逐渐下降,并随 P 的增加趋于常数。当 P 小于 1 000 ~ 2 000N/cm^{2}时,ε 随 P 的变化之所以这样快,是因为接触条件发生了变化。当 P 非常小时(小于 1 000N/cm^2),电极与岩石标本之间接触不良有空气隙,其电容与标本本身的电容串联,就相当于减小了标本本身的电容。压力增大时,电极与标本之间的孔隙减小,空隙电容增加,从而增大了串联电容,相当于增加了岩石的介电常数。因此,当 P 小于 2 000N/cm^{2}时,图 1.8 中 ε 随 P 的变化曲线不能代表岩石介电常数的真正变化,没有实际意义。

4. 温度对介电常数的影响

在实际工作中,常常用实验的办法确定岩石的 ε 随 T 的变化关系。图 1.9 是在不同频率下测得的岩石介电常数随温度的变化曲线。从图中可以看到,当绝对温度达 200K 以前,ε 不随温度变化;当温度达到 200 ~ 300K 之间,ε 随温度增加而急剧上升。当温度达到 300K 以上,ε 随温度变化开始减缓,但直到 400K,ε 仍随温度上升而增大。同时还可以看到,两种频率测定的 ε—T 曲线形状差不多。图 1.10 是水的 ε—T 曲线。

5. 岩石介电常数随外加电场频率的变化关系

无论是电子位移极化,还是有极分子的取向极化都需要一段建立时间。由于电子质量很小,在外电场作用下移动速度很大,因此,完成极化的相应时间非常短,一般在 10^{-16}s 左右。而在有极分子取向极化时,需要转动质量比电子大得多的分子骨架,还要受到其他分子的阻

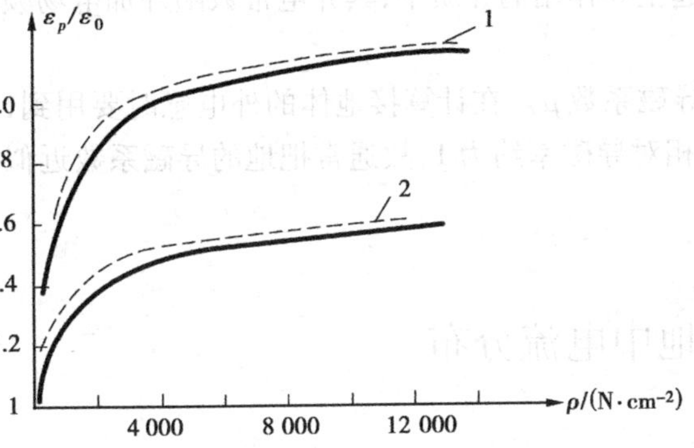

图 1.8　岩石介电常数随压力变化曲线

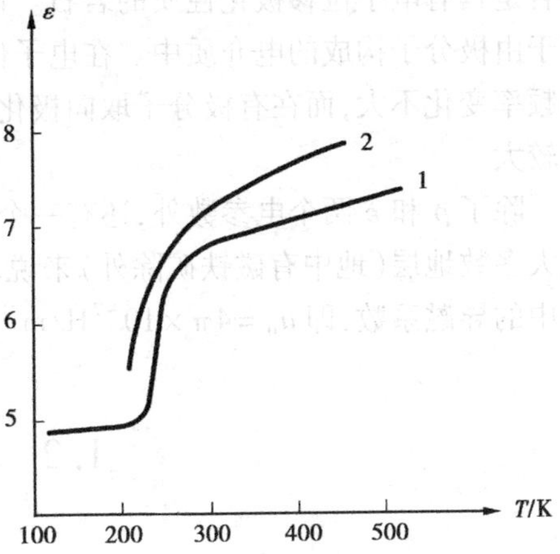

图 1.9　岩石介电常数随温度变化曲线

力，所以完成取向极化的时间较长，一般比完成电子位移极化的时间大几个数量级(如液态水的相应时间为 10^{-11} s，而固态冰的相应时间为 10^{-5}s)。任何电介质中都存在电子位移极化，而取向极化仅存在于有极分子构成的电介质中。在电子位移极化起主导作用的介质中，其介电常数随外加电场频率变化不大；而在有极分子起主导作用的电介质中，其介电常数随外加电场频率变化较大。但在交变电场的周期远小于有极分子的相应时间时，电介质中只剩下电子位移极化，从而极化率大幅度下降。从图 1.11 中可以看到，在 10^{10} Hz 以下的交变电场中，水的介电常数几乎不随频率变化，在 10^{10} Hz 以上的电场

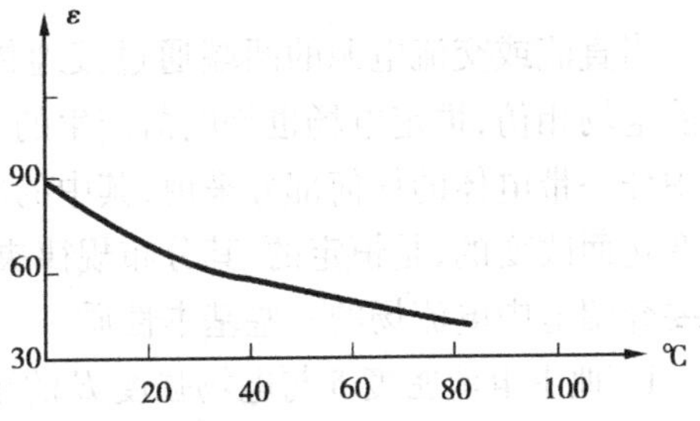

图 1.10　水的介电常数随温度变化曲线

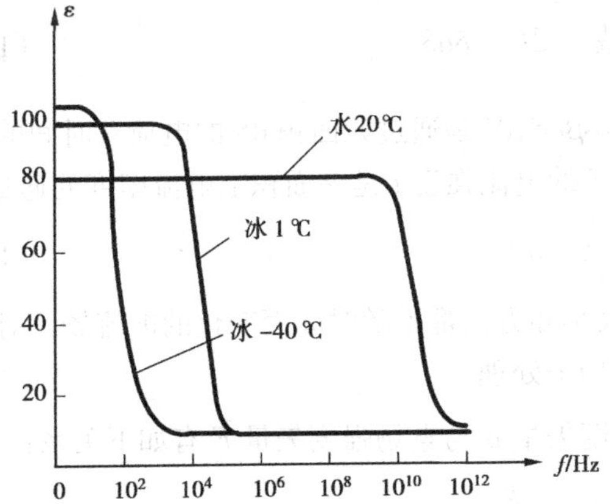

图 1.11　冰和水的 ε—f 曲线

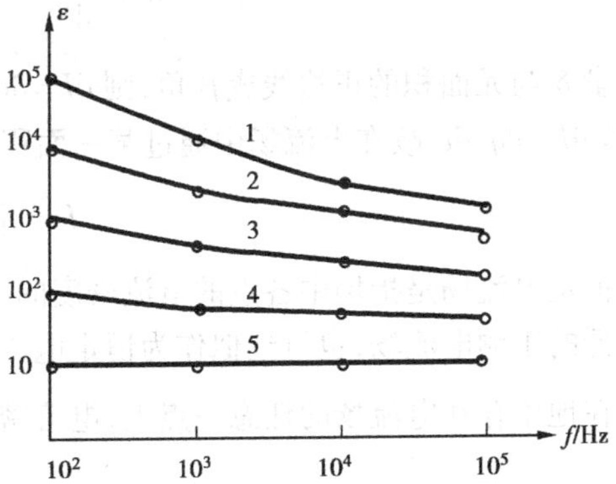

图 1.12　不同湿度粉砂岩的 ε—f 曲线

中，水的介电常数随频率的上升下降很快。冰的介电常数随频率增加下降更早，并且温度越低，下降得越早。图 1.12 中给出了不同湿度的粉砂岩介电常数随频率的变化曲线。从图中可知，当外加电场频率由 10Hz 变到 10^5Hz 时，含水量为 15.7% 的粉砂岩的介电常数变化了两个数量级，而干粉砂岩的介电常数在上述频率范围内，几乎不随外加电场频率变化。这说明干粉

砂岩是具有电子位移极化性质的岩石。任何电介质中都存在电子位移极化，而取向极化仅存在于由极分子构成的电介质中。在电子位移极化起主导作用的介质中，其介电常数随外加电场频率变化不大，而在有极分子取向极化起主导作用的介质中，其介电常数随外加电场频率变化较大。

除了 ρ 和 ε 两个电参数外，还有一个导磁系数 μ。在计算接地体的外电感时要用到，对于绝大多数地层（地中有磁铁矿除外）来说，相对导磁率约为1，故通常把地的导磁系数近似为真空中的导磁系数，即 $\mu_0 = 4\pi \times 10^{-7}$ H/m。

1.2 地中电流分布

1.2.1 地中稳定电流场的基本性质

当直流或交流电源的两端通过接地体与大地相连接，将会在地下建立起恒定的电流场。与静电场相仿，恒定电场也是电荷产生的，只是这些电荷对观察者来说具有相对运动。但是对场中任一带电体的任何部分来说，其中的电荷虽具有宏观运动，但电荷的分布规律是不随时间的变化而改变的，是恒定的，其分布规律决定于地下客观存在的岩石和土壤的分布规律，下面简要介绍地中电流场的一些基本性质。

1. 地中电流密度 δ 与电场强度 E 的正比性

因地中电流分布在较大范围的地下空间中各处的情况可能不同，就必须用场的方法来处理，这就是大家熟悉的电流场。电流场的场函数是电流密度 $\vec{\delta}$，它是一个矢量。电流场中某一点的电流密度，其方向是该点正电荷运动的方向，其大小等于通过在该点垂直于正电荷运动方向的单位面积的电流强度 dI 与该单位面积的比值，即

$$\delta = \frac{\mathrm{d}I}{\mathrm{d}S} \quad \text{或} \quad \mathrm{d}I = \delta \mathrm{d}S \tag{1.18}$$

若矢量 $\vec{\delta}$ 与元面积的正法线成 β 角，则 $\mathrm{d}I = \delta\cos\beta\mathrm{d}S$，d$I$ 是通过元面积 dS 的电荷对时间的变化率，即 $\mathrm{d}I = \mathrm{d}q/\mathrm{d}t$，故在电流场中通过某一面积 S 的电流强度 I 是该面积上电流密度的通量，即

$$I = \int_S \vec{\delta} \cdot \mathrm{d}\vec{S} \tag{1.19}$$

所谓恒定电流场是指场中各点的电流密度的大小和方向都不随时间而变化的电流场。对于频率较低的工频电流场，也可近似作为恒定电流场来处理。

在地中存在电流场的任意一点上，电流密度矢量 $\vec{\delta}$ 与电场强度矢量 $\vec{E}$ 有如下关系：

$$\vec{\delta} = g\vec{E} = \frac{\vec{E}}{\rho} \tag{1.20}$$

这也是欧姆定律的微分形式，其中 g 为地电导率，$\rho = 1/g$ 为地电阻率，由于它在地中任意一点均成立，所以它适用于任何结构的不均匀土壤和不均匀电流密度分布的情况。在各向同性的介质中，$\vec{\delta}$ 和 $\vec{E}$ 的方向一致，而在非各向同性非均匀介质中，$\vec{\delta}$ 和 $\vec{E}$ 的方向不一致。

在恒定电流场中电荷的运动是稳定的。可以在电流流过的空间范围绘制出曲线来形象地

描绘电流场的分布，使曲线上各点的切线与该点的电流密度方向一致，此曲线叫电流线。电流线是闭合的，或延伸到无限远，从式(1.20)可以看出，在电阻率较小的地方或电场强度较强的地方，电流线的密度大。

2. 地中电流场的连续性

对于恒定电流场，包含电流强度为 I 的电流源的任意闭合曲面的通量表达式为：

$$\oint_S \vec{\delta} \cdot \mathrm{d}\vec{S} = I \tag{1.21}$$

式中 S 为包围电流源的闭合曲面。上式表示电荷守恒定律，它说明电荷既不能无中生有，也不能消灭，如果闭合曲面 S 内不含电流源，则上式为：

$$\oint_S \vec{\delta} \cdot \mathrm{d}\vec{S} = 0 \tag{1.22}$$

它说明在恒定电流场中电流是连续的，即在任何闭合面内，正电荷或负电荷不会不断积累，其微分形式为：

$$\mathrm{div}\,\vec{\delta} = 0 \tag{1.23}$$

上式表明在恒定电流场中，电流线是无源的，既无始端又无终端。

3. 恒定电流场的势场性

从恒定电流场的上述性质可知，电荷在空间的分布是稳定的，即不随时间的改变而改变，因此，它和静电场一样也是一种势场。在恒定电流场中任意一点 M 的电位 U 等于单位正电荷从该点移动到无限远处电场力所做的功

$$U = \int_M^\infty \vec{E} \cdot \mathrm{d}\vec{l} \tag{1.24}$$

故电场强度与电位梯度有如下关系：

$$\vec{E} = -\,\mathrm{grad}U \tag{1.25}$$

势场是一种无旋场，在地中由导电土壤组成的任一闭合回路中，电流场所做的功恒等于零，即

$$\oint_l \vec{E} \cdot \mathrm{d}\vec{l} = 0 \tag{1.26}$$

上式的微分形式是：

$$\mathrm{rot}\,\vec{E} = 0 \tag{1.27}$$

1.2.2　电流场中不同电阻率介质分界面上的边界条件

1. 第一类边界条件

①离接地体无限远处电位为零，即 $r\to\infty$，$U=0$，r 为点 M 离接地体的距离。

②$r\to 0$ 时，$U\approx U_0$，U_0 为接地体上的电位，此式表示与接地体邻近点的电位与接地体的电位几乎相等。

2. 第二类边界条件

在地表面，除电流流入地点外，电流密度的法向分量等于零，即

$$\delta_n = -\frac{1}{\rho}\frac{\partial U}{\partial n} = 0 \tag{1.28}$$

3. 第三类边界条件

①根据电位函数的连续性,可以证明在两种不同电阻率介质交界面上满足:

$$u_1 = u_2$$

②在分界面处电流密度的法向分量相等,有:

$$\delta_{1n} = \delta_{2n} \quad 或 \quad \frac{1}{\rho_1}\frac{\partial u_1}{\partial n} = \frac{1}{\rho_2}\frac{\partial u_2}{\partial n} \tag{1.29}$$

③在分界面处电场强度的切向分量相等,即:

$$E_{1t} = E_{2t} \quad 或 \quad \delta_{1t}\rho_1 = \delta_{2t}\rho_2 \tag{1.30}$$

④如图 1.13 所示,电流线在分界面上要产生折射,且两种不同电阻率介质中电流密度方向与分界面间夹角的正切之比等于两介质电阻率的反比,即:

$$\tan\theta_1 / \tan\theta_2 = \rho_2 / \rho_1 \tag{1.31}$$

该式叫电流线的折射定律。很容易证明,电流从接地体向地中流散时,导体表面的电流线与导体表面垂直,如图 1.14 所示。

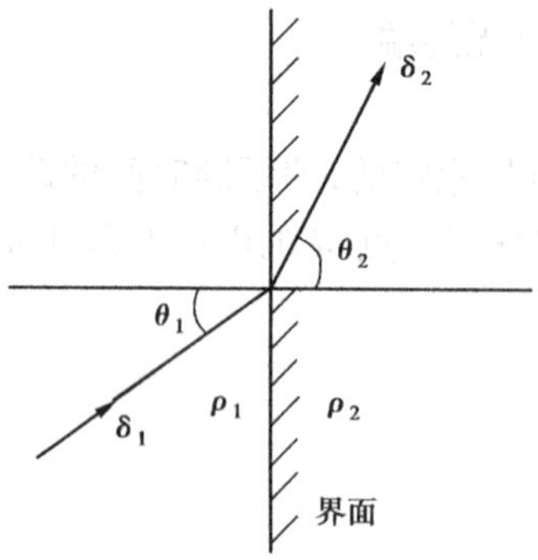

图 1.13 电流密度在分界面上的变化

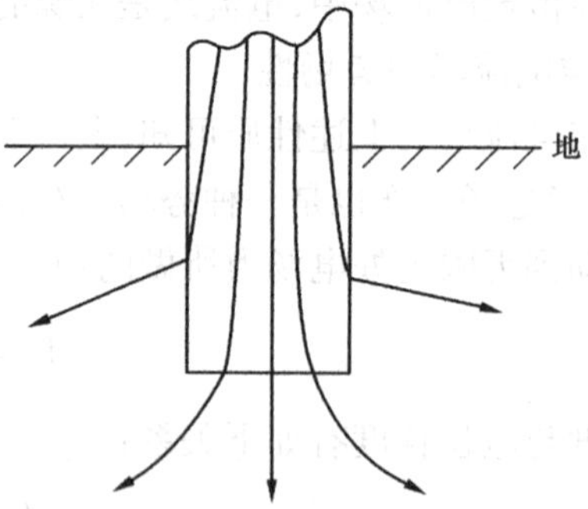

图 1.14 电流从接地体向地中流散

1.2.3 均匀介质中的点源电流场

求解恒定电场,就是根据所给定的边界条件求解微分方程(拉普拉斯方程):$\nabla^2 u = 0$。

在接地理论研究中,根据问题的需要,常将拉普拉斯方程转换成不同坐标系中的表达式,常见坐标系中拉普拉斯方程的表达式分别为:

直角坐标系(x,y,z)中的拉普拉斯方程为:

$$\frac{\partial^2 u}{\partial x^2} + \frac{\partial^2 u}{\partial y^2} + \frac{\partial^2 u}{\partial z^2} = 0 \tag{1.32}$$

在圆柱坐标系(r,ϕ,z)中的拉普拉斯方程为:

$$\frac{\partial^2 u}{\partial r^2} + \frac{1}{r}\frac{\partial u}{\partial r} + \frac{1}{r^2}\frac{\partial^2 u}{\partial \phi^2} + \frac{\partial^2 u}{\partial z^2} = 0 \tag{1.33}$$

在球坐标系(r,θ,ϕ)中的拉普拉斯方程为:

$$\frac{\partial}{\partial r}\left(r^2\frac{\partial u}{\partial r}\right) + \frac{1}{\sin\theta}\frac{\partial}{\partial \theta}\left(\sin\theta\frac{\partial u}{\partial \theta}\right) + \frac{1}{\sin^2}\frac{\partial^2 u}{\partial \phi^2} = 0 \tag{1.34}$$

下面用解析法来分析讨论均匀土壤中,点电流源的地中电流分布规律。

1. 一个点电流源的地中电流场

假设在电阻率为 ρ 的均匀各向同性的无限土壤介质中，有一电流源 A，其电流强度为 I，如图 1.15 所示，求距 A 点为 r 处的 M 点的电位。此问题具有球形对称的性质，故选用球坐标。把点源置于 A 点，由于任意一点的电位只与距离 r 有关，所建立的拉普拉斯方程如下：

$$\frac{\partial}{\partial r}\left(r^2 \frac{\partial u}{\partial r}\right) = 0 \tag{1.35}$$

对上式积分得：

$$u = -\frac{C}{r} + C_1 \tag{1.36}$$

C、C_1 均为积分常数。由第一类边界条件，即 $r \to \infty$ 时，$u = 0$，故有 $C_1 = 0$。由于电流强度为 I，则 M 点处的电流密度 $\delta = \frac{I}{4\pi r^2}$，又

$$\delta = \frac{1}{\rho}E = \frac{1}{\rho}\left(\frac{-\partial u}{\partial r}\right) = \frac{1}{\rho}\left(-\frac{C}{r^2}\right)$$

因此，$C = -\frac{\rho I}{4\pi}$，将 C, C_1 之值代入式(1.36)，得离点电流源距离为 r 的 M 点的电位和电场强度分别为：

$$u = \frac{\rho I}{4\pi r} \quad 和 \quad E = \frac{\rho I}{4\pi r^2} \tag{1.37}$$

这就是均匀、各向同性的土壤介质中点电流源电场的电位分布公式。其电流线分布是以 A 为中心向四周辐射的直线，其等位面是以 A 点为球心，半径不同的同心球面，如图 1.15 所示。

1) 点电流源在地表面

设地面为无限大平面，大地为均匀、各向同性的介质。当点电流源 A 从地表面向地中注入电流 I 时，求地中任意一点 M 的电位。其分析方法同无限介质中一样，只考虑在半无限介质中电流密度应比无限大介质中大一倍，即 $\delta = \frac{I}{2\pi r^2}$，从而可得，$C = -\frac{\rho I}{2\pi}$，因此 M 点的电位和电场强度分别为：

$$u = \frac{\rho I}{2\pi r} \quad 和 \quad E = \frac{\rho I}{2\pi r^2}$$

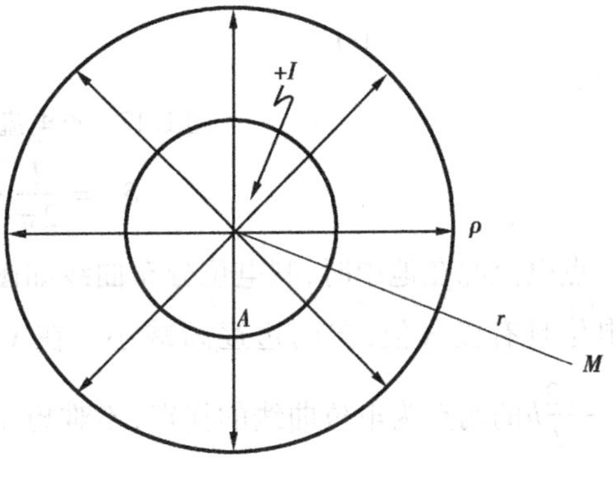

图 1.15　各向同性的无限介质中的地中电流场分布

可见，地中电流场中各点的电位、电流密度和电场强度均与注入电流强度成正比，电位 u 与 r 成反比，E, δ 与 r 的平方成反比，电流线是以 A 点为中心，在半无限介质中呈辐射状，其等位面为以 A 点为中心的半球面，如图 1.16 所示。

2) 点电流源在地中

如图 1.17(a) 所示，当点电流源 A 位于地中 h 深度时，利用镜像法可求得地中任意一点 M 的电位：

$$u = \frac{\rho I}{4\pi}\left(\frac{1}{r} + \frac{1}{r'}\right) \tag{1.38}$$

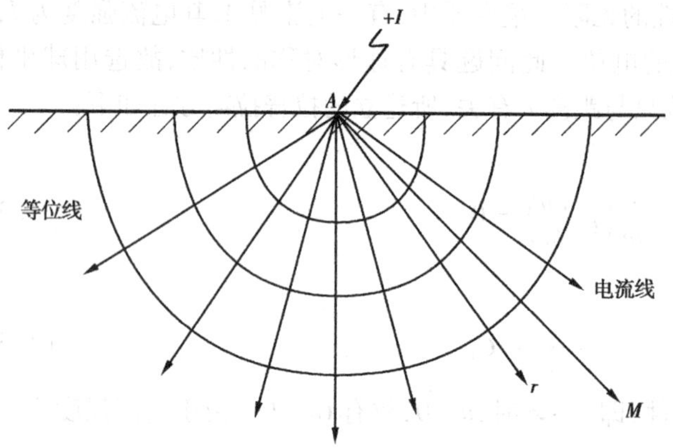

图 1.16　半无限各向同性介质中的电流场分布

式中 r' 为 M 点与点电流源 A 的镜像之间的距离。

当 M 点在地面时，有 $r=r'$，则地面上任意一点的电位为：

$$u=\frac{\rho I}{2\pi\sqrt{h^2+x^2}} \tag{1.39}$$

式中 x 为地面上 M 点与点电流源在地表投影点 O 之间的距离。由式(1.39)可得沿 x 方向的电场强度 E_x 和电流密度 δ_x 为：

$$E_x=\frac{\rho I}{2\pi}\cdot\frac{x}{(h^2+x^2)^{3/2}} \tag{1.40}$$

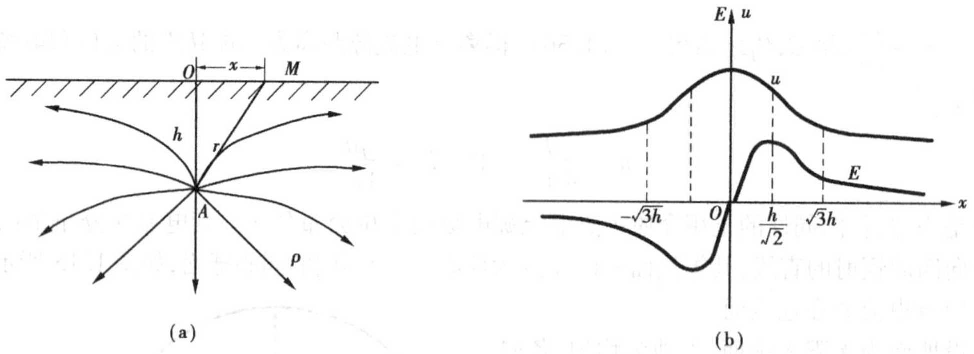

图 1.17　点电流源在地中的电场分布

$$\delta_x=\frac{I}{2\pi}\cdot\frac{x}{(h^2+x^2)^{3/2}} \tag{1.41}$$

点电流源在地中时，其电位分布曲线如图 1.17(b)所示，从图中可以看出，在 A 点的正上方电位具有极大值，向两边逐渐减小。在 $x=\pm\sqrt{3}h$ 的两点上，电位等于极大值的一半；在 $x=\pm\frac{\sqrt{2}}{2}h$ 的两点为电位曲线的拐点，不难想象，在地面上的等位线是以 O 为圆心的同心圆，如果选取相邻等位线的电位差相等，则等位线在拐点附近密集，而在 O 点附近和远处稀疏。

在 $x=0$ 处，电场强度等于零，两侧的电场强度分布曲线以 O 点反对称，这是电流自 O 点向两侧流出造成的，在电位曲线的拐点处，电场强度出现极大值。在 $x=0$ 和 $\pm\frac{\sqrt{3}}{2}h$ 的地方有 3 个拐点，电流密度的分布规律与电场强度完全相同。两者只在量值上差一个常数，地中电流分布也不再呈辐射状，如图 1.17(a)所示。

2. 地表两个异性点电流源的地中电流场

如图 1.18 所示，点电流源 A 和 B 相距为 $2L$，分别以 $+I$ 和 $-I$ 向地下注入电流。根据电场的叠加原理，场中任意一点 M 的电位等于点电流源 A 和 B 分别单独作用时在 M 点所产生的电位的叠加，即有：

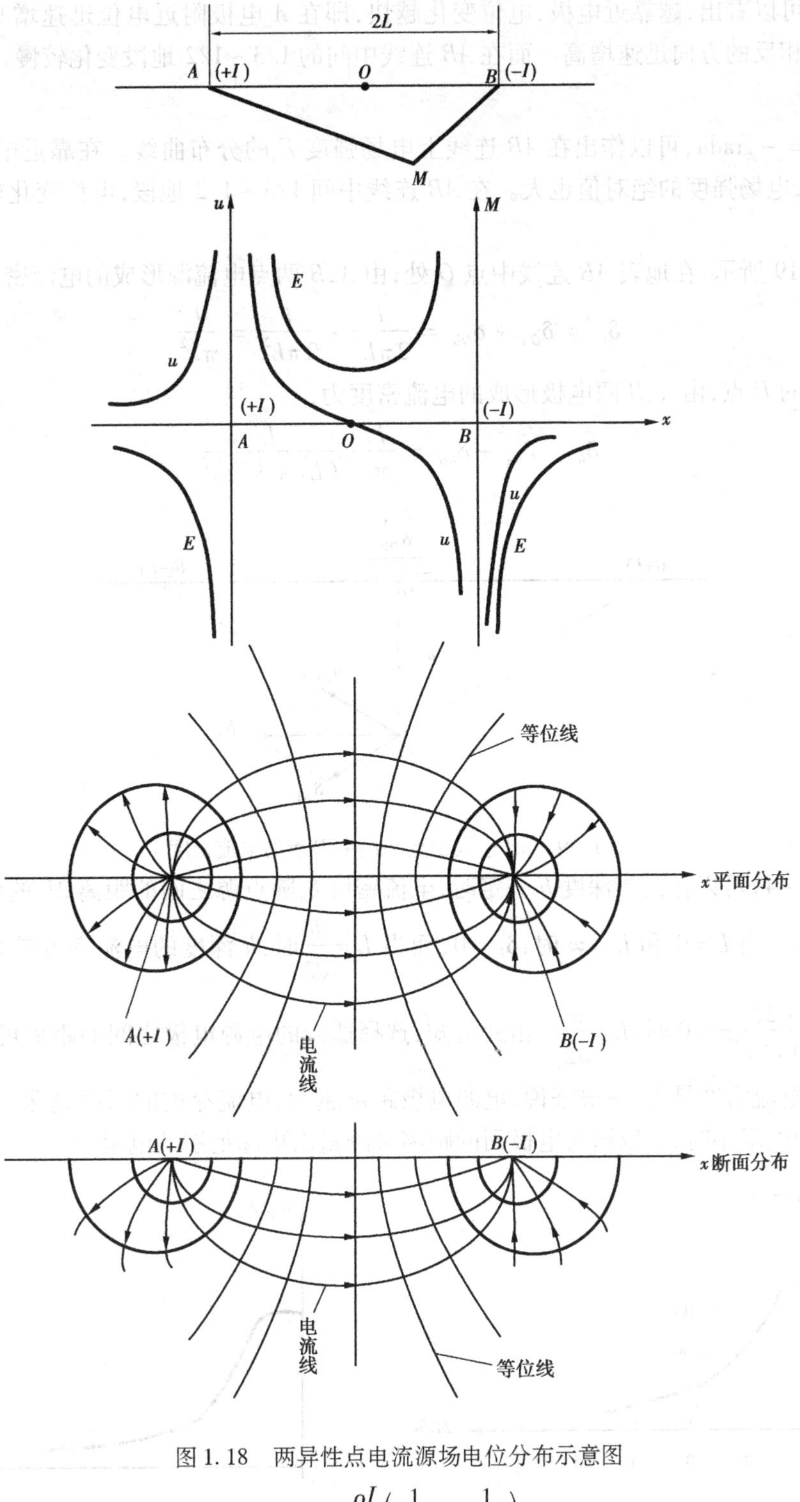

图 1.18　两异性点电流源场电位分布示意图

$$u_M = \frac{\rho I}{2\pi}\left(\frac{1}{AM} - \frac{1}{BM}\right) \tag{1.42}$$

由此式可以作出在地面 A、B 连线上电位的变化曲线，如图 1.18 所示。

从图中可以看出，越靠近电极，电位变化越快，即在 A 电极附近电位迅速增高，在 B 电极附近电位向相反的方向迅速增高。而在 AB 连线中间的 1/3 ~ 1/2 地段变化较慢，AB 连线中点电位为零。

根据 $\vec{E} = -\mathrm{grad}u$，可以作出在 AB 连线上电场强度 E 的分布曲线。在靠近电极处电位变化快的地方，电场强度的绝对值也大。在 AB 连线中间 1/3 ~ 1/2 地段，电位变化较缓慢，电场强度较小。

如图 1.19 所示，在地表 AB 连线中点 O 处，由 A，B 两点电流源形成的电流密度为：

$$\delta_O = \delta_{OA} + \delta_{OB} = \frac{I}{2\pi L^2} + \frac{I}{2\pi L^2} = \frac{I}{\pi L^2} \tag{1.43}$$

而在深为 h 的 P 点，由 A、B 两电极形成的电流密度为：

$$\delta_h = \delta_{hA} + \delta_{hB} = \frac{I}{\pi} \cdot \frac{L}{(L^2 + h^2)^{3/2}} \tag{1.44}$$

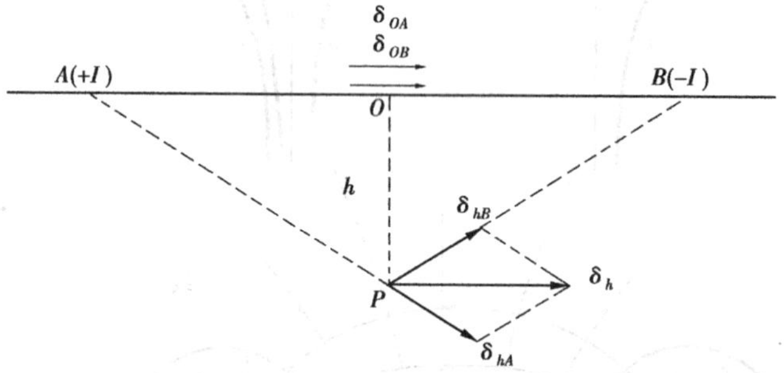

图 1.19　AB 连线中点和地中 P 点的电流密度

由式(1.44)可以作出当深度 h 一定时，电流密度 δ_h 随点源之间的距离 $2L$ 的变化规律，如图 1.20 所示。当 $L=0$ 和 $L\to\infty$ 时，$\delta_h=0$；而当 $L=\frac{h}{\sqrt{2}}$ 时，h 深度的电流密度最大，这是因为 $\frac{\partial \delta_h}{\partial L} = \frac{I}{\pi} \frac{h^2 - 2L^2}{(h^2 + L^2)^{5/2}} = 0$ 时，$L = \frac{h}{\sqrt{2}}$。由此可知，选择适当的电源电极之间的距离可以使要了解的深度上的电流密度最大，一般来说，电源电极距离越大，电流穿透的深度越深。根据这一道理，在测量地电阻率时，可以增大电极间的距离来测量出更深地层的电阻率。

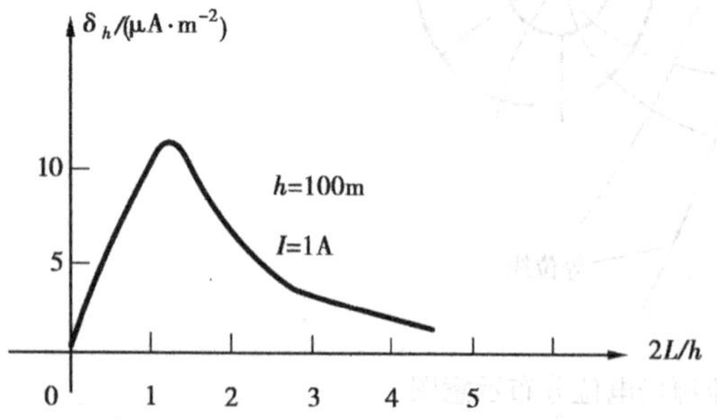

图 1.20　h 深处电流密度随电极距离的变化关系

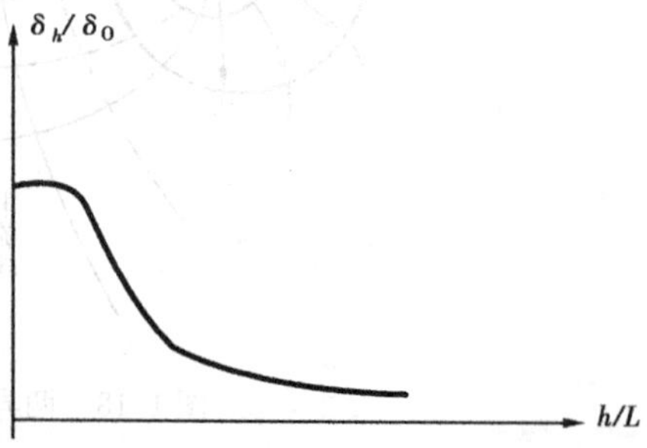

图 1.21　δ_h 随深度 h 的变化关系

由$\frac{\delta_h}{\delta_O}=\frac{1}{[1+(h/L)^2]^{3/2}}$可以画出电流密度随深度$h$的变化曲线，如图1.21所示。从图中可以看出，随着深度的增加，电流密度的变化率开始减缓，然后迅速减小，如当h为$1.5\times 2L$时，$\delta_h/\delta_O=0.032$。

1.2.4　非均匀土壤中的地中电流场

如图1.22所示，在电阻率为ρ_1的土壤中，埋藏着两块电阻率不同的岩石，左边为高电阻率的岩石($\rho_2>\rho_1$)，右边为低电阻率的岩石($\rho_3<\rho_1$)。在地面上由AB两电极向地中注入电流，由于高低电阻率岩石的存在，地中电流的分布与均匀土壤的情况有差别。根据电场强度切向分量在分界面上连续的边界条件，即$E_{1t}=E_{2t}$或$\delta_{1t}\rho_1=\delta_{2t}\rho_2$，可以分别写出高低电阻率与土壤交界面上$M_1$和$M_2$两点的电流密度与电阻率的关系式，即：

M_1点：
$$\frac{\delta_{1t}}{\delta_{2t}}=\frac{\rho_2}{\rho_1}$$

M_2点：
$$\frac{\delta'_{1t}}{\delta'_{3t}}=\frac{\rho_3}{\rho_1}$$

式中：δ_{1t}，δ_{2t}分别为高电阻率岩石表面上M_1点处界面两侧的电流密度的切向分量；δ'_{1t}，δ_{3t}为低电阻率岩石表面上M_2点处界面两侧的电流密度的切向分量。由M_1点的表达式可知，如果高电阻率岩石的电阻率ρ_2比ρ_1高100倍，则M_1点界面外的电流密度δ_{1t}比界面里边的电流密度δ_{2t}大100倍。由此可以得出这样的结论，即高电阻率的岩石具有排斥电流的能力，电阻率越高，排斥能力越强；当$\rho_2\to\infty$时，$\delta_{2t}\to 0$，即绝缘体能将初始电流全部排斥到周围介质中；而低电阻率岩石正好相反。同样，由M_2点的边界条件可知，当ρ_3比ρ_1小100倍，则低电阻率岩石上M_2点界面内的电流密度δ_{3t}比界面外土壤中的电流密度δ'_{1t}大100倍，即低电阻率岩石具有吸引电流的能力，电阻率越低，吸引能力越强，当$\rho_3=0$时，$\delta'_{1t}=0$，即理想良导体能将与其界面相切的初始电流全部吸引至导体内部。

由于高电阻率岩石具有排斥电流和低电阻率岩石具有吸引电流的特性，于是由A极注入地中的电流，在经过各种岩体流向B极的路线上，具有避开高电阻率岩石和通过低电阻率岩石的规律，每条电流线都按所遇到阻力最小的路径通向B极即服从所谓能量最小原理。这种阻力仍为岩石电阻率的不均匀及各电流线间所具有的排斥作用的总和。由于电流线间互相排斥的作用存在，所以地下电流不可能全部集中在低电阻率岩石中，也不可能全部沿地表面从A极流向B极，总是分散在整个地下，只是各区域电流密度不同而已。

图1.22绘出了地面AB连线上电位u和电场强度E的分布曲线。由于高电阻率岩石排斥电流的结果，使上方电流密度增加，E曲线在正常量的基础上有所增大，由于低电阻率岩石吸引电流，使岩石上方电流密度减小，因而E曲线在正常量的基础上明显减小。

由于地球重力场的作用，在地壳中经常形成各种岩层的水平分界面，如沉积岩在沉积过程中受重力作用，在最下面形成砂砾岩层，然后是细砂层和粘土层。此外，由于地壳运动，地壳中也常形成垂直分层结构。下面分别讨论水平分层和垂直分层的土壤中的点电流场电位函数的计算。

1. 水平分层地面点电流源场中的电位分布计算

如图1.23所示，在大地有n层水平分层时，各层电阻率分别为ρ_1，$\rho_2\cdots\rho_i\cdots\rho_n$，各层的厚度

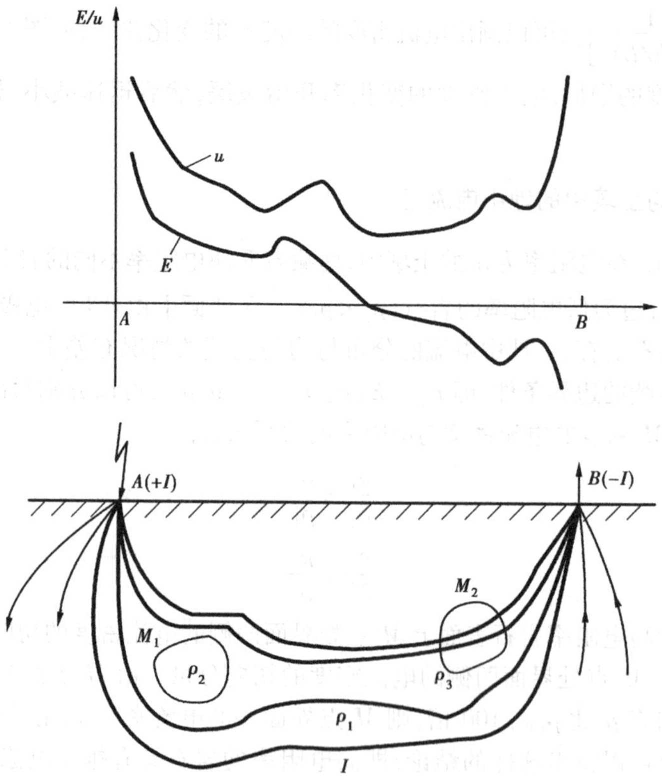

图 1.22 非各向同性地中的电流分布

分别为 $h_1, h_2 \cdots h_i \cdots h_n$。界面 2 到界面 n 距地面的深度分别为 $H_2, H_3 \cdots H_i \cdots H_n$，在 A 点注入电流强度为 I 的电流。

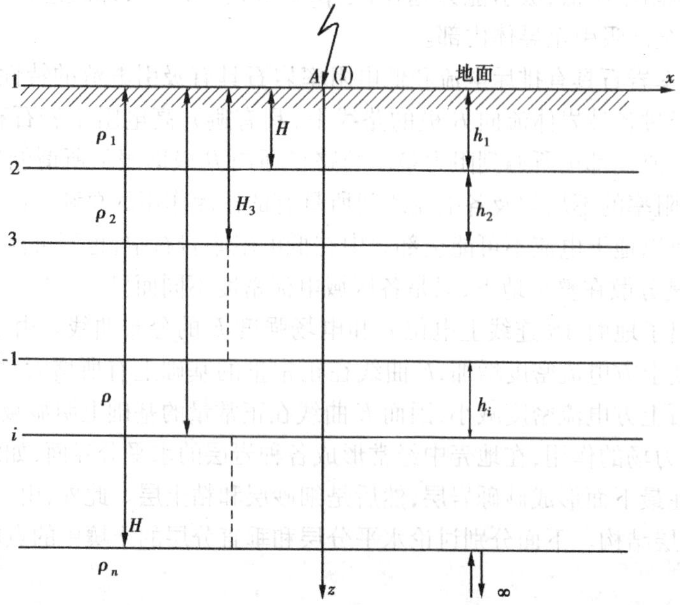

图 1.23 n 层水平分层土壤剖面图

选取圆柱坐标系统，将原点设在 A 点，z 轴垂直向下。由于问题的解对 z 轴对称，与 ϕ 无关，故电位分布满足下面形式的拉普拉斯方程：

$$\frac{\partial^2 u}{\partial r^2} + \frac{1}{r}\frac{\partial u}{\partial r} + \frac{\partial^2 u}{\partial z^2} = 0 \tag{1.45}$$

用分离变量法求解此拉普拉斯方程，设 $u(r,z)=f(r)\ \varphi(z)$，式中 $f(r)$ 只是变量 r 的函数，$\varphi(z)$ 只是变量 z 的函数，代入式(1.45)整理得：

$$\frac{1}{f(r)}\frac{\mathrm{d}^2 f(r)}{\mathrm{d}r^2} + \frac{1}{r}\frac{1}{f(r)}\frac{\mathrm{d}f(r)}{\mathrm{d}r} + \frac{1}{\varphi(z)}\frac{\mathrm{d}^2\varphi(z)}{\mathrm{d}z^2} = 0 \tag{1.46}$$

由于式(1.46)中前两项只与 r 有关，而第三项只与 z 有关，可以令：

$$\frac{1}{f(r)}\frac{\mathrm{d}^2 f(r)}{\mathrm{d}r^2} + \frac{1}{r}\frac{1}{f(r)}\frac{\mathrm{d}f(r)}{\mathrm{d}r} = -m^2 \tag{1.47}$$

$$\frac{1}{\varphi(z)}\frac{\mathrm{d}^2\varphi(z)}{\mathrm{d}z^2} = m^2 \tag{1.48}$$

则

$$\frac{\mathrm{d}^2 f(r)}{\mathrm{d}r^2} + \frac{1}{r}\frac{\mathrm{d}f(r)}{\mathrm{d}r} + f(r)m^2 = 0 \tag{1.49}$$

$$\frac{\mathrm{d}^2\varphi(z)}{\mathrm{d}z} - \varphi(z)m^2 = 0 \tag{1.50}$$

式(1.49)的解为零阶贝塞尔函数 $J_0(mr)$ 和 $Y_0(mr)$，而式(1.50)的解为 e^{mz} 和 e^{-mz}。当 $r=0$，是发散的，所以通解中 $Y_0(mr)$ 应舍去，又由于 m 为任意正数，因此可连续取 $0\sim\infty$ 之间的所有值，故

$$u_i = \int_0^\infty J_0(mr)[A_i(m)\mathrm{e}^{-mz} + B_i(m)\mathrm{e}^{mz}]\mathrm{d}m \tag{1.51}$$

式中 $i=2,3\cdots n-1$，$A_i(m)$ 和 $B_i(m)$ 是积分变量 m 的函数。

在接地工程中，主要关心地表面的电位分布，因此，只分析第一层土壤中的电位 u_1。由于第一层土壤中有电流源 A，所以除了 A 点外，其他各处的电位均满足拉普拉斯方程，这样第一层土壤中的电位分布 u_1 可以看成由两部分组成，一部分是电流源在半无限介质中产生的电位

$$u'_1 = \frac{I\rho_1}{2\pi R}, R = \sqrt{r^2 + z^2}$$

另一部分就是拉普拉斯方程的解，即

$$u''_1 = \int_0^\infty [A_1(m)\mathrm{e}^{-mz} + B_1(m)\mathrm{e}^{mz}]J_0(mr)\mathrm{d}m$$

则

$$u_1 = u'_1 + u''_1 = \frac{I\rho_1}{2\pi R} + \int_0^\infty [A_1(m)\mathrm{e}^{-mz} + B_1(m)e^{mz}]J_0(mr)\mathrm{d}m \tag{1.52}$$

在地面上，由于上层介质是空气，其电阻率为无限大，由第二类边界条件式(1.28)有：

$$\left(\frac{\partial u_1}{\partial z}\right)_{z=0} = 0$$

即 $\left(\frac{\partial u_1}{\partial z}\right)_{z=0} = \left\{\frac{-I\rho_1 z}{2\pi(r^2+z^2)^3} + \int_0^\infty [B_1(m)\mathrm{e}^{mz} - A_1(m)\mathrm{e}^{-mz}]J_0(mr)m\mathrm{d}m\right\}_{z=0} =$

$$\int_0^\infty [B_1(m) - A_1(m)] J_0(mr) m\mathrm{d}m = 0$$

由此可得,$B_1(m) = A_1(m)$,则有

$$u_1 = \frac{I\rho_1}{2\pi\sqrt{r^2 + z^2}} + \int_0^\infty B_1(m)(\mathrm{e}^{-mz} + \mathrm{e}^{mz}) J_0(mr)\mathrm{d}m \tag{1.53}$$

对于其他各界面,根据第三类边界条件式(1.29)和式(1.30)有:

$$(u_1)_{z=H_2} = (u_2)_{z=H_2}$$

$$(u_2)_{z=H_3} = (u_3)_{z=H_3}$$

$$\cdots$$

$$(u_{n-1})_{z=H_n} = (u_n)_{z=H_n}$$

$$\frac{1}{\rho_1}\left(\frac{\partial u_1}{\partial z}\right)_{z=H_2} = \frac{1}{\rho_2}\left(\frac{\partial u_2}{\partial z}\right)_{z=H_2}$$

$$\frac{1}{\rho_2}\left(\frac{\partial u_2}{\partial z}\right)_{z=H_3} = \frac{1}{\rho_3}\left(\frac{\partial u_3}{\partial z}\right)_{z=H_3}$$

$$\cdots$$

$$\frac{1}{\rho_{n-1}}\left(\frac{\partial u_{n-1}}{\partial z}\right)_{z=H_n} = \frac{1}{\rho_n}\left(\frac{\partial u_n}{\partial z}\right)_{z=H_n}$$

实际工程中,n 总是有限的,下面分别讨论 $n=2$ 和 $n=3$ 时的地面电位分布。

1)当 $n=2$ 时,可由边界条件推得:

$$B_1(m) = \frac{I\rho_1}{2\pi}\frac{K_{12}\mathrm{e}^{-2mh_1}}{1 - K_{12}\mathrm{e}^{-mh_1}} \tag{1.54}$$

式中:$K_{12} = \dfrac{\rho_2 - \rho_1}{\rho_2 + \rho_1}$

把 $B_1(m)$代入式(1.53),并用韦伯-李普希金积分,把 u_1展开为级数形式,化简可得第一层土壤中的电位分布函数为:

$$u_1 = \frac{\rho_1 I}{2\pi}\left[\frac{1}{\sqrt{r^2 + z^2}} + 2\sum_{n=1}^{\infty}\frac{K_{12}^n}{\sqrt{r^2 + (2nh_1 + z)^2}}\right] \tag{1.55}$$

实际上接触电压和跨步电压出现在地表面($z=0$),则有:

$$u_1 = \frac{\rho_1 I}{2\pi}\left[\frac{1}{r} + 2\sum_{n=1}^{\infty}\frac{K_{12}^n}{\sqrt{r^2 + (2nh_1)^2}}\right] \tag{1.56}$$

将式(1.56)对 r 求导,可得地面电场强度:

$$E_1 = \frac{\rho_1 I}{2\pi}\left[\frac{1}{r^2} + 2\sum_{n=1}^{\infty}\frac{K_{12}^n}{[r^2 + (2nh_1)^2]^{3/2}}\right] \tag{1.57}$$

式中 r 为电流源到地面任意一点 M 的距离。由式(1.56)和式(1.57)可以看出,M 点的电位和电场强度与 r,h_1,I,ρ_1,ρ_2有关,给定这些参数后,就可以惟一确定出 M 点的电位和电场强度。

2)当 $n = 3$ 时,用同样的方法可以求得三层水平分层的土壤中,地表面的电位为:

$$u_1 = \frac{\rho_1 I}{2\pi}\int_0^\infty \frac{1 - c(m)\mathrm{e}^{-2mh_1}}{1 + c(m)\mathrm{e}^{-2mh_1}} J_0(mr)\mathrm{d}m \tag{1.58}$$

式中：

$$c(m)=\frac{\rho_2-\rho_1\left[\frac{1+K_{23}e^{-2mh_2}}{1-K_{23}e^{-2mh_2}}\right]}{\rho_1+\rho_2\left[\frac{1+K_{23}e^{-2mh_2}}{1-K_{23}e^{-2mh_2}}\right]}\qquad K_{23}=\frac{\rho_3-\rho_2}{\rho_3+\rho_2}$$

2. 垂直分层土壤中点电流源的电场分布

如图 1.24 所示，假定有一 n 层垂直分层的土壤模型，电流从第一层土壤表面 A 点注入。取圆柱坐标系(r,φ,x)，原点在 A 点，x 轴平行于地面并与界面 $x_1,x_2\cdots x_i\cdots x_n$垂直，$\rho_1,\rho_2\cdots\rho_i\cdots\rho_n$为各层电阻率，$h_1,h_2\cdots h_i\cdots h_n$为各层的厚度。要计算 x 轴上 M 点的电位，仍采用求解拉普拉斯方程的方法，其拉普拉斯方程为：

$$\frac{\partial^2u_i}{\partial r^2}+\frac{1}{r}\frac{\partial u_i}{\partial r}+\frac{\partial^2u_i}{\partial x^2}=0\tag{1.59}$$

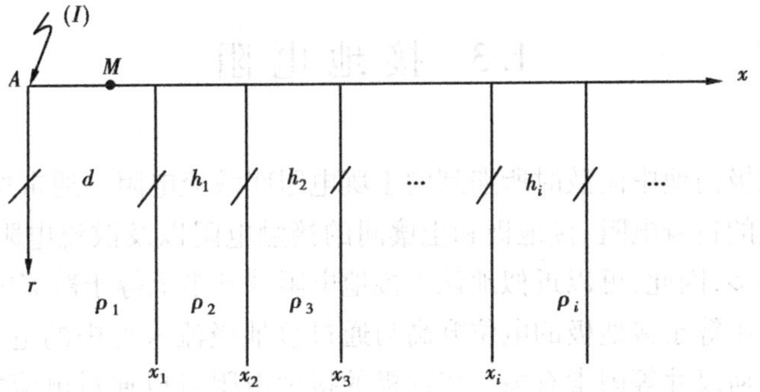

图 1.24　n 层垂直分层的土壤模型

仿照多层水平分层土壤电位分布的求解步骤得：

$$u_i=\int_0^\infty\left[A_i(m)e^{-mx}+B_i(m)e^{mx}\right]J_0(mr)dm\tag{1.60}$$

$$u_1=\frac{\rho_1I}{2\pi}\int_0^\infty\left[\frac{\rho_1I}{2\pi}e^{-m|x|}+B_1(m)\right]J_0(mr)dm\tag{1.61}$$

$$u_n=\int_0^\infty A_n(m)J_0(mr)e^{-mx}dm\tag{1.62}$$

当 $n=2$ 时，地面上(即 $r=0$)的电位为：

$$u_1=\frac{\rho_1I}{2\pi}\left[\frac{1}{x}+\frac{K_{12}}{2h_1-x}\right]\tag{1.63}$$

$$u_2=\frac{\rho_2I}{2\pi}\frac{1-K_{12}}{x}\tag{1.64}$$

地面电场强度为：

$$E_1=\frac{\rho_1I}{2\pi}\left[\frac{1}{x^2}-\frac{K_{12}}{(2h_1-x)^2}\right]\tag{1.65}$$

$$E_2=\frac{\rho_2I}{2\pi}\frac{1-K_{12}}{x^2}\tag{1.66}$$

式中：$K_{12}=\frac{\rho_2-\rho_1}{\rho_2+\rho_1}$。

当 $n=3$ 时,地面上(即 $r=0$)的电位为:

$$u_1=\frac{\rho_1 I}{2\pi}\left[\frac{1}{x}+\frac{K_{12}}{2h_1-x}+(1-K_{21})^2K_{23}\sum_{i=0}^{\infty}\frac{(K_{21}K_{23})^i}{2h_1+2(i+1)h_2-x}\right] \tag{1.67}$$

$$u_2=\frac{\rho_2 I}{2\pi}(1-K_{12})\left[\sum_{i=0}^{\infty}\frac{(K_{21}K_{23})^i}{2ih_2+x}+K_{23}\sum_{i=0}^{\infty}\frac{(K_{21}K_{23})}{2(i+1)h_2+2h_1-x}\right] \tag{1.68}$$

$$u_3=\frac{\rho_3 I}{2\pi}(1-K_{12})(1-K_{23})\sum_{i=0}^{\infty}\frac{(K_{21}K_{23})^i}{2ih_2+x} \tag{1.69}$$

式中:

$$K_{21}=\frac{\rho_1-\rho_2}{\rho_1+\rho_2}=-K_{12},K_{23}=\frac{\rho_3-\rho_2}{\rho_3+\rho_2}$$

1.3 接地电阻

当电流经接地极向地中流散时所遇到的土壤电阻叫散流电阻。通常所说的接地电阻包括接地极和接地引线的自身电阻、接地极和土壤间的接触电阻以及散流电阻。因为散流电阻比其他两种电阻大得多,因此,可以近似地认为接地电阻就基本上等于散流电阻。

接地电阻的大小等于接地极的电位升高与通过接地极流入地中的电流的比值,它与土壤特性及接地极的几何尺寸等因素有关。接地极的接地电阻可以通过电流场的求解得到,电气设备大多在工频电源下运行,由求解恒定电流场计算得到的接地电阻,在工频下仍然适用。下面以半球形接地极为例进行讨论。如图 1.25 所示,设金属半球的半径为 r_0,经它向地中流散的电流为 I,假定大地是电阻率为 $\rho(\Omega\cdot\mathrm{m})$ 的均匀半无限大介质。

在离球心 O 距离为 $r(r>r_0)$ 处的电流密度为:

$$\delta_r=\frac{I}{2\pi r^2} \tag{1.70}$$

电场强度为:

$$E=\rho\delta_r=\frac{\rho I}{2\pi r^2} \tag{1.71}$$

以无穷远处为零电位参考点,则 r 处的电位为:

$$u_r=\int_r^{\infty}E\cdot\mathrm{d}r=\int_r^{\infty}\frac{\rho I}{2\pi r^2}\cdot\mathrm{d}r=\frac{\rho I}{2\pi r} \tag{1.72}$$

则接地极上的电位为:

$$u_0=\frac{\rho I}{2\pi r_0} \tag{1.73}$$

所以,半球形接地极的接地电阻为:

$$R=\frac{u_0}{I}=\frac{\rho}{2\pi r_0} \tag{1.74}$$

半球形接地极的接地电阻也可直接由包围在接地极外面厚度为 $\mathrm{d}r$ 的半球体薄壳的土壤电阻串联求得,即:

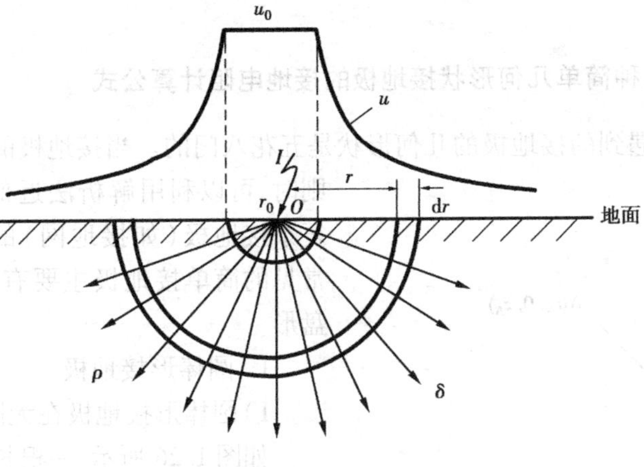

图 1.25　均匀土壤中的半球形接地极

$$R = \int_{r_0}^{\infty} \frac{\rho \mathrm{d}r}{2\pi r^2} = \frac{\rho}{2\pi r_0} \tag{1.75}$$

如果要计算由 r_0 到 r 之间的土壤电阻 R'，显然有：

$$R' = \int_{r_0}^{r} \frac{\rho \mathrm{d}r}{2\pi r^2} = \frac{\rho}{2\pi}\left(\frac{1}{r_0} - \frac{1}{r}\right) = \frac{\rho}{2\pi r_0}\left(1 - \frac{r_0}{r}\right) = R\left(1 - \frac{r_0}{r}\right) \tag{1.76}$$

式(1.76)中，当 $r = 10r_0$ 时，将有 $R' = 0.9R$。可见离开接地极距离为接地极尺寸 10 倍以内的土壤电阻 R' 占接地极接地电阻 R 的 90%，所以该部分土壤的特性对接地极接地电阻具有很大的影响。

由恒定电流场和静电场的相似性，可以很方便地利用静电场中已知的电容公式来写出接地电阻的计算公式：

$$R = \frac{\varepsilon\rho}{C} \tag{1.77}$$

式中 ε 和 ρ 分别为土壤的介电系数和电阻率，C 为接地极对无穷远处的电容。由上式可以看出接地极的接地电阻和其电容成反比，在 ε 和 ρ 一定的情况下，接地极的电容与其几何尺寸成正比，因此，接地极尺寸越大，电容也越大，则接地电阻越小。在接地工程中，接地网的尺寸一经确定，其接地电阻就基本确定，在接地网内增加导体对减小接地电阻的作用不大，这是由于内部导体被四周的导体所屏蔽，电流绝大部分都是由地网边缘导体流出的缘故。

一个由多根水平导体组成的接地网可以近似地当作一块孤立的金属平板，它的电容主要由面积大小决定。如果在平板上装有较短的垂直接地极，不足以改变决定电容大小的几何尺寸，电容增加不多，接地电阻减小亦不多。经大量的研究和分析，只有当垂直接地极长度可以和地网等值半径相比拟时，接地电阻才有明显的减小。例如在均匀土壤中，半径为 r 的金属圆盘在地表面时的接地电阻为

$$R = \frac{\rho}{4r} \tag{1.78}$$

若在圆盘内密密麻麻打入无数根长短不同的垂直接地极，使之构成为半径 r 的半球形接地极，其接地电阻如式(1.74)，比较圆盘和半球形接地极的接地电阻计算式可以发现，在同样的土壤中，相同半径的圆盘和半球形接地极的接地电阻相比，半球形接地极只比圆盘接地极减小了 36.3%。这个例子说明，众多的垂直接地极因相互屏蔽没有起到应有的散流作用，而白白地浪

费掉了。

1.3.1 常见几种简单几何形状接地极的接地电阻计算公式

接地工程中所遇到的接地极的几何形状是五花八门的。当接地极的形状简单而又比较规则时，可以利用解析法近似地导出计算公式，为复杂接地极（如接地网）的参数计算打下基础。常见的简单接地极主要有：圆棒形、圆环形和圆盘形。

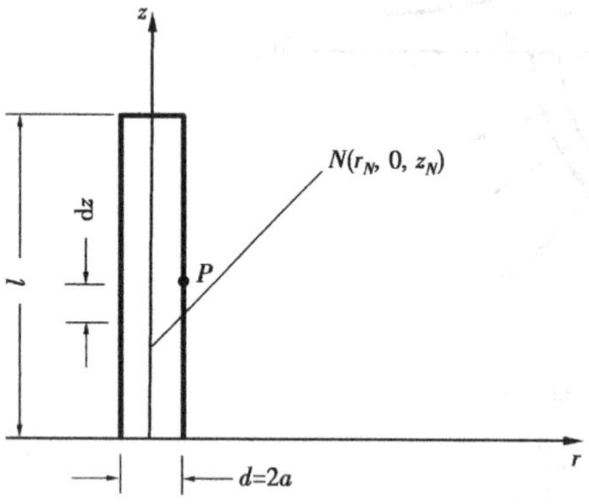

图 1.26 无限大均匀介质中的圆棒形接地极

1. 圆棒形接地极

1）圆棒形接地极在无限大介质中

如图 1.26 所示，一根长度为 l，半径为 r_0 的圆棒处于无限大电阻率为 ρ 的均匀介质中，经圆棒流入介质的电流为 I，当 $l \gg r_0$ 时，忽略端部效应近似地认为流入介质的电流沿圆棒长度均匀分布，并假定集中在圆棒的轴线上，则沿圆棒轴线流散的电流密度为

$$\delta = \frac{I}{l} \tag{1.79}$$

在圆柱坐标系(r,θ,z)中，写出空间任意一点 $N(r_N,0,z)$的电位为

$$u_N = \frac{\rho}{4\pi}\int_0^l \frac{\delta \mathrm{d}z}{\sqrt{(z_N - z)^2 + r^2}} = \frac{\rho\delta}{4\pi}\ln \frac{z_N + \sqrt{z_N^2 + r_N^2}}{z_N - l + \sqrt{(z_N - l)^2 + r_N^2}} \tag{1.80}$$

或

$$u_N = \frac{\rho\delta}{4\pi}\left(\operatorname{arcsh}\frac{z_N}{r_N} - \operatorname{arcsh}\frac{z_N - l}{r_N}\right) \tag{1.81}$$

若电极电位 u 用沿电极长度中点表面的电位 u_p来表示，即式中：$z_N = l/2$，$r_N = r_0$，则电极电位为

$$u = u_p = \frac{\rho\delta}{4\pi}\ln \frac{\frac{l}{2} + \sqrt{\left(\frac{l}{2}\right)^2 + r_0^2}}{-\frac{l}{2} + \sqrt{\left(-\frac{l}{2}\right)^2 + r_0^2}} \approx \frac{\rho I}{2\pi l}\ln\frac{l}{r_0} \tag{1.82}$$

则用中点电位法计算得到的圆棒形接地极在无限大介质中的接地电阻为

$$R = \frac{u}{I} = \frac{\rho}{2\pi l}\ln\frac{l}{r_0} \quad （中点电位法） \tag{1.83}$$

为了提高计算精度，也可在假定电流均匀分布的基础上采用平均电位法，即用导体各点电位的平均值作为导体电位，在式(1.81)中，令 $r_N = r_0$，用变量 z 取代 z_N，对变量 z 从零到 l 积分，再除以 l，就得到接地极的平均电位为

$$\bar{u} = \frac{\rho\delta}{4\pi l}\int_0^l \left(\operatorname{arcsh}\frac{z}{r_0} - \operatorname{arcsh}\frac{z - l}{r_0}\right) =$$

$$\frac{\rho I}{2\pi l}\left(\frac{r_0}{l} + \operatorname{arcsh}\frac{l}{r_0} - \sqrt{1 + \left(\frac{r_0}{l}\right)^2}\right) =$$

$$\frac{\rho I}{2\pi l}\left[\frac{r_0}{l}+\ln\frac{l+\sqrt{l^2+r_0^2}}{r_0}-\sqrt{1+\left(\frac{r_0}{l}\right)^2}\right]\approx \tag{1.84}$$

$$\frac{\rho I}{2\pi l}\left(\ln\frac{2l}{r_0}-1\right)$$

因此,用平均电位法求得的无限大均匀介质中圆棒形接地极的接地电阻为

$$R=\frac{\bar{u}}{I}=\frac{\rho}{2\pi l}\left(\ln\frac{2l}{r_0}-1\right)\quad(平均电位法) \tag{1.85}$$

2)垂直埋入地中的圆棒形接地极

如图 1.27 所示,半径为 r_0,长度为 l 的圆棒形接地极垂直埋入地中,且棒的上端与地面齐平。假想在地上空气中还有一长度为 l 的镜像圆棒,与地中的圆棒构成了长度为 $2l$ 的圆棒形接地极,使大地表面成为电流场的对称面,因此,埋在地中的接地极的接地电阻应为无限大介质中长度为 $2l$ 的圆棒的接地电阻的 2 倍,将式(1.83)和式(1.85)计算的接地电阻值乘以 2,并用 $2l$ 代替式中的 l,就可计算出图 1.27 所示的垂直接地极的接地电阻为

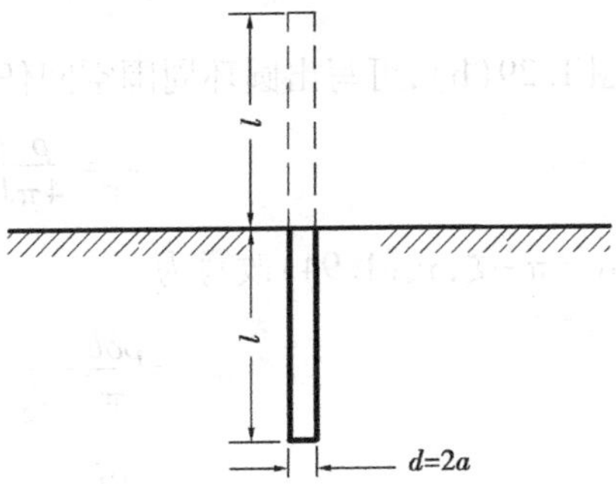

图 1.27　垂直埋入地中的圆棒形接地极

$$R=\frac{\rho}{2\pi l}\ln\frac{2l}{r_0}\quad(中点电位法) \tag{1.86}$$

$$R=\frac{\rho}{2\pi l}\left(\ln\frac{4l}{r_0}-1\right)\quad(平均电位法) \tag{1.87}$$

3)有一定埋深的水平接地极

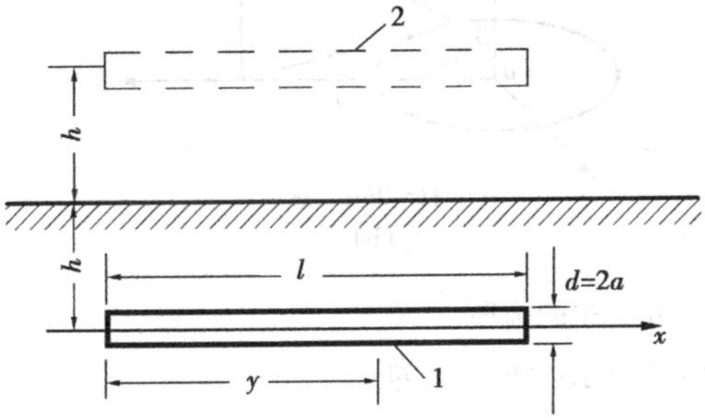

图 1.28　有一定埋深的水平接地极

如图 1.28 所示,半径为 r_0,长度为 l 的圆棒形接地极水平埋入地中,埋深为 h。也采用镜像法,设空气中有一镜像(图中 2),此时接地极(图中 1)的电位为

$$u=R_{11}I+R_{12}I \tag{1.88}$$

式中 R_{11} 为接地极的自电阻系数,其值可由式(1.83)和式(1.85)求出,R_{12} 为镜像和接地极间的互电阻系数,当 $l\gg 2h\gg 2r_0$ 时,用 $2h$ 取代式(1.83)和式(1.85)中的 r_0,可求出

$$R_{12}=\frac{\rho}{2\pi l}\ln\frac{2l}{2h}\quad(中点电位法) \tag{1.89}$$

$$R_{12}=\frac{\rho}{2\pi l}\left(\ln\frac{2l}{h}-1\right)\quad(平均电位法) \tag{1.90}$$

这样,由式(1.88)就可求出埋深为 h 的水平接地极的接地电阻为

$$R=\frac{\rho}{2\pi l}\ln\frac{l^2}{hd}\quad(中点电位法) \tag{1.91}$$

$$R=\frac{\rho}{2\pi l}\left(\ln\frac{l^2}{hd}-0.61\right)\quad(平均电位法) \tag{1.92}$$

式中：d 为圆棒的直径，有 $d=2r_0$。

2. 圆环形接地极

1）无限大均匀介质中的圆环

如图 1.29（a）所示，一圆环处于无限大均匀介质中，组成圆环的导体直径为 $d=2a$，环的直径为 $D=2b$，经圆环的入地电流为 I，且电流沿圆环的周长均匀流散，当 $b\gg a$ 时，可假定电流集中在圆环导体的轴线流出，因此沿轴线流散的电流密度为

$$\delta=\frac{I}{2\pi b} \tag{1.93}$$

由图 1.29（b），可写出圆环周围空间任意一点 $N(r,0,z)$ 的电位为

$$u_N=\frac{\rho}{4\pi}\int_0^{2\pi}\frac{\delta b\mathrm{d}\alpha}{\sqrt{z^2+r^2+b^2-2br\cos\alpha}} \tag{1.94}$$

令 $\alpha=\pi-\xi$，式（1.94）改写为

$$u_N=\frac{\rho\delta b}{\pi}\frac{1}{\sqrt{z^2+(r+b)^2}}\int_0^{\frac{\pi}{2}}\frac{\mathrm{d}\xi}{\sqrt{1-k^2\sin^2\xi}}=\frac{\rho I}{2\pi^2}\frac{K(k)}{\sqrt{z^2+(r+b)^2}} \tag{1.95}$$

其中：$k=\dfrac{2\sqrt{rb}}{\sqrt{z^2+(r+b)^2}}$　$K(k)=\displaystyle\int_0^{\frac{\pi}{2}}\frac{\mathrm{d}\xi}{\sqrt{1-k^2\sin^2\xi}}$（为第一类椭圆积分）

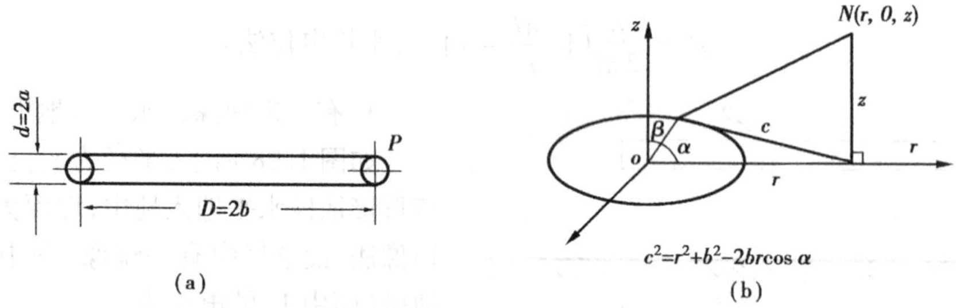

图 1.29　无限大均匀介质中的圆环

用表面 P 点的电位 u_P 来代表圆环电位，取 $z=a$，$r=b$，则圆环电位为

$$u=u_p=\frac{\rho I}{2\pi^2}\frac{K(k)}{\sqrt{a^2+(2b)^2}}=\frac{\rho I}{4\pi^2 b}kK(k) \tag{1.96}$$

式中 $k=\dfrac{2b}{\sqrt{z^2+(2b)^2}}$

当 $b\gg a$ 时，有 $k^2\approx 1-\dfrac{a^2}{4b^2}\to 1$，且 $K(k)\Big|_{k\to 1}=\ln\dfrac{4}{\sqrt{1-k^2}}=\ln\dfrac{8b}{a}$，则式（1.96）简化为

$$u=\frac{\rho I}{4\pi^2 b}\ln\frac{8b}{a} \tag{1.97}$$

由此可得，无限大介质中圆环的接地电阻为

$$R=\frac{\rho}{4\pi^2 b}\ln\frac{8b}{a} \tag{1.98}$$

2）具有一定埋深的圆环

图1.30所示，为埋深为 h 的圆环接地极。在计算时仍采用镜像法。当 $b \gg 2h \gg 2a$ 时，镜像和接地极间的互电阻系数由式(1.98)求得

$$R_{12} = \frac{\rho}{4\pi^2 b}\ln\frac{8b}{2h} \tag{1.99}$$

考虑镜像后圆环接地极得电位为

$$u = R_{11}I + R_{12}I = \frac{\rho I}{4\pi^2 b}\left(\ln\frac{8b}{a} + \ln\frac{8b}{2h}\right) = \frac{\rho I}{4\pi^2 b}\ln\frac{(8b)^2}{2ha} = \frac{\rho I}{4\pi^2 b}\ln\frac{8b}{\sqrt{2ha}} \tag{1.100}$$

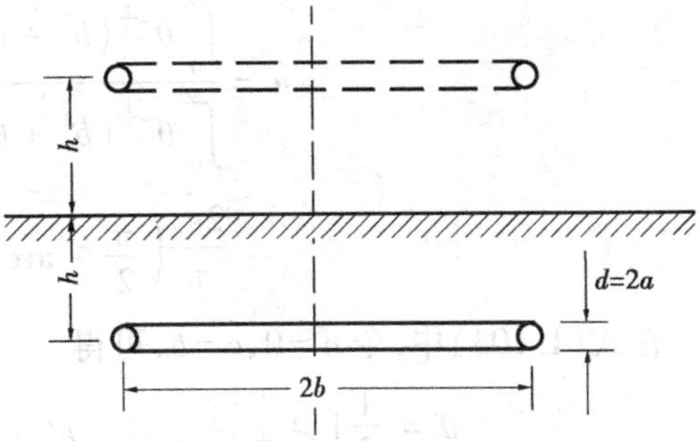

图1.30　具有一定埋深的圆环接地极

将圆环的周长 $l = 2\pi b$ 代入式(1.100)后得

$$u = \frac{\rho I}{2\pi l}\left[\ln\frac{l^2}{hd} + \ln\left(\frac{4}{\pi}\right)^2\right] = \frac{\rho I}{2\pi l}\left(\ln\frac{l^2}{hd} + 0.48\right) \tag{1.101}$$

则埋深为 h 的圆环接地极的接地电阻为

$$R = \frac{\rho}{2\pi l}\left(\ln\frac{l^2}{hd} + 0.48\right) \tag{1.102}$$

3. 圆盘形接地极

1）无限大介质中的圆盘形接地极

在无限大介质中，电流从圆盘形接地极向地中流散时，散流电流在圆盘表面的分布极不均匀，若使用平均电位法来求解，会引起很大的误差。为了提高计算的准确性，应直接求解拉普拉斯方程，拉麦法就是准确求解的方法之一。

拉麦法是以 θ 为变量的一系列椭球形曲面组

$$\frac{x^2}{a^2+\theta} + \frac{y^2}{b^2+\theta} + \frac{z^2}{c^2+\theta} = 1 \tag{1.103}$$

来代表静电场中的等位面，而该曲面组在 $a=0$、$b=c$ 和 $\theta=0$ 时即为一圆盘，由拉麦法导出的椭球体的电容计算公式为

$$C = 8\pi\varepsilon\left\{\int_0^\infty [(a^2+\theta)(b^2+\theta)(c^2+\theta)]^{-\frac{1}{2}}\mathrm{d}\theta\right\}^{-1} \tag{1.104}$$

椭球带电体电位为 u_0 时，周围空间任意一点的电位计算公式为

$$u = \frac{\int_0^\infty [(a^2+\theta)(b^2+\theta)(c^2+\theta)]^{-\frac{1}{2}}\mathrm{d}\theta}{\int_0^\infty [(a^2+\theta)(b^2+\theta)(c^2+\theta)]^{-\frac{1}{2}}\mathrm{d}\theta}u_0 \tag{1.105}$$

由此求出圆盘形接地极的电容为

$$C = 8\pi\varepsilon\left[\int_0^\infty \theta^{-\frac{1}{2}}(b^2+\theta)^{-1}\mathrm{d}\theta\right]^{-1} = 8\pi\varepsilon\left[\frac{2}{b}\tan^{-1}\frac{\sqrt{\theta}}{b}\bigg|_0^\infty\right]^{-1} = 8\pi\varepsilon\left[\frac{2}{b}\left(\frac{\pi}{2} - 0\right)\right]^{-1} = 8\varepsilon b \tag{1.106}$$

带电圆盘空间任一点的电位为

$$u = \frac{\int_0^{\infty} \theta^{-\frac{1}{2}}(b^2+\theta)^{-1}\mathrm{d}\theta}{\int_0^{\infty} \theta^{-\frac{1}{2}}(b^2+\theta)^{-1}\mathrm{d}\theta} u_0 =$$

$$\frac{2u_0}{\pi}\left(\frac{\pi}{2} - \arctan\frac{\sqrt{\theta}}{b}\right) = \frac{2u_0}{\pi}\arctan\frac{b}{\sqrt{\theta}} \tag{1.107}$$

在式(1.103)中,令 $a=0,c=b$,可得

$$\theta = \frac{1}{2}\left[x^2+y^2+z^2-b^2+\sqrt{(x^2+y^2+z^2-b^2)^2+4b^2x^2}\right] \tag{1.108}$$

取 $x^2+y^2+z^2=r^2$,将式(1.108)代入式(1.107)有

$$u = \frac{2u_0}{\pi}\arctan\left\{\sqrt{2}b\left[r^2-b^2+\sqrt{(r^2-b^2)^2+4b^2x^2}\right]^{-\frac{1}{2}}\right\} \tag{1.109}$$

由式(1.106)得无限大均匀介质中圆盘形接地极的接地电阻为

$$R = \frac{\varepsilon\rho}{C} = \frac{\rho}{8b} \tag{1.110}$$

当圆盘向地中流散电流为 I 时,圆盘接地极的电位为

$$u_0 = \frac{\rho I}{8b} \tag{1.111}$$

则圆盘周围介质中任意一点的电位为

$$u = \frac{\rho I}{4\pi b}\arctan\left\{\sqrt{2}b\left[r^2-b^2+\sqrt{(r^2-b^2)^2+4b^2x^2}\right]^{-\frac{1}{2}}\right\} \tag{1.112}$$

2)具有一定埋深的圆盘形接地极

如图 1.31 所示,在求埋深为 h 的圆盘形接地极的接地电阻时,采用镜像法,先求出圆盘接地极与其镜像间的互电阻系数 R_{12}。R_{12} 由图 1.32 所示的电流由一极流出,另一极流入的电流场求得。此时圆盘 1 和圆盘 2 的电位分别为

$$\left.\begin{aligned} u_1 &= R_{11}I - R_{12}I \\ u_2 &= R_{21}I - R_{22}I \end{aligned}\right\} \tag{1.113}$$

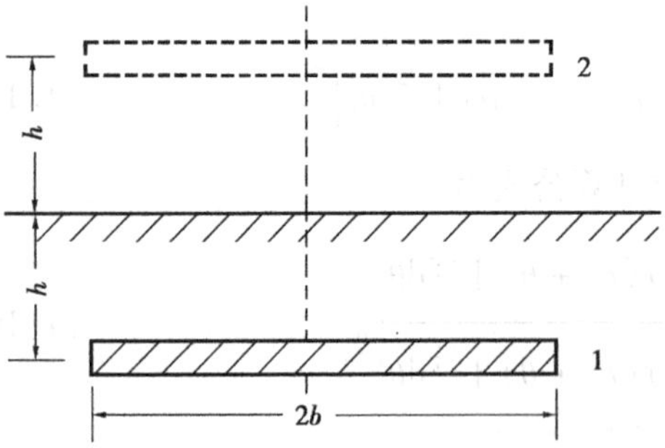

图 1.31 具有一定埋深的圆盘接地极

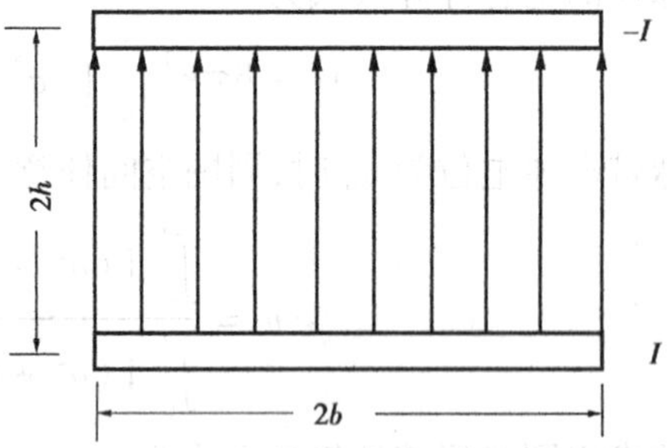

图 1.32 圆盘接地极的均匀电流场

式中 $R_{11}=R_{22}=\rho/8b$,$R_{12}=R_{21}$,则圆盘 1 和圆盘 2 间的电位差为

$$u_1 - u_2 = 2(R_{11}-R_{12})I \tag{1.114}$$

圆盘 1 和圆盘 2 间的电阻为

$$R' = \frac{u_1 - u_2}{I} = 2(R_{11} - R_{12}) \tag{1.115}$$

当 $h \ll b$，不计边缘效应时，该电阻由下式求出，即

$$R' = \frac{2h\rho}{\pi b^2} \tag{1.116}$$

将式(1.116)代入式(1.115)，求得

$$R_{12} = \frac{\rho}{8b} - \frac{\rho h}{\pi b^2} \tag{1.117}$$

由图1.31可写出考虑镜像作用后圆盘接地极的电位为

$$u = R_{11}I + R_{12}I = \frac{\rho}{4b}\left(1 - \frac{4h}{\pi b}\right)I \tag{1.118}$$

由此可得埋深为 h 的圆盘的接地电阻为

$$R = \frac{\rho}{4b}\left(1 - \frac{4h}{\pi b}\right) \tag{1.119}$$

显然式(1.119)只适用于 $h \ll b$ 的情况，从工程实际出发可取 $h < 0.02b$。如果把地网等值成圆盘，在埋深为0.8m时，地网半径应大于40m；埋深为0.6m时，地网等值半径应大于30m，显然这完全满足工程实际需要。

当圆盘在地表面即 $h = 0$ 时，圆盘接地极的接地电阻 $R = \frac{\rho}{4b}$，而当 $h \to \infty$ 时，接地电阻应趋于无限大介质中的值，即 $R = \frac{\rho}{8b}$。其他任一埋深时的接地电阻值可用内插公式近似计算为

$$R = \frac{\rho}{4b}\left(1 - \frac{1}{2}\,\frac{1}{1 + \alpha\dfrac{b}{h}}\right) = \frac{\rho}{8b}\left(1 + \frac{1}{\dfrac{1}{\alpha}h + b}\right) \tag{1.120}$$

根据实际工程所用的范围，式中 α 可按 $h/b = 0.01$ 时的 R 值确定，取

$$\frac{\rho}{4b}\left(1 - \frac{1}{2}\,\frac{1}{1 + \alpha\dfrac{b}{h}}\right)\Bigg|_{\frac{b}{h}=100} = \frac{\rho}{4b}\left(1 - \frac{4}{\pi}\,\frac{h}{b}\right)\Bigg|_{\frac{h}{b}=0.01}$$

求得：$\alpha = 1/2.6$，则

$$R = \frac{\rho}{8b}\left(1 + \frac{1}{2.6h + b}\right) \tag{1.121}$$

在 $h < 0.02b$ 的范围，式(1.119)和式(1.121)计算结果几乎完全相同。

1.3.2 发、变电站地网的接地电阻

为了均衡发、变电站地面的电位分布，降低接触电势和跨步电势以及便于设备和构架的就近接地，发、变电站的接地极必须做成由水平导体组成的网状结构，即地网。地网的埋深 h 一般在0.6～0.8m，面积一般为发、变电站的占地面积。

设发、变电站的占地面积为 A，当该面积埋一块面积为 A 的金属板时，其接地电阻 R_1 可达最小值；若把该面积的金属板更换成与金属板外轮廓相同的水平接地导体时，其接地电阻 R_2 将达最大值。将金属板和与金属板外轮廓相同的水平接地导体分别等值成圆盘和圆环，则可计算出 R_1 和 R_2 的估算值为

$$R_1 = \frac{\rho}{4b}\left(1 - \frac{4h}{\pi b}\right)$$

$$R_2 = \frac{\rho}{2\pi l}\left(\ln\frac{l^2}{hd} + 0.48\right)$$

式中：$b = \sqrt{\frac{A}{\pi}}$，$l = 2\sqrt{\pi A}$

取 $A = 100 \times 100\text{m}^2$，$d = 0.02\text{m}$，$h = 0.6\text{m}$，有 $b = 56.42\text{m}$，由此计算出最小值 $R_1 = 0.435\Omega$，最大值 $R_2 = 0.734\Omega$，也就是说，把整个地网内全部铺满钢材，接地电阻也仅降低了41%。这是由于内部导体被四周轮廓导体所屏蔽，电流绝大部分由四周轮廓流出的缘故。

由于 R_1 和 R_2 相差不大，在估算实际地网接地电阻时，可以在 R_1 的基础上加修正响 ΔR 的方法略去埋深 h 的影响得

$$R = \frac{\rho}{4b} + \Delta R = \frac{\sqrt{\pi}\rho}{4\sqrt{A}} + \Delta R = 0.44\frac{\rho}{\sqrt{A}} + \Delta R \approx$$

$$0.44\frac{\rho}{\sqrt{A}} + \frac{\rho}{L} \tag{1.122}$$

式中：L 为地网接地导体总长度，$\frac{\rho}{L}$ 是考虑到实际地网不是金属板而引入的修正项。将式(1.122)进一步简化，得发、变电站地网接地电阻估算式为

$$R \approx 0.5\frac{\rho}{\sqrt{A}} \tag{1.123}$$

1.3.3 接地极之间的屏蔽及利用系数

在实际接地工程中，接地极往往由多个接地体组成，当电流通过某一接地体向地中流散时，将会受到其他接地体的影响，其结果使得接地极的接地电阻大于组成这一接地极的各接地体接地电阻的并联值，这是由于接地体之间的屏蔽效应所引起的。

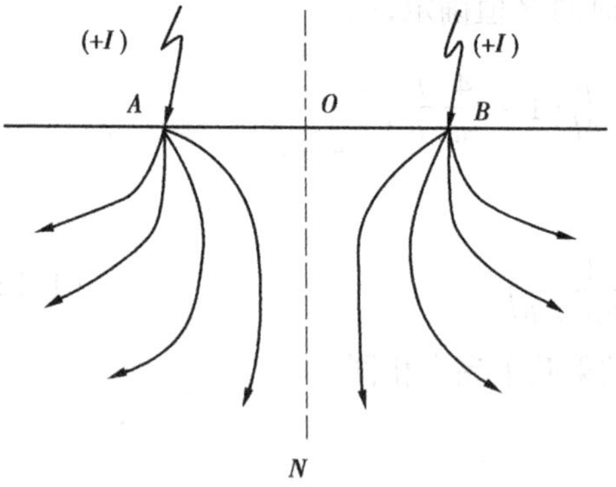

图 1.33 两个点接地极之间的屏蔽效应

1. 接地极间的屏蔽效应

如图1.33所示，当地表面两个相距不远的点接地极同时向地中注入电流 I 时，从电流源发出的电流线不再像单独一个点接地极时那样，呈辐射状的均匀分布，而是点接地极 A，B 发出的电流线不能通过垂直于 AB 连线的中垂面 ON，中垂面 ON 就像一层屏障不让电流通过，这种现象称为接地极之间的屏蔽效应或电流线的排斥作用。同样，当电流 I 通过相距较近任意两个或两个以上的其他形状接地极向地中流散时，也会出现上述的屏蔽效应。屏蔽作用的结果，使得每一接地极的接地电阻比各自单独存在时增大，从图中能明显看出，这是由于电流线的排斥作用，每一接地极发出的电流线在地中穿过的截面积减小，所以，其接地电阻增大。并且，接地极之间的距离越近，这种屏蔽效应就越严重，接地电阻增加得越多。

通常屏蔽效应是用接地极之间的互电阻来表示。所谓互电阻是指当接地极 A 向地中流散单位电流时,在接地极 B(认为 B 无电流流散)上产生的电位。而接地极 A 或 B 单独流散单位电流时在接地极 A 或 B 自身产生的电位,称为接地极 A 或 B 的自电阻。

当 n 个接地极同时向地中流散电流为 $I_1, I_2 \cdots I_n$ 时,仿照静电方程,可以写出计算各接地极电位 $u_1, u_2 \cdots u_n$ 的表达式为

$$\left.\begin{aligned} u_1 &= R_{11}I_1 + R_{12}I_2 \cdots R_{1n}I_n \\ u_2 &= R_{21}I_1 + R_{22}I_2 \cdots R_{2n}I_n \\ &\cdots\cdots\cdots\cdots \\ u_n &= R_{n1}I_1 + R_{n2}I_2 \cdots R_{nn}I_n \end{aligned}\right\} \tag{1.124}$$

式中:R_{ii} 为第 i 个接地极的自电阻,R_{ij} 为第 i 个接地极与第 j 个接地极的互电阻,$i = 1, 2 \cdots n$,$j = 1, 2 \cdots n$。

当电流 I 通过两个相连的接地极流散时,有

$$\left.\begin{aligned} u_1 &= R_{11}I_1 + R_{12} \\ u_2 &= R_{21}I_1 + R_{22}I_2 \end{aligned}\right\} \tag{1.125}$$

由于 $u_1 = u_2 = u$,$I_1 + I_2 = I$,$R_{12} = R_{21}$,求解上式得该复合接地极的接地电阻为

$$R = \frac{u}{I} = \frac{R_{11}R_{22} - R_{12}^2}{R_{11} + R_{22} - 2R_{12}} > \frac{R_{11}R_{22}}{R_{11} + R_{22}} \tag{1.126}$$

显然,这个复合接地极的接地电阻大于两个接地极接地电阻的并联值。

2. 接地极的利用系数 η

实际工程中的接地装置,往往是由多个接地极组成的复合接地极,如有的发、变电站接地网,为了降低其接地电阻,常由水平地网和垂直接地极组成。为了计算接地装置的接地电阻,可以引进利用系数的概念,若接地装置是由水平接地极(可以是水平地网或其他形状的水平接地极)和垂直接地极组成,设水平接地极的接地电阻为 R_1,垂直接地极的接地电阻为 R_2,由水平接地极和垂直接地极组成的复合接地极的接地电阻为 R,则接地极之间屏蔽效应的利用系数 η 定义为

$$\eta = \frac{\dfrac{R_1R_2}{R_1 + R_2}}{R} \times 100\% \tag{1.127}$$

如果已知利用系数 η,由上式可以很方便地求出复合接地极的接地电阻为

$$R = \frac{R_1R_2}{R_1 + R_2}\frac{1}{\eta} \tag{1.128}$$

因此,确定利用系数 η 是计算复合接地极接地电阻的关键。若水平接地极是由少数几个简单形状的接地极构成,则可以根据式(1.124)连立求解,计算出整个复合形接地极的接地电阻 R,然后由式(1.127)计算出相应各接地极之间的利用系数。但当接地极形状比较复杂,求解式(1.124)会比较困难,就难以计算出该接地装置接地极之间的利用系数,因此,必须借助模拟试验或大型接地参数计算程序的计算,获得复杂接地装置的接地电阻 R,才能计算出考虑所有接地极屏蔽效应的利用系数。各种带垂直接地极的复合接地装置的利用系数可以通过表1.4和表1.5查出。

表 1.5　有垂直接地极的简单水平接地装置的利用系数 η

接地装置简图	$\frac{s}{l}$	垂直极根数 n	利用系数 η
	1	2	0.80
	2	2	0.82
	3	2	0.84
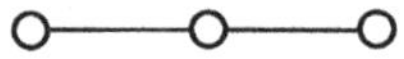	1	3	0.64
	2	3	0.66
	3	3	0.70
	0.5	4	0.61
	1	4	0.66
	2	4	0.73
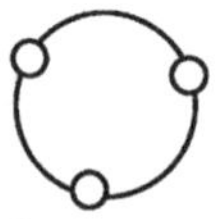	2	3	0.70
	3	3	0.75
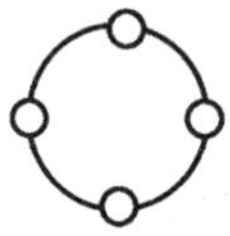	2	4	0.70
	3	4	0.75
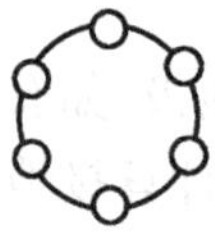	2	6	0.65
	3	6	0.70

注：表中 s 为垂直接地极间的间距，l 为垂直接地极的长度。

表 1.6　有垂直接地极地网的利用系数 η

接地装置简图	$\frac{l}{r}$	垂直接地极根数 n	利用系数 η
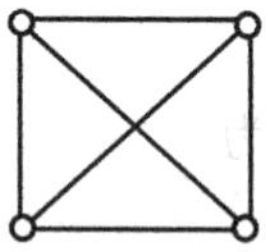	0.15	4	0.90
	0.74		0.75
	1.33		0.70
	1.92		0.67
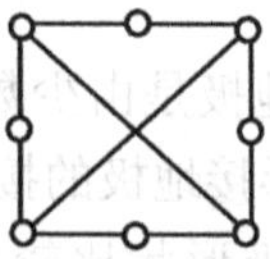	0.15	8	0.82
	0.74		0.60
	1.33		0.54
	1.92		0.50
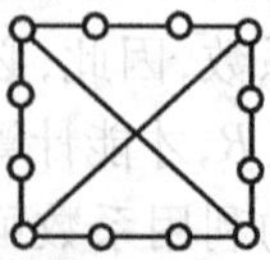	0.15	12	0.75
	0.74		0.51
	1.33		0.44
	1.92		0.38

续表

接地装置简图	$\frac{l}{r}$	垂直接地极根数 n	利用系数 η
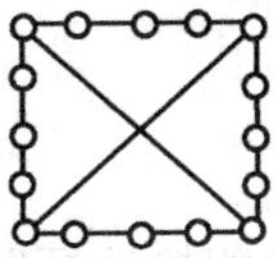	0.15 0.74 1.33 1.92	16	0.69 0.44 0.37 0.33
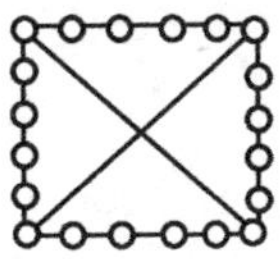	0.15 0.74 1.33 1.92	20	0.64 0.39 0.32 0.28

注：表中 r 为地网等值半径，$r=\sqrt{\frac{A}{\pi}}$，A 是地网面积；l 为垂直接地极长度。

表1.1和表1.2中的接地装置简图均为俯视图，“○”表示垂直接地极，“—”表示水平接地极(包括地网)。

分析表中的数据可以看出，在水平接地极(包括地网)尺寸一定的情况下，利用系数 η 随着垂直接地极长度的增加而减小；当垂直接地极长度一定时，利用系数 η 随着垂直接地极间距增大而增大，而随垂直接地极根数的增加而减小。因此，要获得较大的利用系数，应尽可能保持垂直接地极之间有足够的间距，一般 s/l 大于或等于1，只有这样，才能降低接地极之间的屏蔽效应，获得较小的接地电阻。

1.3.4　各种水平接地极的接地电阻

关于直线形接地极和圆环形接地极的接地电阻计算公式前面已做了介绍，比较式(1.92)和式(1.102)可以看出水平埋设直线形和圆环形接地极有基本相同的接地电阻表达式，所不同的只是括号内的常数项，进一步比较不难发现，当接地极的总长度相等时，圆环形接地极的接地电阻比直线形接地极的大，这是由于圆环形接地极的导体在圆环的内侧受到了屏蔽，不能充分散流的缘故。考虑到当接地极总长 L 相等时，直线形接地极具有最小的接地电阻，其他各种水平接地极均会受到不同程度的屏蔽，因此，在直线形接地极接地电阻计算公式的基础上，引入修正系数可以得到各种各种水平接地极的接地电阻计算公式，即

$$R=\frac{\rho}{2\pi L}\left(\ln\frac{L^2}{hd}+K\right) \tag{1.129}$$

式中 K 为水平接地极的形状系数，见表1.7。

表1.7　水平接地极的形状系数 K

接地极形　状	—	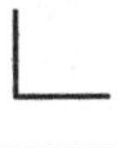						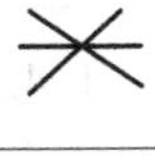
形状系数 K	0	0.38	0.48	0.87	1.00	2.14	8.81	5.27

1.4 接触电压和跨步电压

1.4.1 接触电势与接触电压

如图 1.34 所示，电气设备 T 的外壳与半球形接地极相连，当设备单相接地短路时入地电

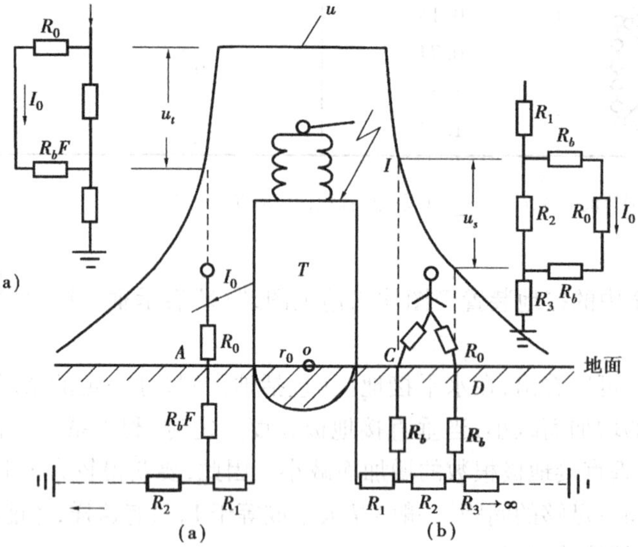

图 1.34 接触电压和跨步电压

(a)计算接触电压等值图 (b)计算跨步电压等值图

流 I 通过接地极向地中流散时，在地表面形成电位分布。在地表面离设备水平距离为 0.8m 处与沿设备外壳、构架或墙壁离地面高度的垂直距离为 1.8m 处两点间的电位差，称为接触电势 E_t；人体接触这两点时所承受的电压叫做接触电压 u_t。由式(1.72)的电位计算公式可知接触电压为

$$u_t = \frac{\rho I}{2\pi}\left(\frac{1}{r_A} - \frac{1}{r_0}\right) \tag{1.130}$$

式中：r_A 为人脚站立点离半球形接地极球心的距离，r_0 为半球形接地极的半径。

由于人体电阻 R_0 及人的双脚与地表面的接触电阻 $0.5R_b$ 远大于接地极的接地电阻，所以通过人体的电流 I_0 远小于接地极流散的电流 I，可以认为流过人体的电流对接地极流散电流在地面形成的电位没有影响，由图 1.39 中的等值图，可得到接触电压为

$$u_t = I_0(R_0 + 0.5R_b) \tag{1.131}$$

式中，I_0 为流过人体的电流，R_0 为人体电阻，R_b 为人一只脚与地面的接触电阻。

1.4.2 跨步电势与跨步电压

地面上水平距离为 0.8m 两点间的电位差，称为跨步电势 E_s；人的两脚接触该两点时所承受的电压叫做跨步电压 u_s。若人的两脚离半球中心的距离分别为 r_C 和 r_D，则跨步电压为

$$u_s = \frac{\rho I}{2\pi}\left(\frac{1}{r_C} - \frac{1}{r_D}\right) \tag{1.132}$$

同样由图 1.39 的等值电路可以计算出跨步电压为

$$u_s = I_0(R_0 + 2R_b) \tag{1.133}$$

1.4.3　转移电位

当接地短路电流流过接地装置时，由一端与接地装置连接的金属导体传递的接地装置的对地电位称为转移电位。

1.4.4　人体遭受电击的影响因素

当人体遭受接触电压和跨步电压时，将有电流通过人体，会受到不同程度的危害，甚至死亡。人体受到电击的伤害程度与人体承受的电压、流过人体电流的大小、频率、持续时间、流通路径、人体皮肤干燥程度以及人的精神状况等因素有关。

在进行接地设计时，需要将运行人员可能遭受到的接触电压和跨步电压限制在人体允许的范围内，以保障运行人员的安全。为此，需要了解人体允许的接触电压和跨步电压。下面首先讨论人体遭受电击时伤害程度的影响因素。

1. 通过人体的电流强度

电流是危害人体的直接因素，实验研究结果表明，人体的最小感觉电流，工频电流是 1mA，直流电流是 5mA，冲击电流为 40 ~ 90mA。

工频电流(50Hz)对人体的效应为：

2 ~ 7mA，人会感到电击处强烈麻刺，肌肉抽搐；

8 ~ 10mA，手摆脱电源困难，但仍能够摆脱；

20 ~ 25mA，人体已不能自主，呼吸困难，感到相当痛苦，不能摆脱电源；

25 ~ 80mA，呼吸肌痉挛，电击时间超过 20 ~ 30s，可能发生心室纤维颤动或心跳停止；

80 ~ 100mA，电击时间超过 0.1 ~ 0.3s，引起严重的心室纤维颤动；

>3A，心跳停止，呼吸肌痉挛，接触数秒引起严重灼伤致死。

直流电流对人体的效应：

<80mA，呼吸肌轻度收缩，对心脏无损；

80 ~ 300mA，呼吸肌痉挛，电击时间超过 20 ~ 30s，可发生心室纤维颤动或心跳停止；

300 ~ 3 000mA，有引起心室纤维颤动的可能。

大多数研究资料表明，电流通过心脏时，产生心室纤维颤动；电流通过中枢时，可引起呼吸中枢抑制及心血管中枢衰竭；极少数情况，因电击后呼吸肌痉挛性收缩，而引起窒息死亡；电流通过人体或在电击处产生火花或电弧，可能造成电流进出口灼伤，一般进口处灼伤较出口处严重，电灼伤面积虽然小，但较深，绝大多数为三度灼伤，并可累及皮下组织、肌腱、肌肉、神经，甚至深达骨骼呈炭化状。

2. 电流频率

许多研究表明，人体在频率为 50 ~ 60Hz 的电流作用下伤害程度最为严重。低于或高于这个频率范围，伤害程度都会减轻。但其他动物则有所不同，如狗遭电击时，最危险的频率为 150Hz。

在高频情况下，人体能够承受更大的电流。例如频率在20kHz以上的交流，危险性反而小，可以做物理治疗。在雷电冲击作用下，人体能够耐受极大的电流。据日本的研究，在雷电冲击作用下，人体能够耐受的电流可达3.7A，电量45mC；波尾越长，人体耐受的电流越小。

3. 人体的电阻值

人体由皮肤、脂肪、骨骼、神经、肌肉、液体等组成。各组成部分的电阻值是不相同的。皮肤、脂肪、骨骼和神经的电阻较大，肌肉和血液电阻较小。当人体皮肤干燥、洁净和无损伤时，人体电阻可达几万欧姆。若除去皮肤，则人体电阻为800～1 000Ω。人体电阻是随机值，它与以下因素有关：

①皮肤状况，如潮湿、出汗及带有导电性粉尘等；

②接触电压，电压越高，电阻就越小；

③接触面积，接触面积越大，接触越紧，电阻越低；

④电流值及作用时间，电流增加，电阻减小，原因是电流越大，作用时间越长，人体产生的汗和热越多，使电阻值下降。

一般情况下，考虑皮肤处于湿润状态，如出汗、受到损伤或带有导电性粉尘时，人体电阻采用1 000～1 500Ω是合理的。

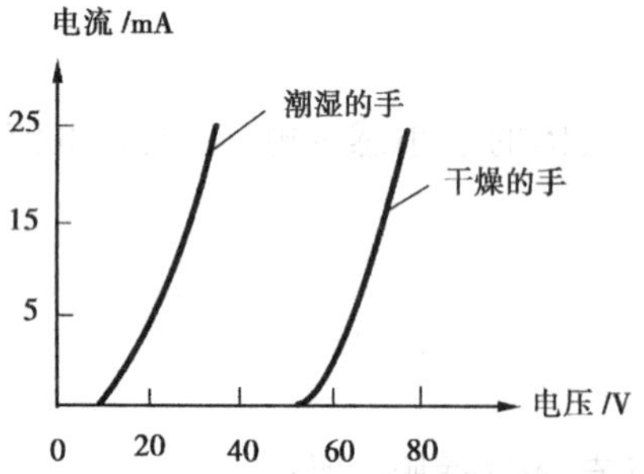

图1.35 通过人体电流与外加电压的关系

4. 通过人体电流与外加电压的关系

通过人体的电流并不与作用于人体的电压成正比。这是因为随着电压增高，人体表皮角质层有电解和类似介质击穿的现象发生，使人体电阻急剧下降，电流迅速增大，致使电击伤害更为严重。因此不能简单地用欧姆定律来计算通过人体的电流值。也就是说，电流和电压的变化成非线性关系，如图1.35所示。从图中可以看出，若人手是潮湿的，则36V以上的电压是危险的；若人手是干燥的，则65V以上的电压是危险的。根据不同的环境条件，各国都规定有安全的电压标准。IEC规定接触电压限定值为50V，并规定25V以上考虑采取防止电击的安全措施。我国规定的安全电压为：在没有高度危险的建筑物中为65V，在有高度危险的建筑物中为36V和在特别危险的建筑物中为12V。

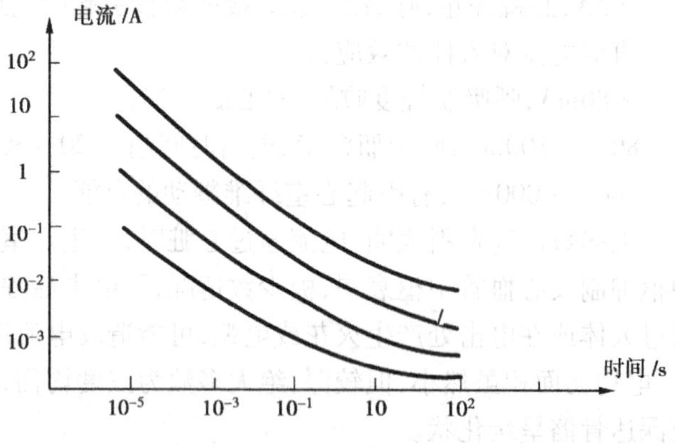

图1.36 电流与电击持续时间的关系

5. 电击持续时间

人体能够耐受的电流，常常不能离开电击时间即电流通过人体的持续时间而孤立存在。如果电击时间极短，人体能够耐受高得多的电流而不致受到伤害；反之，电击时间很长，即使电流小到8～10mA，也可能使人致命。根据对动物的实验，得到电流值与作用持续时间的关系如图1.36所示。

1972年，美国达尔基尔(Dalziel)曾以统计方法综合了各种躯体和心脏大小与人体接近的动物实验结果，提出了以能量为允许限度的电击时间和心室开始颤动的电流关系为：

$$I^2 t = 0.0135 \quad 或 \quad I_0 = \frac{0.116}{\sqrt{t}} \tag{1.134}$$

式中：I_0——人体有可能发生心室颤动的电流，A；

t——电击持续时间，s；

0.013 5 为实验结果导出的能量系数（质量 50kg）

6. 电流通过人体的途径

电流通过人体的途径，是造成电击伤害严重与否的重要因素。电流从一手进入，另一手流出，或一手进入而由一足流出，因电流通过心脏区，会很快引起心室纤维颤动；如果电流从一足进入而另一足流出，通常只能造成不同程度的灼伤，而对全身影响较小。前者由接触电压引起，后者由跨步电压造成。因此，接触电压对人体危险性最大，接地设计中应以控制接触电压作为安全条件。当然，人体受到跨步电压时，可能因肌肉痉挛、呼吸困难、神经中枢急剧失调等原因而改变人体的姿势，从而使电击部位发生改变造成更严重的电击，因此，跨步电压也应作为接地设计的安全条件之一。

将式（1.134）代入式（1.131）和（1.133）可以得到人体允许的接触电压 u_{tL} 和跨步电压 u_{sL} 为：

$$\begin{aligned} u_{tL} &= \frac{0.116}{\sqrt{t}}(R_0 + 0.5R_b) \\ u_{sL} &= \frac{0.116}{\sqrt{t}}(R_0 + 2R_b) \end{aligned} \tag{1.135}$$

若人体电阻 R_0 取为 1 500Ω，人足对地的接触电阻 R_b 按下面的方法求得：将两足看成是相当于两个面积各为 200cm² 或半径等于 8cm 的圆盘形接地极，放置在表层电阻率为 ρ_b 的地面上，则每对圆盘形接地极的接地电阻为：$R_b = \frac{\rho_b}{4r} = \frac{\rho_b}{4 \times 0.08} \approx 3\rho_b$，将 R_0 和 R_b 的值代入式（1.135）有：

$$\begin{aligned} u_{tL} &= \frac{174 + 0.17\rho_b}{\sqrt{t}} \\ u_{sL} &= \frac{174 + 0.7\rho_b}{\sqrt{t}} \end{aligned} \tag{1.136}$$

关于电击持续时间 t，国内以往多采用 1s。它是考虑单相快速重合闸不成功，再次切除接地短路故障，留有较大的裕度。由于有关资料说明重复电击对心脏的损伤无累积作用，因此，采用连续几次电击时间叠加的做法并不妥当。合理的做法是按照电网中接地故障的实际情况，直接取主保护或后备保护的动作时间，加上断路器的固有分闸时间，然后再根据所采用的继电保护和断路器动作的可靠性留出适当的安全裕度。根据我国的实际情况，主保护动作时间参考值可取为 0.1 ~ 0.3s，后备保护的时间参考值可取为 0.6s。因为继电器误动作与其他种种不利因数同时出现的概率很低，一般应取主保护动作时间。

从以上分析可知，人体允许的接触电压和跨步电压值与人体电阻、人体允许电流、地表层电阻率及人体触电的概率等因素有关。它们都是随机量，应该用概率论及数理统计的方法来进行研究。

实际工程中可以采取降低接地电阻、改善地面电位分布、提高地表层电阻率(如用碎石、沥青等高电阻率材料铺在地表面)等方法来提高人体允许的接触电压和跨步电压。

1.5 接地参数的数值计算方法

1.5.1 综 述

自从富兰克林发明有接地极组成的避雷针以来,人们为了能安全、合理地设计接地电极,已进行了大量的计算、模拟、实测等研究,使接地理论和方法得到不断完善。发电厂、变电所接地设计对于电力系统的运行和安全都是极为重要的。设计一个接地网,必须保证在正常和故障下不危及人身和设备的安全,且投资少,效益高。接地参数的计算为设计接地网提供理论依据,减小设计的盲目性。接地计算的改进、发展过程,以计算机引入接地计算为界,大致可以分为两个阶段。

1. 近似计算阶段

对于较复杂的电极,由于边界条件在用数值计算之前很难得到它的精确解。因此,长期以来,许多文献在分析、计算接地电阻、跨步电势、接触电势这些接地参数时,都做了相应的一些近似,主要有如下两种近似处理方法:

①将接地体几何形状做某些改变使之便于进行数学分析;

②假设电流在接地体上均匀分布。

(1)工频接地电阻的计算

20 世纪 50 年代以前,发电厂和变电所接地装置主要是由垂直接地导体所构成。但实际运行结果表明,垂直接地体的作用远没有过去所估计的那么大,因此,20 世纪 50 年代初期,首先在美国,后来在欧洲一些国家中开始使用以水平接地体为主的接地装置。于是,这种电极的接地电阻的各种近似计算公式也相继产生。常用几个近似算法如下:

1)А. Б. Осдои 利用屏蔽系数 A 计算接地电阻 R:

$$R = \frac{\rho}{2\pi L}\left(\ln\frac{L^2}{dh} + A\right) \tag{1.137}$$

式中:L——水平接地体总长度,m;

h——水平接地体埋设深度,m;

d——水平接地体直径或等值直径,m;

A——水平接地体屏蔽系数。

(1.137)式是通过假定电流在接地体上均匀分布而得到的。经在工程中使用,尚符合实际,但仅限于几种接地体的形状,才能查得系数 A 的值,因此,使用受到限制,且不适用于大型接地网。

2)美国 Iaurent 和 Niemann 提出的圆板公式的变形:

$$R = \frac{\rho}{4r} + \frac{\rho}{L} \tag{1.138}$$

式中:r——与地网占有面积相同的圆的半径,m;

L——埋地导体总长度，m。

(1.138)式第二项是考虑地网电阻比一块实心圆板大，随 L 的增加，该差值减小，当 $L\to\infty$ 时，相当于达到实心圆板的条件，该差值将变为零。但此公式由于未考虑地网的埋深而使计算值偏大。

3)我国现行接地规程中所采用的地网接地电阻的计算公式：

$$R = \frac{\sqrt{\pi}\rho}{4\sqrt{S}} + \frac{\rho}{2\pi L}\ln\frac{2L^2}{\pi hd \times 10^4} \tag{1.139}$$

式中：S——接地网总面积，m^2；

L——接地体的总长度，包括垂直接地体在内，m；

d——水平接地体的直径或等值直径，m；

h——水平接地体埋设深度，m。

(1.139)式是根据圆环接地电阻理论公式和圆盘接地电阻理论公式，用线性内插法求得。

采用的圆盘公式考虑了埋深的影响，并将圆环公式的对数项改用面积表达，得到的接地电阻表达式较(1.138)式精确些，但接地电阻随均压导体的增加而呈下降的趋势，使计算结果偏高。

(2)跨步电势 E_{step}、接触电势 E_{touch} 或网孔电势 E_{mesh} 的计算

以前认为，只要接地电阻满足要求，跨步电势、接触电势就能够低于允许值，因此只用接地电阻作为安全指标。老的规程中仅规定变电站地网接地电阻 R 在 0.5Ω 以下，短路电流 $I<2\,000V/R$，而没有规定接触电势，跨步电势的上限。

随着电力系统容量的增加，地网面积愈来愈大。流经地网的入地短路电流大大增加，即使将接地电阻降到 0.5Ω 以下，地网电位升有时也高达 5 000V 以上，而且在高电阻率地区，发电厂、变电所耗用了大量钢材也难达到 0.5Ω 的要求。为确保人身安全，必须将接触电势、跨步电势控制在人体所允许的安全值以内。对于按等间距布置的接地网，地网外跨步电势达到最大。因此，常常用网孔电势来代替接触电势。网孔电势是指接地导体与地表面网孔中心之间的电位差，是地网网孔内可能出现的最大接触电势。目前，网孔电势，是接地导体与地表面网孔中心之间的电位差，是地网网孔内可能出现的最大的接触电势，因此常常用网孔电势来代替接触电势。在世界范围内普遍采用 IEEE#80 给出的计算跨步电势和网孔电势的表达式：

$$E_{mesh} \approx K_m K_i \rho \frac{I}{L} \tag{1.140}$$

$$E_{step} \approx K_s K_i \rho \frac{I}{L} \tag{1.141}$$

式中 K_m、K_s 是单方向平行导体根数 n、间距 D、直径 d 和埋深 h 的简化函数，即：

$$K_m = f(n,h,D,d) \quad 和 \quad K_s = f(n,h,D) \tag{1.142}$$

K_i 是电流不均匀系数。

系数 K_m, K_s, K_i 是以稳定电流场的麦克斯韦尔方程为理论基础，采用简化假设、近似计算、实验修正和经验值得到的表达式和曲线。许多文献，通过理论分析，模拟实验及数值计算等手段，对跨步电势、接触电势进行了一系列的研究和讨论，对 IEEE 给出的计算式作了校正、改进和推广，并评估了 IEEE 方法的精确性及其适用范围等问题。

IEEE 方法计算接触电势和跨步电势，在一定范围内能够得到较好的估算值。然而，由于

采用的是简化、近似及模拟实验的方法,因此存在如下几个问题:

①理论推导假定各导体泄漏电流密度相等,随着导体根数 n 的增加,电流密度分布愈不均匀,所以,对于很密网孔的地网,此方法不适用;

②忽略了交叉导体的影响;

③电流不均匀系数 K_i 是由模拟实验得到的,对于多导体结构,计算值与实际值出入很大;

④式(1.140)计算的是最大接触电势,对不等间距布置的地网,最大接触电势出现在边角网孔,故式(1.140)计算的是边角网孔电势,其他各处网孔电势不能计算。

⑤对于非等间距布置的地网及其互相连接地网,方法不适用。

2. 接地计算研究的第二阶段——数值计算、计算机辅助法

由以上分析可见,对发电厂、变电所大地网接地参数(地网接地电阻、网孔电势、跨步电势)的简化计算,不可避免地会带来较大的误差,使用范围也受到很大的限制。近十多年来,随着电子计算机的应用日趋广泛,有限差分法、有限元法、模拟电荷法、边界元法等一些场的数值算法相继产生和改进,并被逐渐引入到接地参数的计算中。计算机辅助法可以计算复杂接地网任一不同部分电流的非均匀分布,对于任意复杂接地网参数均能得到比较满意的解答,能够解决近似计算阶段出现的各种问题。

计算接地体参数的方程,在大多数文献中都基于如下共同概念:

(1)恒流场理论

当直流和交流电流流过接地体时,由恒流场理论,任意点 $P(x,y,z)$ 处的电位 φ 满足 Laplace 方程:

$$\nabla\left(\frac{1}{\rho}\nabla\varphi\right) = 0 \tag{1.143}$$

$$\nabla\varphi = \frac{\partial\varphi}{\partial x}\mathbf{i} + \frac{\partial\varphi}{\partial y}\mathbf{j} + \frac{\partial\varphi}{\partial z}\mathbf{k} \tag{1.144}$$

电流密度:

$$\boldsymbol{J} = \delta\boldsymbol{E} \tag{1.145}$$

边界条件:$\varphi|_{\Gamma}=$常数,即设导体等电位。

(2)将接地电极分为不同的微段

计算机辅助法采用边界分割法,将电极分为 n 段,从而使计算 φ 的复杂的积分式变为和式的形式:

$$\varphi(P) = \sum_{i=1}^{n}\alpha_{pi}I_i \quad (i = 1,2\cdots n) \tag{1.146}$$

(3)计算电极各段的泄漏电流

令电极电位为 φ_0,则有如下线性方程组:

$$\sum_{i=1}^{n}R_{ij}I_i - \varphi_0 = 0 \quad (j = 1,2\cdots n) \tag{1.147}$$

当求得各微段的自电阻系数 R_{ii} 与它们间的互电阻系数 $R_{ij}(i\neq j)$ 后,联立求解方程组(1.147)即得到沿电极的泄漏电流分布 I_i。

(4)由各微段的泄漏电流 I_i 的方程(1.146),解出所求的任意点 P 的电位。

各种数值算法的不同点有其各自的改进,主要在于求解电阻系数 R_{ij} 与沿电极的泄漏电流

密度分布 I_i 的计算精度、计算繁杂程度、计算时间的长短及占用计算机内存的大小等方面的差别。

1972 年，Giao · Sarma 首先使用了将电极分段的概念，文中设每个微段本身的泄漏电流密度相等，并将微段作为线元来计算电阻系数 R_{ij}。

随后，Dawa1ibi、Mukhedkar 分别将微段作为点源（称之为求和法）与将微段作为线元（称之为积分法）来计算电阻系数 R_{ij} 与地中任意点的电位，指出：只有当无限细分时，求和法算得的值与在同样条件下按积分法算得的值之间才达到完全相等。接着，他们又采用“多步分析法”计算沿电极的电流分布，用“平均电位法”（即先在电极上选用适当的点计算它们的电位然后再平均的方法）计算互电阻系数 R_{ij}。“多步法”求解电流分布不均匀系数 S_i，节约了求解联立方程组花费的计算机时间，而“平均电位法”能更精确地计算电阻系数。

1979 年，Heppe 详细地推导并得到了各线性导体段的自电阻和它们间的互电阻的计算表达式，这些表达式易于编写计算机程序，文中还充分利用了地网对称的特点，将具有同样泄漏电流的微段作为一种类型来处理，从而缩减了矩阵阶数，大量节约了计算机内存和 CPU 的时间。

1980 年，Kouteynikoff 采用“二次分域”的技巧并提出了更为精确地计算临近导体段上某点电位 φ 的表达式，使得在计算导体段的自电阻与临近导体段间的互电阻时，能得到更为精确的结果。

1983 年，陈慈宣教授分别用边界元零次插值法和边界元一次插值法计算各边界元的泄漏电流分布。按一次插值计算得的电流分布更接近于实际，能得到更理想的电位分布，但计算时间成倍增加。陈慈宣教授在用零次插值法计算时，使用了所谓“等比分段加密法”，即对接近交叉点的单元再划分为二，这样计算的电流密度能与实际更吻合，采用零次插值法更能满足工程需要。

1.5.2　接地网接地参数的数值计算

1. 恒定电流场理论

设有一恒定电流 I 流入埋在电阻率为 ρ 的均匀土壤中的电极，若以无穷远处为参考点，根据恒定电流场理论，应用格林函数的原理，可以得到电极泄漏电流在求解空间中任一点 P 产生的电位为：

$$V(P) = \iint_S G(P,Q)J(Q)\,\mathrm{d}s \tag{1.148}$$

式中，$J(Q)$ 表示电极表面 S 上 Q 点的泄露电流密度，$G(P,Q)$ 是相应于电极几何形状的格林函数，代表单位电流通过电极表面 Q 点在 P 点产生的电位。

注入电流 I 等于经接地极流入土壤的总泄漏电流之和，则有

$$I = \iint_S J(Q)\,\mathrm{d}s \tag{1.149}$$

接地极对于土壤而言，可看成良导体，因此在土壤中通常假设为等电位电极。该条件作为数值计算的边界条件。

2. 数值计算方法

设经接地网流入大地中的电流为 I，将接地网的导体有限分割为 n 个小单元段，每个小单

元段的泄漏电流为 I_j，由于土壤是线性媒质，电位是标量，因此，地中和电极表面任一点的电位为每一个小单元段在该点产生的电位之和。即得式(1.148)和式(1.149)的数值计算方法的变换式：

$$V(P) = \sum_{j=1}^{n} G(P,Q_j)I_j \tag{1.150}$$

$$I = \sum_{j=1}^{n} I_j \tag{1.151}$$

式中：Q_j 表示分段 j 的中心，I_j 表示从分段 j 流入土壤中的泄漏电流。

分段数 n 可由接地网导体的总长度除以单元分段长得到。

当 P 位于分段 i 上时，$G(P,Q_j)$ 代表第 i 和 j 分段的互电阻，用 R_{ij} 表示，$G(P,Q_i)$ 表示第 i 分段的自电阻，即 $i=j$ 时，R_{ij} 为分段 i 的自电阻。

由边界条件，接地网为等位体，令接地网电位为 V_0，当 P 位于 n 个不同分段上，由式(1.150)可得：

$$\sum_{j=1}^{n} R_{ij}I_j - V_0 = 0 \quad i = 1,2\cdots n \tag{1.152}$$

$$\sum_{j=1}^{n} I_j = I \tag{1.153}$$

由式(1.152)和式(1.153)可组成一个 $n+1$ 阶方程组：

$$\begin{cases} R_{11}I_1 + R_{12}I_2 + \cdots + R_{1n}I_n - V_0 = 0 \\ R_{21}I_1 + R_{22}I_2 + \cdots + R_{2n}I_n - V_0 = 0 \\ \cdots\cdots\cdots\cdots \\ R_{n1}I_1 + R_{n2}I_2 + \cdots + R_{nn}I_n - V_0 = 0 \\ I_1 + I_2 + \cdots + I_n = I \end{cases} \tag{1.154}$$

只要能求出互电阻和自电阻组成的系数矩阵，由式(1.154)方程组可以求解出各分段上的泄漏电流 I_j 和接地网的电位 V_0。

得到了 V_0，已知 I 可由式(1.155)求出接地网的接地电阻：

$$R = V_0/I \tag{1.155}$$

求得了各分段的泄漏电流，由式(1.150)可求出土壤中任意点 P 的电位。由方程组看出，R_{ij} 的计算精度决定了 V_0 的计算精度，间接决定了接地电阻的精度。

3. 电阻系数 R_{ij} 和 $G(P,Q_j)$ 的计算

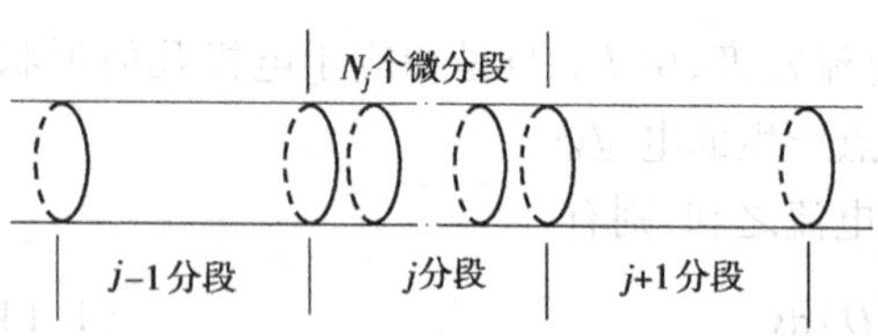

图 1.37 j 分段的微分段

从恒定电流场角度分析，$G(P,Q_j)$ 表示单位电流从单元分段 j 流入土壤时在 P 点产生的电势。当 P 点距离 j 分段足够远，即 j 分段本身的尺寸远小于该段与点 P 间的距离，可把 j 分段的散流看作从该段中心 Q_j 的点源处理，应用镜像原理有：

$$G(P,Q_j) = \frac{\rho}{4\pi}\left(\frac{1}{r} + \frac{1}{r'}\right) \tag{1.156}$$

上式中，r、r' 分别为点 P 与 j 分段中心 Q_j 及中心 Q_j 的镜像 Q_j' 的距离。

当 P 点接近 j 分段，或者在 j 分段表面上时，若将 j 分段作点源处理，应用式(1.156)将会产生很大误差，可将 j 分段再次分段，即将 j 分段再细分成若干等长的小微分段，如图 1.37 所示，设微分段数为 N_j。

令 r_k^j 为微分段 k 流入土壤中的电流，由于第 j 分段流出的电流为单位电流，则有：

$$\sum_{k=1}^{N_j} r_k^j = 1 \tag{1.157}$$

$\varphi_k^j(P)$ 为由单位电流由微分段 k 流入土壤时在 P 点产生的电位，如图 1.38 所示，通过电场计算，可得 $\varphi_k^j(P)$ 的精确表达式：

$$\varphi_k^j(P) = \varphi_k^j(R,Z) + \varphi_k^j(R',Z') \tag{1.158}$$

$$\varphi_k^j(R,Z) = \frac{\rho}{\pi^2 ab}\int_{0^+}^{\infty} \frac{K_0(\lambda R)}{K_1(\lambda a)}\cos\lambda Z\sin\frac{\lambda b}{2}\cdot\frac{d\lambda}{\lambda^2} \tag{1.159}$$

$$\varphi_k^j(R',Z') = \frac{\rho}{\pi^2 ab}\int_{0^+}^{\infty} \frac{K_0(\lambda R')}{K_1(\lambda a)}\cos\lambda Z'\sin\frac{\lambda b}{2}\cdot\frac{d\lambda}{\lambda^2} \tag{1.160}$$

式(1.159)和式(1.160)中，a 是导体半径，b 是微分段长，R，Z 分别为点 P 的横坐标与纵坐标值，坐标系为以 k 微分段的中心轴为 Z 轴，k 微分段的中心为原点，经过原点与 Z 轴垂直的垂线为 R 轴。而 (R',Z') 是 P 在以 k 微分段的镜像微分段的中心轴为 Z' 轴，镜像微分段的中心为原点，经过此原点与 Z' 轴垂直的垂线为 R' 轴组成的坐标系中的坐标。K_0，K_1 是零阶与一阶第二类修正贝赛尔函数，0^+ 表示 $\lambda \neq 0$。

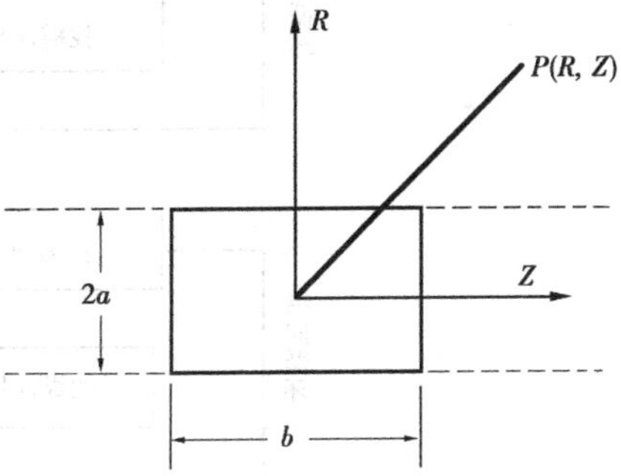

图 1.38　微分段模型

于是，当 P 与 j 分段接近时，$G(P,Q_j)$ 由式(1.161)求出：

$$G(P,Q_j) = \sum_{k=1}^{N_j}(\varphi_k^j(R,Z) + \varphi_k^j(R',Z'))r_k^j \tag{1.161}$$

为了确定 j 分段的自电阻 R_{ii} 及 j 分段各微分段上的泄漏电流分布 $r_k^j(k=1,2\cdots N_j)$，可将 P 分别定位于 N_j 个微分段上，可得到 N_j 个方程，如式(1.162)，由 j 分段导体泄漏电流设为单位电流，电位升等于其自电阻 R_{jj}，联立式(1.157)，可得到 N_j+1 个方程组，用求一次分段同样的方法，可求得 r_k^j 和 R_{jj}。

$$\sum_{k=1}^{N_j} R_{mk}^j r_k^j - R_{jj} = 0 \quad (m = 1,2\cdots N_j) \tag{1.162}$$

R_{mk}^j 是 j 分段的 m 微分段与 k 微分段之间的互电阻，当 m 等于 k 时，表示 m 微分段的自电阻。与求一次分段之间互电阻一样，当 m 微分段与 k 微分段较远，用点源公式(1.156)求解，否则用近点公式(1.161)求解。

4. 计算方法及程序流程图

(1)地网均压导体的不等间距自动布置

由于发变电站的站址的限制，并不是所有的接地网都是规则矩形，而是可能出现一些凹凸多边形的情况。自动布置导体时,必须满足在各种地网形状的情况下,既能按要求布置,而且不能使布置的导体超出限定的范围。一般来说,只要能够确定水平地网的边框,其内部的均压导体布置是可以通过复杂的算法按要求实现的。布置的要求可以以外部文件的形式存放,布置导体时加以读取,所以对一些过去按等间距布置设计的接地网,可用等间距布置的要求文件替换按不等间距布置要求的文件,实现对等间距布置下的自动布置。输入水平接地网边框信息时,以水平接地网的某一直角边建立坐标系,输入地网水平地网边框交点的坐标,即可确定水平接地网的范围。布置流程如图 1.39 所示。

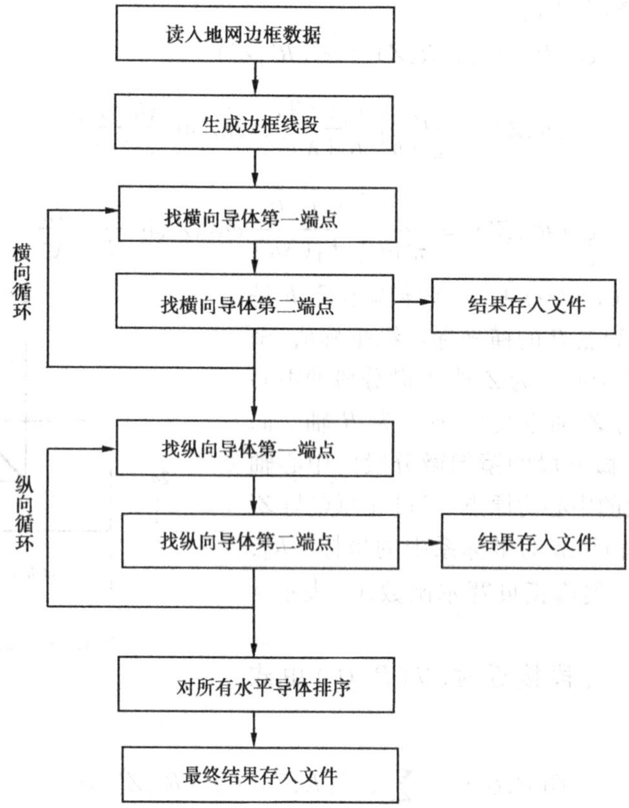

图 1.39 不等间距布置流程图

(2)一次分段的形成

在分段过程中,必须满足各一次分段中无分段相交情况。对地网水平部分,可取各网格导体来分段,对垂直接地极可另行分段。

(3)微分段的划分

将微分段长取为定值,将每一一次分段长度除以微分段长就是其二次分段数 N_j。不能整除时,余段长超过微分段长的一半,算作一个微分段,否则忽略不计。由于各微分段大小相等,因此不用对每一一次分段计算其各微分段的自电阻与互电阻,只需计算最长一次分段中各微分段的互电阻,其他一次分段上的微分段可根据各微分段之间的相隔的微分段数情况通过直接赋值得到。

(4)接地网参数计算流程图

接地网参数计算流程图如图 1.40 所示:

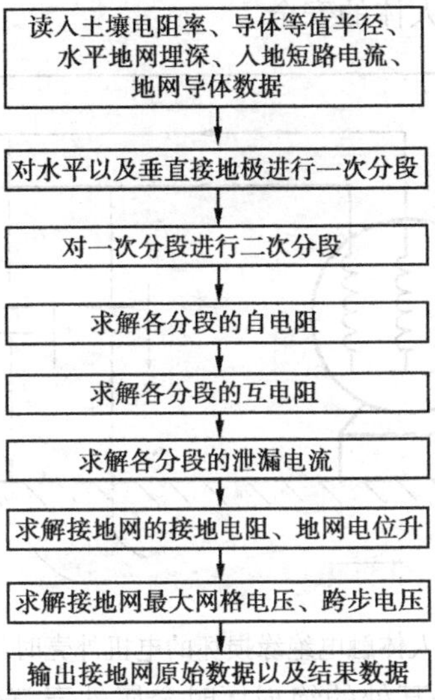

图1.40　接地网计算流程图

1.6　接地和接零保护

前面已经讲到,当电流流过人体时会发生触电事故,就会造成受伤和死亡。人体触电的产生,主要由于两种原因,一种原因是人们未遵守电气安全规程,直接接触到或接近电气装置的截流导体部分而触电。另一种原因是人体接触到在绝缘正常时不带电,而由于绝缘损伤有电压的电气装置的金属部分。

为了保障人身安全,避免发生触电事故,将设备在正常情况下不带电的金属部分(如外壳等)与接地装置进行良好的金属连接,这种方式叫做接地保护。

在配电网络中,中性点有电源中性点与负载中性点之分,它只在电源或负载按星形连接时才出现。对电源而言,凡三相线圈的末端连接在一起的共同接点,称为电源的中性点,简称中点;而由电源中性点引出的导线称为中性线,简称中线。当电源的中性点与接地装置在良好的金属连接时,因中性点取得了大地的参考零电位,该中性点便称为零点,由零点引出的导线,称为零线。通常对220V单相回路的两根导线,也将其中一根称为相线或火线,而将另一根称为零线或地线。火线和地线的称法只是电工的一种实用俗称,特别是地线的称法,在这里并不确切。严格地讲应该是,如果电源侧(如三相变压器)的中性点接地时,则称为“零线”,若不接地则就称为中线,以避免与接地装置中的“地线”相混淆。

同样,为了保障人身安全,将设备在正常情况下不带电的金属部分与系统的零线直接连接,这种方式叫接零保护。

下面我们将分别讨论接地保护和接零保护的作用及应注意的问题。

1.6.1　接地保护

前面我们已经讲到,接地保护就是将电气设备在正常情况下不带电的金属部分与接地体之间作良好的金属连接，以保护人体的安全。

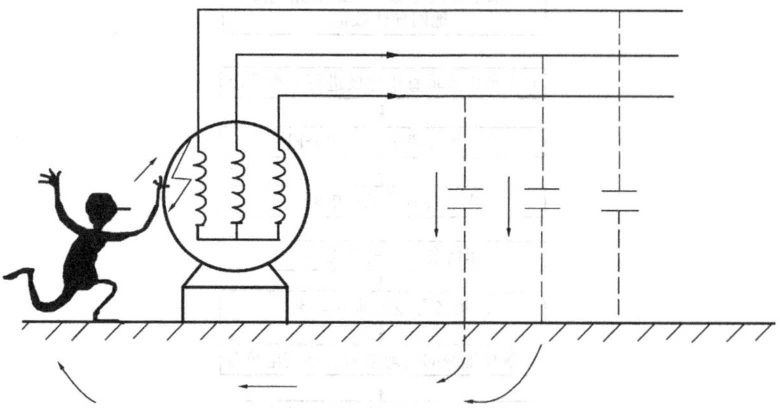

图 1.41　人体触电绝缘损坏的电机外壳时的电流通路

如图 1.41 所示，当电气设备某处的绝损坏时金属外壳就带电，同时，由于线路与大地之间存在电容，或者线路上某处绝缘不好，如果人体触及此绝缘损坏的电机外壳，则这电流就经人体而成通路，这样就遭受了触电的危害。

但是，当电机金属外壳与接地装置有良好的金属连接时，如图 1.42 所示，当绝缘损坏外壳带电时，接地短路电流将同时沿着接地体和人体两条通路流过，流过每一条通路的电流值将与其电阻的大小成反比，即有

$$\frac{I_R}{I_d}=\frac{r_d}{r_R} \tag{1.163}$$

式中：I_d——沿接地体流过的电流 A；

I_R——流经人体的电流 A；

r_R——人体的电阻 Ω；

r_d——接地体的电阻 Ω。

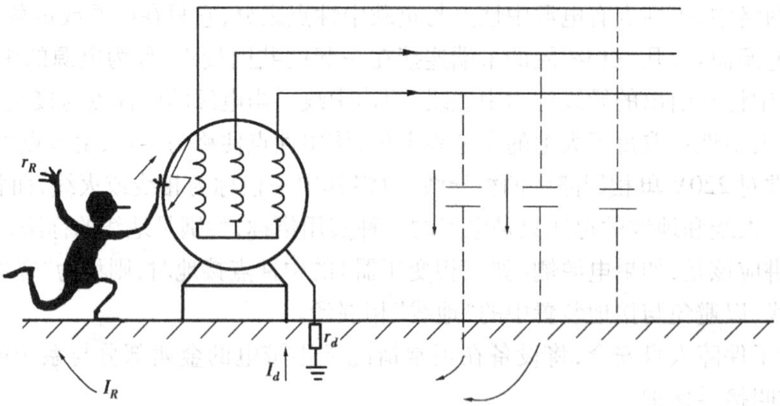

图 1.42　接地保护原理图

从(1.163)式中可以看出，接地体的电阻 r_d 愈小，流经人体的电流就愈小。通常人体的电阻比接地体的接地电阻大数百倍，所以流经人体的电流几乎等于零，人体就能避免发生触电的危险。

由以上的分析可以看出，保证外壳具有最小的接地电阻是很重要的，在施工和运行期间，均应保证接地电阻在任何时候小于设计或规程所规定的接地电阻值。

1.6.2　接零保护

在1 000V以下的电气装置中，避免人体触电的方法除上面所说的接地保护以外，还可以采用接零保护的方法，即将电气装置的金属外壳与零线作金属连接。

在中性点直接接地的三相四线制系统中，若不采用接零时，就有两种情况存在。一种情况是电气设备金属外壳与地没有金属连接；另一种情况则是有金属连接。这两种情况对人体来说都是有危险的。

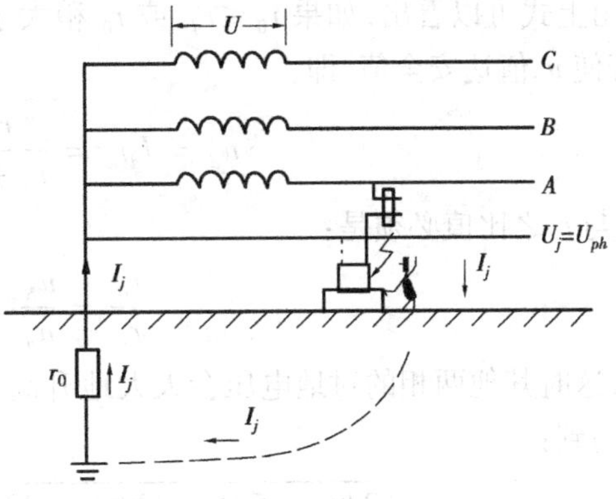

图1.43　设备外壳与地和零线均无金属连接的情况

①下面先分析第一种情况，如图1.43所示，当电气设备发生碰壳时，由于碰壳事故不能自动消去，设备外壳上将长期存在着电压，人体接触到带电的外壳时，通过人体的电流为：

$$I_j = \frac{U_{ph}}{R + r_0} \tag{1.164}$$

式中：U_{ph}——相电压，V；

R——人体电阻，Ω；

r_0——中性点接地电阻，Ω。

一般 r_0 的值为4Ω，与人体电阻1 000Ω相比是很小的，可以不考虑，因而通过人体的电流则完全根据人体的电阻来决定，一般情况下，$U_{ph}=220\text{V}$，$R=1\ 000\Omega$，则通过人体的电流为：

$$I_j = \frac{220}{1\ 000}\text{ A} = 0.22\text{ A}$$

根据前面介绍的人体通过电流的安全值，0.22A的电流对人体是极危险的。因此，这种情况对人体是不安全的。

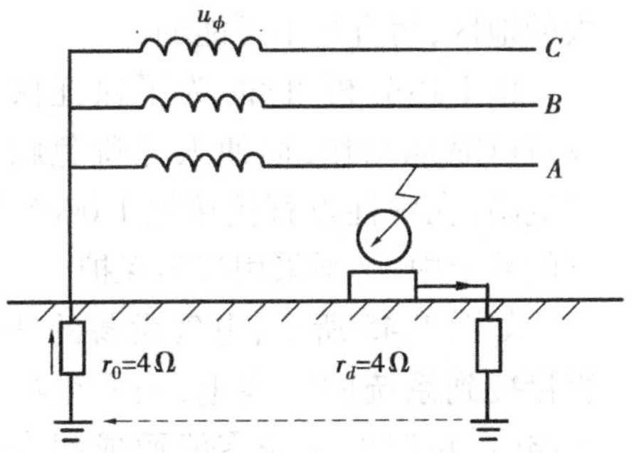

图1.44　接地保护

②第二种情况是有接地保护的情况，如图1.44所示，当电气设备发生接地短路时，其短路电流为：

$$I_d = \frac{U_{ph}}{r_0 + r_d} \tag{1.165}$$

在1 000V以下中性点直接接地系统中，一般均考虑变压器低压侧中性点接地电阻为4Ω，电气设备的接地电阻也为4Ω，因此，当电压为380/220V系统中发生单相短路接地时，其短路电流等于 $I_d=\frac{220}{4+4}=27.5\text{A}$，为了保证供电保护设备可靠地动作，接地短路电流应该不小于自动开关整定电流的1.25倍，或熔断器额定电流是接地短路电流的3倍，因此上式中的短路电流值仅能保证断开整定电流不超过 27.5/1.25 = 22A 的自动开关,或整定电流不超过 27.5/3 = 9.2A 的熔断器,如果电气设备接地电阻稍大,短路电流小,保护设备的额定电流值大于上述数值时,保护设备可能不动作。此时,在设备外壳上将长期地存在对地电压,其值为:

$$u_d = I_d r_d = \frac{r_d}{r_0 + r_d} u_{ph} \tag{1.166}$$

由上式可以看出,如果 $r_0 \leq r_d$,或 r_0 稍大于 r_d,u_d值可能大于 65 伏,对于人体都是不安全的,若使 u_d值达安全值,即:

$$u_d = I_d r_d = \frac{r_d}{r_0 + r_d} \times u_{ph} = 65 \text{ V}$$

则 r_0 与 r_d之比值必须是:

$$\frac{r_0}{r_d} = \frac{u_N}{u_d} = \frac{220 - 65}{65}$$

但是,这时其他两相的对地电压会大大地升高,在电压为 380/220 伏时,其他两相的对地电压将升高到:

$$u_{健} = \sqrt{(220 - 65)^2 + 220^2 - (220 - 65) \times 220 \times \cos 120^\circ} \text{ V} = 327 \text{ V}$$

而此时,变压器低压侧中性点的对地电压将为 220 − 65 = 155V,若此时有人触及与此中性点相连接的导线时,就将发生触电危险。那么是否可以采用降低接地电阻 r_d及 r_0的数值,以增大接地短路电流从而使保护设备可靠动作呢?现在以 200A 熔断器所保护的电气设备为例来说明这个方法是否可行。

当设备发生接地短路时,为了保证熔断器可靠地熔断,接地短路电流应不小于 200 × 3 = 600A,如安全电压为 65V,则电气设备接地装置的接地电阻应小于 r_d = 65/600 = 0.11Ω,而系统中性点的接地电阻应小于

$$r_0 = \frac{220 - 65}{600} = 0.26 \ \Omega$$

要求达到这样小的接地电阻,要花费很多的投资,而在土壤电阻率较大的地区,简直是不可能的。

由上述分析可知,为了保证保护设备可靠地动作,而使人体避免触电的危险,在中性点直接接地 1 000V 以下的系统中,必须采用接零保护。

如图 1.45 所示,电气设备的外壳直接接到系统的零线上,当发生碰壳短路时,短路电流经零线而成闭合回路。所以电气设备外壳接零的作用,是将碰壳变成单相短路,使保护装置能可靠迅速地动作而断开故障设备。

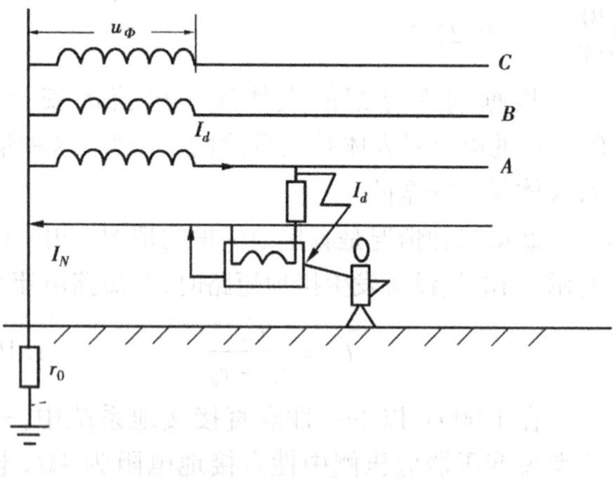

图 1.45 接零保护

在上面的接零系统中,当电气设备发生碰壳短路时,必须要求保护设备能立即动作,不然仍将有发生触电危险的可能,如图 1.45 所示,电气设备的外壳与系统零线相连接,当发生接地

短路时，若保护装置不能立即断开故障设备，在不考虑均压措施及没有其他并联的接零回路情况下，将有电流流经人体，其值为：

$$I_R = I_d \frac{r_N}{r_R + r_0 + r_N} \tag{1.167}$$

式(1.167)中 r_N为接零导线电阻，r_0 为中性点接地电阻，r_R为人体电阻。

从式(1.167)可以看出，流经人体的电流与 r_N，r_R和 r_0 有关，r_0 及 r_N是由系统决定的，为定值。但是人体电阻将因所处的环境和因人而有所不同，即 r_R并非固定不变的。当 r_R过低，电流 I_R仍可能危及人体安全，因此为了保证接零系统的安全，当发生碰地短路时，要求保护装置必须能迅速地动作而切断故障设备。根据运行经验证明，切断故障的时间，在大多数情况下不超过0.1s，当距变压器很近时，短路电流大，甚至只需0.01～0.08s，只有距变压器较远时，才增加到1～4s。

为了在发生接地短路时，保证保护装置能够迅速地动作，接地短路电流必须符合下列条件：

$$I_d = \frac{u_{ph}}{z_n} \geqslant KI_N \tag{1.168}$$

式中：u_{ph}——系统相电压，V。

z_n——包括变压器在内的相零回路中的阻抗，Ω。

I_H——熔断器的额定电流或自动开关过流继电器的整定电流，A。

K——动作系数，当采用熔断器时，其值等于3，当采用自动开关保护时，其值等于1.25。

一般说来，在采用接零保护的情况下，短路电流大都是远远超过熔断器额定电流所需要的倍数的，有时甚至超过数十倍。特别是在工厂中接零系统与机床，建筑物和金属结构，金属管道及电缆外皮等相连接，在很大程度上降低了"相—零回路"的阻抗，促使保护设备迅速动作，从而降低接触电压，使安全更有保证，但对距离变压器较远的电气设备，尤其是经过架空线路供电的情况下，由于"相—零回路"的阻抗 z_k较大，事故电流可能不足以使保护设备迅速动作，在这种情况下要注意核算"相—零回路"的阻抗。

1.6.3　重复接地的作用

将零线的两点或多点与地作良好地金属连接的措施叫重复接地。重复接地的作用有二：当相线碰壳时降低零线的对地电压；当零线断线时降低人体的接触电压。

如图1.46所示，没有重复接地时，当零线发生断线和相线发生碰壳，在断线处后面的人体的接触电压接近于相电压，在断线处前面人体接触电压接近于0，即为接地电阻上的电压降。

有重复接地时，如图1.47所示，在断线处后面的接触电压为：

$$U_{j后} = \frac{U_{ph} r_2}{r_1 + r_2} \tag{1.169}$$

在断线处前面的接触电压为：

$$U_{j前} = \frac{U_{ph} \cdot r_1}{r_1 + r_2} \tag{1.170}$$

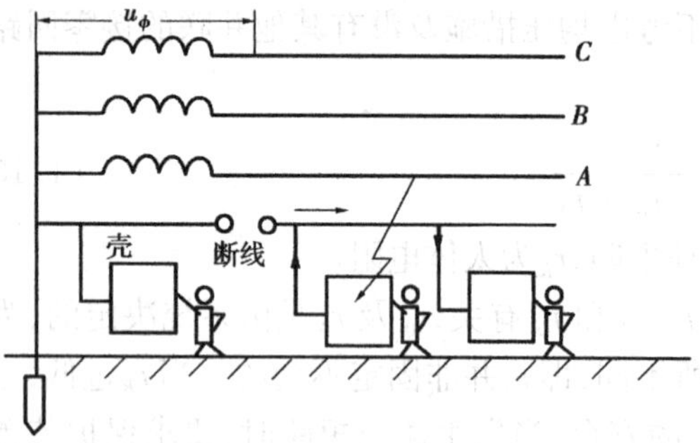

图 1.46　零线断线的情况

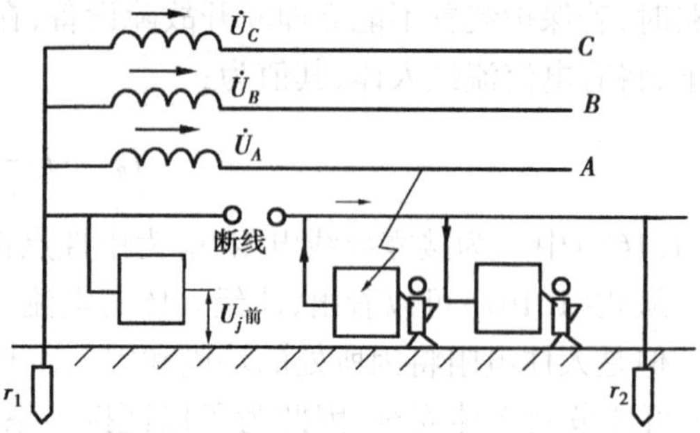

图 1.47　重复接地

第2章 发电厂、变电站接地

2.1 概述

发电厂、变电站接地是防雷接地、工作接地和保护接地三者的统一。

防雷接地是为了将强大的雷电流引入大地，消除过电压对设备危害而设的接地。例如避雷针(线)、避雷器的接地。防雷接地装置只是在雷电冲击作用下才会有电流流过，经防雷接地装置向地中流散的雷电流幅值可达几十甚至几百千安，而持续时间却只有数十微秒，有关接地装置的雷电冲击特性将在第3章中讨论。

工作接地是为了满足系统运行方式的需要，保证电力或电子设备在正常或事故情况下能可靠工作而设立的接地。如发电机和变压器中性点直接接地或经消弧线圈接地、直流输电系统的接地和计算机等弱电设备的逻辑接地等。

保护接地是为了防止设备因绝缘损坏带电危及人身安全而设立的接地。如所有电气设备和家用电器的外壳接地。保护接地装置只是在设备绝缘损坏的情况下才会有电流通过，电流值的大小可能在较大范围内变动。

一般情况下，发电厂、变电站接地装置是以外缘闭合中间敷设若干均压导体为主的水平地网构成。而防雷接地只需在避雷针(线)和避雷器的附近埋设一组集中的垂直接地极，并辅以一定的起均压作用的简单水平接地极，或将垂直接地极按一定的要求与水平地网相连就能达到要求。

发电厂、变电站接地的目的主要是为了保障系统能够安全可靠地运行和保障人身及设备的安全。随着电力系统电压等级的不断提高和系统容量的不断增大，入地故障电流和发电厂、变电站接地网的面积也随之不断增大，要确保人身和设备安全，维护电力系统的可靠运行，需要改变仅强调降低接地电阻来保障安全的传统观念，树立考虑地面电位分布不均带来危险的新概念。实际上，整个接地网的接地电阻与人体或设备不同部位可能遭受的最高电压之间不是简单的关系，它们主要与地网结构尺寸、土壤特性和经地网向地中流散的入地故障电流有关。在土壤电阻率较低且地网面积很大的情况下，虽然接地电阻可能很低，但若接地网设计不合理，在发生接地故障时，地面上仍然可能出现很高的电位梯度，给运行人员和设备带来危险。

在高土壤电阻率地区且地网面积受到限制的情况下,要使接地电阻满足规程要求是十分困难的,即使通过大量的投入接地电阻满足了要求,也不能完全无危险,甚至处于技术经济均不合理的境地。但是,只要合理设计,在不过分注重低接地电阻的情况下,仍然能够设计出满足安全要求的地网。应当说,将发电厂、变电站内外的接触电势、跨步电势和转移电势限制在安全值以内,乃是确保人身和设备安全的根本所在。

要考虑地面电位梯度带来的危险,就不可避免地需要计算地表面的电位分布。但在过去的接地设计计算中,采用仅适合于简单接地极布置的近似公式或经验公式来计算地面任意一点的电位,是难以实现的,特别是对于复杂形状的地网,就更是如此。随着计算机技术的发展,从 20 世纪 70 年代开始,国内外不少专家学者,将计算机的数值模拟方法引入到接地计算中,为解决地面电位分布的计算问题,提供了有效方法。

2.2 发电厂、变电站地网的设计总原则

表征发电厂、变电站地网的主要电气参数有:接地电阻、接触电势、跨步电势、接地电位升和转移电势。在进行发电厂、变电站接地设计时,必须认真贯彻执行国家的有关方针和法规,认真总结经验,根据电气设备的类型和系统的运行方式、接地的性质以及地质构造等特点,因地制宜,力求做到技术先进合理,经济节约。进行接地设计时主要考虑以下问题。

2.2.1 对接地电阻的要求

发电厂、变电站地网的接地电阻主要是根据工作接地的要求决定,即要保证在接地故障时,流经地网的入地故障电流 I 在地网上产生的接地电位升不会对人身和设备安全造成威胁。

1. 大接地短路电流系统

运行经验证明,大接地短路电流系统,包括 110kV 及以上有效接地系统和 6 ~ 35kV 低电阻接地系统,当接地电位升 $IR \leqslant 2\,000$V 时,人身和设备是安全的,所以我国现行接地规程规定[15][16],对于有效接地和低电阻接地系统中地网的接地电阻 R 由下式确定,即

$$R \leqslant \frac{2\,000}{I} \tag{2.1}$$

式中,I 为经地网向地中流散的入地故障电流,该值应采用考虑系统 5 ~ 10 年发展规划的最大运行方式下,短路发生在站内或站外时的最大单相短路周期分量,并根据实际接线中的分流系数来确定,取最大值。

当地网的接地电阻不满足(2.1)式的要求时,可通过技术经济比较增大接地电阻,但不得大于 5Ω,且应当采取措施防止转移电位;考虑短路电流非周期分量的影响,接地电位升不应引起所内 3 ~ 10kV 阀式避雷器动作;并须验算接触和跨步电位差。

2. 小接地短路电流系统

对于小接地短路电流系统,包括 3 ~ 66kV 不接地、经消弧线圈接地和高电阻接地系统来说,由于单相接地故障允许存在 2h,所以接地电位升 IR 的允许值大为降低,对于高压与发电厂、变电站电力生产低压电气装置共用的接地装置,应满足

$$R \leqslant \frac{120}{I} \tag{2.2}$$

但不应大于 4Ω。

高压电气装置的接地装置,应满足

$$R \leqslant \frac{250}{I} \tag{2.3}$$

即使入地故障电流较小,R 也不宜超过 10Ω。

3. 高土壤电阻率地区

在高土壤电阻率地区,要把接地装置的接地电阻做到上述要求的值,在技术上难以实现或经济上极不合理,允许将接地电阻值适当提高。在大接地短路电流系统中允许提高到 $R \leqslant 5\Omega$;而在小接地短路电流系统中允许提高到 $R \leqslant 30\Omega$。但是,在这种情况下,应采取均压、隔离等措施,将接触电势、跨步电势限制在保证人身和设备安全所允许的范围内,并抑制转移电势所带来的危害。

2.2.2　接触电势和跨步电势允许值

如第 1 章中所介绍的那样,人体能承受的接触电压和跨步电压与人体电阻、通过人体的电流值及持续时间、电流流经人体的途径、地表电阻率等因素有关。

在大接地短路电流系统中,发生单相接地时,发电厂、变电站及电力设备接地装置的接触电位差和跨步电位差允许值为

$$\begin{aligned} E_{tL} &= \frac{174 + 0.17\rho_b}{\sqrt{t}} \\ E_{sL} &= \frac{174 + 0.7\rho_b}{\sqrt{t}} \end{aligned} \tag{2.4}$$

式中:ρ_b——人脚所站地表面的土壤电阻率,Ω · m;

t——接地短路持续时间,s。

而在小接地短路电流系统中,由于单相接地故障允许的持续时间在 2h 以内,因此,接触电势和跨步电势的允许值为

$$\begin{aligned} E_{tL} &= 50 + 0.05\rho_b \\ E_{sL} &= 50 + 0.2\rho_b \end{aligned} \tag{2.5}$$

不难看出,提高接触电势和跨步电势允许值最有效的办法就是增大地表的土壤电阻率 ρ_b,如采用碎石或沥青混凝土地面等办法。

2.2.3　关于接地电位升问题

在高土壤电阻率地区,地网接地电阻一般很难降低,因此,发生接地短路故障时,地网的接地电位升 IR 可能达到很高的数值,如地网接地电阻为 5Ω,只要入地故障电流 I 达到 2 000A,地网的接地电位升会高达 10 000V,大大超过规定的安全电压 2 000V。地网的均压措施只能解决接触电势和跨步电势问题。要保证设备和人身安全还必须解决转移电势的问题。所谓转移电势是指发电厂、变电站地网有入地故障电流向地中流散时,在站内与异地接地的金属导体之间或在异地与地网相连的金属导体之间的电位差。这实际上也是高电位引出地网和低电位引入地网的问题。

发电厂、变电站中高电位引出和低电位引入的主要途径有:由变电站通过三相四线制低压

线路向外供电，外部通讯线路引入变电站，发电厂、变电站中的铁轨和金属管道与外部的连接等。

1. 向站外供电的三相四线制低压的隔离

如图 2.1 所示，当向站外供电的三相四线制电源中性点和地网连接时，地网上的接地电位升可以经过相线、零线或电缆的金属外皮传到用户处，可能造成用户处的设备或人员因承受很高的地网接地电位升而损坏或伤害，因此，从发电厂、变电站引出的低压线路，最好使用架空线线路，且电源中性点不在地网内接地，而改在用户处单独接地，如图 2.2。如果采用的是由金属外皮的电缆供电，则除电源中性点不在地网内接地而改在用户处接地外，最好能把金属外皮电缆埋入地中，或在电缆进入用户处将金属外皮剥去 50 ~ 100cm，然后穿入绝缘套管内。

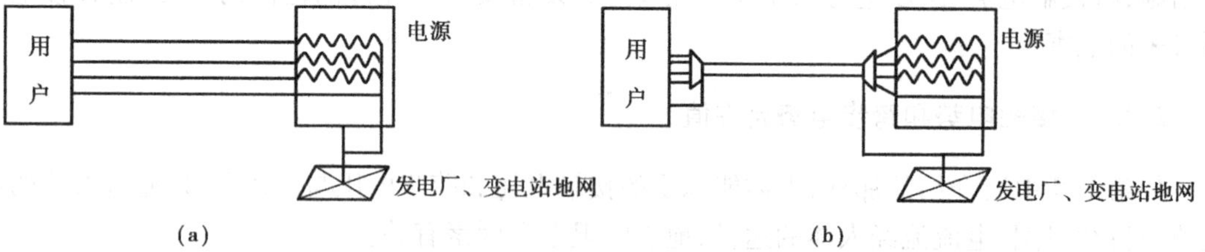

图 2.1 高电位经低压线路引出示意图

(a)经架空线供电 (b)经电缆供电

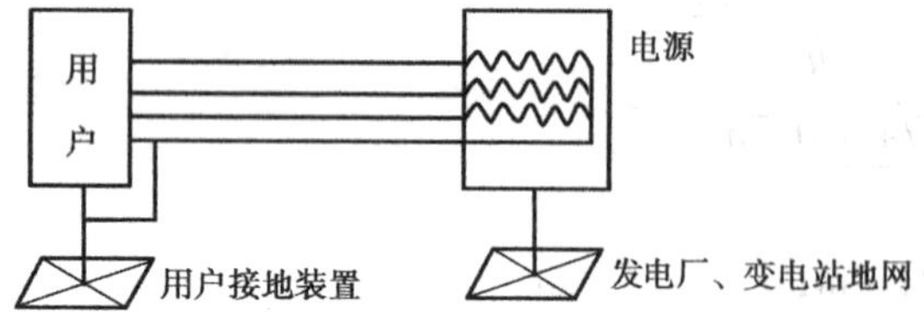

图 2.2 低压线路电源中性点改在用户处接地

应该注意，对于采用水泥杆铁横担的低压线路，由于低压线路绝缘子的工频干试电压只有 2 000V，当地网电位升高时，可能造成反击把高电位引向相线或零线。因此，当接地电位升高于 2 000V 时，在站内的低压线路水泥杆最好不接地。

2. 对外通讯线路的隔离

当发电厂、变电站有和站外相连的通讯线路时，站外的低电位将通过通讯线路引入站内，当地网电位升高时，人站在站内用手接触通讯设备(如打电话)，这一电位差就会作用在人体上，给人身安全带来威胁。防止低电位引入的最有效方法是在通讯信号回路中接入隔离变压器，此隔离变压器的 1min 耐压不低于 5kV。

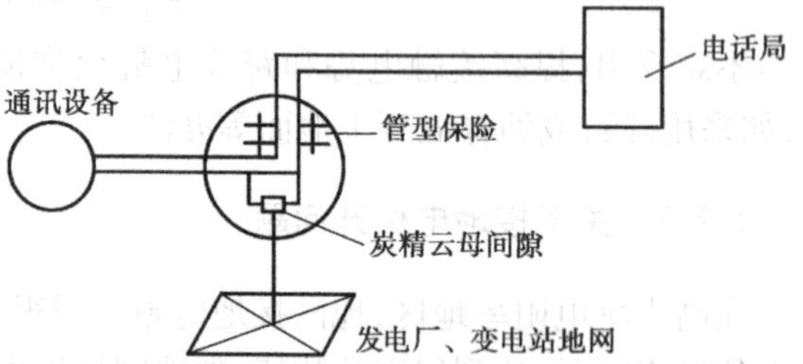

图 2.3 通讯线路的保护接线

当采用隔离变压器有困难时，也可设置绝缘台将整个通讯设备和人员与地网隔离，或采用图 2.3 所示的保护接线，即将圆形保安器的炭精云母间隙接在地网和通讯线间，当地电位升高时，间隙击穿造成短路，使管型保险丝熔断起到隔离高电位的作用。

3. 铁轨和金属管道的隔离

从发电厂、变电站引出的铁轨和金属管道，在地网电位升高时，能将高电位引到很远的地方，因此，当地网电位大于 2 000V 时，需要采取隔离措施。

安装在枕木上的铁轨，可在铁轨接头处加装绝缘鱼尾板来隔离高电位。也可将铁轨的一至两处接头改用沥青混凝土固定,即将铁轨接头处的金属鱼尾板拆掉,将枕木附近的碎石清除一部分,然后浇注沥青混凝土,与轨道稍许齐平,铁轨内侧留一宽、深各 6cm 的沟槽,以便火车导轮通过。

架空引出站外的金属管道,可采用一段绝缘管道,或在法兰连接处加装橡皮等绝缘垫圈,并用绝缘螺栓连接,采用法兰绝缘隔离电位,一般不少于 3 处。直接埋入地中金属管道,一般可不采用隔离电位的专门措施。

4. 关于阀型避雷器的误动作问题

在发电厂、变电站通过 3 ~ 10kV 线路向外供电时,因地电位升高可能造成 3 ~ 10kV 阀型避雷器的误动作。由图 2.4 可以看出,地网电位是加在避雷器端子对地网间的电容(包括附近发电机、变压器以及避雷器火花间隙电容的总和)C_B和线路对地电容 C_0的串联回路上,由于 $C_0 \gg C_B$,所以实际上几乎全部的地网电位都作用在 C_B上,即避雷器上。考虑到当系统发生接地短路故障时,短路电流存在非周期分量,计及非周期分量,地网的工频暂态电位升可达 $1.8IR$,而 10kV 以下的阀型避雷器工频击穿电压又较低,所以避雷器可能在发生单相接地故障时击穿,避雷器会因为不能熄弧而损坏,甚至发生爆炸。因此,在高电阻率地区,如果需要放宽对地网接地电阻的要求时,其上限值应根据阀型避雷器所能承受的反击过电压来决定。

避雷器在正常运行时,还承受工作电压的作用,考虑最不利的情况,即运行时的工作电压正好与地网电位升反相,因此,阀型避雷器的工频放电电压下限 u 应满足下式的要求

$$u > 1.8IR + \frac{u_e}{\sqrt{3}} \tag{2.6}$$

式中:u_e 为系统的额定电压。由此可以算出在大接地短路电流系统中,根据阀型避雷器工频放电电压下限所要求的地网接地电阻为

$$R < \frac{u - \frac{u_e}{\sqrt{3}}}{1.8I} \tag{2.7}$$

此外,在发电厂、变电站内发生接地短路故障时,在接地引线上会出现波过程而产生过电压,此过电压沿着接地引线传播到附近接地的设备上(如故障点附近的保护控制柜),使设备外壳电位升高而危及起控制保护作用的二次系统,甚至沿着二次线路或电源线向主控室传播,造成事故的进一步扩大。

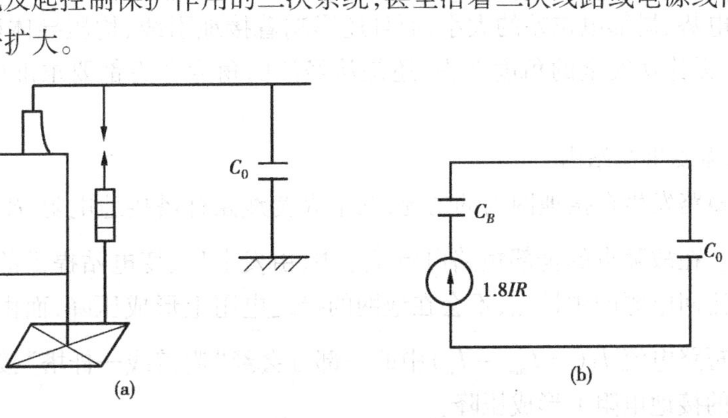

图 2.4　阀型避雷器的反击过电压
(a)阀型避雷器原理接线图　(b)等值电路图

2.3 地网的设计步骤和方法

发电厂、变电站地网的接地参数（地网竣工后的实测值）是否符合接地规程的要求，技术经济指标是否合理，取决于地网设计方法的正确性。只要按正确的步骤和方法来设计地网，是能够获得接地参数满足规程要求、技术经济指标合理的地网的。这一节中，将讨论地网设计的步骤和方法。

2.3.1 调查土壤特性

土壤电阻率是决定地网参数的重要参数。根据土壤类型及土壤中所含水分的性质和含水量的多少，土壤电阻率的变化范围很大，由于实际的大地结构比较复杂，同一土壤在不同地点电阻率会有所不同，所以土壤电阻率的确定必须进行实测。在发电厂、变电站站址选定后，用物探法进行地质结构调查时，要收集站区内土壤在水平方向和垂直方向的变化情况，同时，利用电探法测出站区（包括站区周围）的土壤电阻率的分布情况，并重视站区土壤电阻率随季节的变化情况，然后，经过对实测数据的分析处理，以便获得设计时所需要的土壤电阻率。除此以外，还应该调查站区土壤对普通钢、镀锌钢等金属材料的腐蚀情况，测出对金属材料的腐蚀速度，为地网设计选择正确的金属材料和截面提供依据。有关土壤电阻率的实测方法和实测数据的分析处理将在第6章中详细介绍。

2.3.2 入地故障电流的计算

入地故障电流是指系统发生接地短路时经地网向地中流散并引起地网电位升高的那部分电流。在输电线路有避雷线和系统中性点直接接地的情况下，当系统发生接地短路时，短路点的全部短路电流中，一部分电流由与地网连接的避雷线为回路流通，另一部分电流经地网流回系统的中性点，而剩下的那部分电流才经地网向地中流散，因此，入地故障电流并不等于故障点的全部短路电流。入地故障电流经地网流散时，它不仅影响着接地电位升、接触电势、跨步电势以及转移电势、局部电位差的大小，而且还影响着接地引线、均压导体截面的选择，因此，在接地设计中，无论从安全的角度考虑，还是从经济的角度考虑都要求准确地计算入地故障电流。

1. 短路故障发生在站内

图2.5为短路发生在接地网内的情况，图中 R 为线路杆塔接地电阻，R_z 为发电厂、变电站地网接地电阻。在故障点的全部短路电流 $\dot{I}_{\max}$ 中，由发电厂、变电站提供的那部分电流 $\dot{I}_n$ 可以经地网直接流回电源的中性点，不会在地网的接地电阻上形成压降，而由于避雷线的存在，由系统提供的短路电流 $\dot{I}_s(=\dot{I}_{\max}-\dot{I}_n)$ 中的一部分会经“避雷线—杆塔”接地系统返回系统，也不会在地网的接地电阻上形成压降。

若避雷线分流系数为 K_{e1}，则经避雷线分走的电流 $\dot{I}_{B1}$ 为：

$$\dot{I}_{B1} = (\dot{I}_{\max} - \dot{I}_n)K_{e1} = \dot{I}_s K_{e1} \tag{2.8}$$

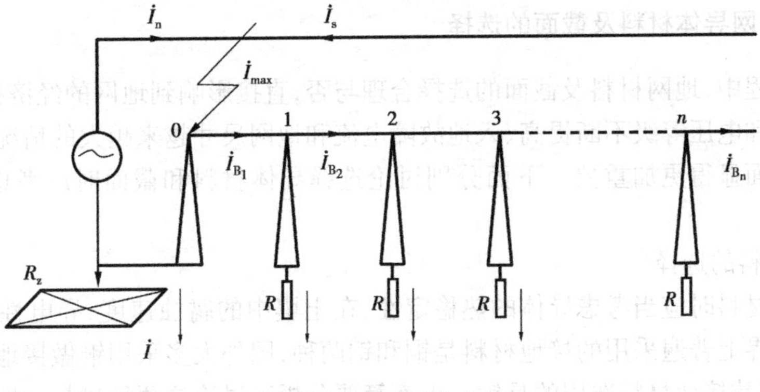

图 2.5　短路故障发生在站内

式中：$K_{e1}=\dfrac{\dot{I}_{B1}}{\dot{I}_s}$

故经地网流散的入地故障电流只有：

$$\dot{I}=(\dot{I}_{max}-\dot{I}_n)(1-K_{e1}) \tag{2.9}$$

2. 短路故障发生在站外

图 2.6 为短路发生在接地网外的情况。经大地自地网返回的短路电流将由电站本身提供。同样，由于避雷线的存在，$\dot{I}_n$ 分量中将有一部分经避雷线直接返回电源中性点，则经地网返回的电流：

$$\dot{I}=(\dot{I}_n-\dot{I}_{BS})=\dot{I}_n(1-K_{e2}) \tag{2.10}$$

式中：$K_{e2}=\dfrac{\dot{I}_{BS}}{\dot{I}_n}$，即站外短路时架空地线的分流系数。

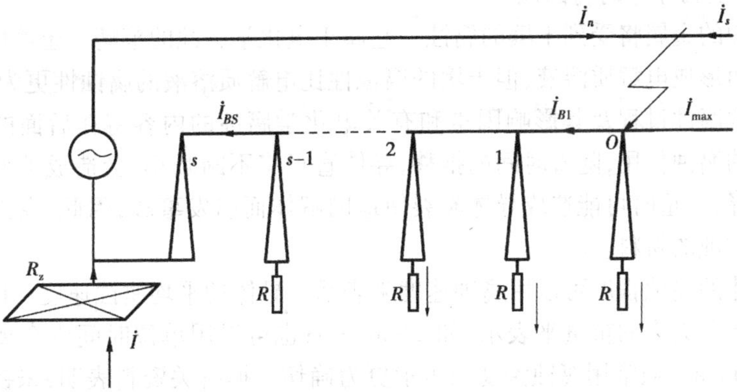

图 2.6　短路故障发生在站外

但是由于短路电流的流通路径及其电流的分布受到短路故障的类型和位置、系统的结构与参数、变电站和杆塔接地电阻、相线和架空地线参数、系统将来(5～10 年)的发展等因素的影响。因此，要精确地计算 K_{f1} 和 K_{f2} 是十分困难的。在接地设计计算时，先分别计算 K_{e1}、K_{e2}，然后取较大者作为计算用入地短路电流。有关分流系数的计算方法，将在 2.4 中讨论。

2.3.3 地网导体材料及截面的选择

在接地工程中，地网材料及截面的选择合理与否，直接影响到地网的经济技术指标。特别是在系统容量和电压等级不断提高、入地故障电流和地网尺寸越来越大的情况下，合理地选择导体材料和截面显得更加重要。下面分别讨论选择导体材料和截面时应考虑的因素及选择原则。

1. 导体材料的选择

选择导体材料时应当考虑导体的热稳定性、在土壤中的腐蚀速度、导电性、材料价格及来源等。目前世界上普遍采用的接地材料是铜和钢两种，国外大多采用铜做接地材料，而根据国情，我国绝大多数接地材料选用的是钢。下面简要分析和讨论这两种材料的性能。

（1）热稳定性

在大接地短路电流系统中，入地故障电流一般在几千安到几十千安的范围内，这样强大的电流经地网向地中流散时，将在导体中产生很高的热量，入地故障电流持续时间取决于系统主保护动作时间和断路器的分闸时间，一般只有零点几秒，在这样短的时间内导体产生的热量来不及向周围土壤中扩散，几乎全部热量都用来使导体温度升高。当温度超过一定值以及经土壤自然冷却后，导体的机械强度会剧烈下降，特别是在导体之间的连接处，如果再遇短路电流电动力作用，导体就会遭到破坏。当短路电流很大，导体温度升到很高，达到金属材料的熔点时，导体将会熔化。这两种原因都可能使接地引线和地网导体断裂解体，地网失去作用，而使系统故障扩大，造成巨大的经济损失。每一种导体材料都具有一短时最高允许温度，如果导体温度超过它，就意味着其性能下降。同样每种导体材料都有它自己的熔点。允许最高温度及熔点越高，其热稳定性能越好。铜的短时最高允许温度为300℃，熔点为1 083℃；钢的短时最高允许温度为400℃，熔点为1 550℃。因此，钢的热稳定性比铜要好些。

（2）土壤对金属导体的腐蚀性

埋在土壤中的金属将受到土壤的腐蚀。它属于电化学腐蚀的范畴。土壤中的水溶解有盐和其他电解质而形成电解质溶液，但土壤的腐蚀性比电解质溶液的腐蚀性更为复杂、严重。关于导体在土壤中腐蚀过程及其影响因素和有关电化学腐蚀的内容将在后面的相关章节中介绍。由于土壤的腐蚀作用，随着时间的推移，导体直径将不断减小，会造成地网导体的热稳定性和导电性下降，严重时可能造成导体断裂使地网解体而引发事故，因此，在选择导体材料时应考虑选用耐腐蚀的材料。

土壤对导体的腐蚀程度可以用腐蚀速度来表示。导体的平均腐蚀速度可以用导体单位时间内单位面积上所失去的重量来表示，如 $g/cm^2 \cdot a$；也可以用单位时间内金属表面的腐蚀深度来表示，如 mm/a。通常用腐蚀深度来表示更为确切。据有关资料表明，未镀锌钢在土壤中腐蚀速度约为铜的4～5倍，而镀锌钢在土壤中的腐蚀速度仅为铜的1～2倍，可见铜的耐腐蚀性最强，镀锌钢比不镀锌钢强。但应当注意，金属在土壤中的腐蚀要受到许多因素的影响（诸如土壤的孔隙度、土壤电阻率、水分中溶解的盐类、酸碱性和细菌等），因此在不同的土壤环境中，金属导体的腐蚀情况有很大的差别，建议在进行土壤电阻率测量的同时，还应当测量站区内土壤对铜或钢的腐蚀速度，为导体材料和截面的选择提供可靠的数据。通常采用的测量土壤对金属导体的腐蚀速度的方法有失重法和电化学法。

(3)导体的导电性

在大型地网中，当强大的入地故障电流经地网流散时，因导体电阻的存在，会造成地网导体上各部分的电位不相等。地网尺寸越大，土壤电阻率越低，导体导电性越差，各部分的电位差也越大，例如，面积为 $50\times50\text{cm}^2$，均压导体间距为12.5cm的等间距布置的正方形地网，在电阻率为 $30\Omega\cdot\text{m}$ 的自来水中，当自地网的一角注入电流时，其对角的电位降低值为：对于钢($\rho_{Fe}=0.5\times10^{-6}\Omega\cdot\text{m}$)为接地材料的地网，此值为5.3%，而铜($\rho_{Cu}=0.24\times10^{-6}\Omega\cdot\text{m}$)为接地材料的地网，此值为4.3%。在其他条件不变的情况下，水的电阻率降为 $1.8\Omega\cdot\text{m}$ 时，钢为接地材料的地网电位降低值增加到35.6%。如果以地网各金属导体电位相差10%计算，取电流入地点电位(即地网电位升)为4 000V，则与地网不同点相连的各设备外壳之间可能出现的最大电位差将达400V，设计中必须考虑对这种局部电位差的控制，否则将会引发事故。

(4)材料的成本和来源

铜的价格约为钢的几倍到十几倍，且铜的矿藏量比铁少得多，当然选用钢比铜好。铜和钢地网各有优缺点，钢的热稳定比铜更好，且经济。铜的导电性和耐腐蚀性比钢强，镀锌钢的耐腐蚀性又比不镀锌钢好，若采用一些防腐措施(如阴极保护)还能进一步提高耐腐蚀性。此外，一般电气设备的外壳都是钢铁的，地网附近还可能有其他金属管道，若地网导体选用铜，将会和与之相近的(或相连的)其他金属材料构成原电池，反而加速了对钢铁构件的腐蚀。而采用镀锌钢就不会或很少出现这种情况，因此根据我国国情建议选择镀锌钢作为接地材料是比较适宜的。

2. 导体截面的选择

导体截面的选择一般可根据热稳定性要求来确定导体的最小截面，然后再根据对地网运行寿命的要求以及实测得到的土壤对地网导体的腐蚀速度计算得到导体截面积，然后将两者进行比较，取大者，再考虑一定的裕度，最后确定应该选择的导体截面积。考虑裕度的理由是，因为导体在土壤中的腐蚀并不是均匀腐蚀。一般来说，导体截面越大越不均匀，但是在相同的土壤环境中表征散流特性的接地电阻主要取决于地网的面积，导体半径对它影响很小，可以不考虑这一条件。

(1)由热稳定性确定导体截面

假定导体短时发出的热量全部用来使导体温度升高，为了使导体满足热稳定要求，即导体温度不超过其允许温度，则

$$\int_0^t I^2R\mathrm{d}t \leqslant \int_{\theta_1}^{\theta_2} GC\mathrm{d}\theta \tag{2.11}$$

式中：I——入地故障电流有效值，A；

R——导体电阻，Ω；

t——入地故障电流持续时间，s；

G——导体质量，g；

C——导体比热容，w·s/g·℃；

θ_1——土壤环境温度，℃；

θ_2——导体最大允许温度，℃。

由于电流大，导体温升快，所以导体电阻 R 和比热容 c 都是随温度变化的函数，即

$$R = \rho_0\frac{L}{S}(1+\alpha\theta) \tag{2.11'}$$

$$c = c_0(1 + \beta\theta) \tag{2.12}$$

ρ_0、c_0分别是0℃时导体的电阻率（Ω·cm）和比热容（w·s/g·℃），L为导体长度（cm），S为导体截面积（cm^2），α、β分别为导体的电阻温度系数和比热容温度系数，θ为导体温度（℃）。地网导体一般为均匀导体，其质量$G=\gamma LS$，γ为导体质量密度（g/cm^3）。将式（2.11′）和式（2.12）代入式（2.11），经简化整理得

$$S \geqslant \frac{I}{k}\sqrt{t} \tag{2.13}$$

式中：$k=\dfrac{\gamma c_0 A}{\rho_0}$，$A=\dfrac{\alpha-\beta}{\alpha^2}\ln\left(\dfrac{1+\alpha\theta_2}{1+\alpha\theta_1}\right)+\dfrac{\beta}{\alpha}(\theta_2-\theta_1)$

根据式（2.13）就能很方便地算出满足热稳定要求的导体最小截面积。对于一定的材料，k为定值，如钢导体$k=70$，铜导体$k=210$，铝导体$k=120$。

（2）由土壤对导体的腐蚀速度来确定截面积

根据实测得到的土壤对导体的年腐蚀速度（mm/a）以及预期的地网运行寿命，就能很容易地得出导体的最小截面，然后考虑一定的裕度系数就能得到按腐蚀速度确定的导体截面积。

2.3.4 选择地网的布置方式

发电厂、变电站接地装置大多数都是以水平接地极为主，外缘闭合，内部敷设若干均压导体的接地网。在过去的设计中，均压导体一般按3m、5m、7m、10m等间距布置。由于端部效应和邻近效应，各均压导体流散电流很不均匀，地网中部导体流散的电流较小，而在边角处导体的流散电流急剧增加，这就使地网内部的地表面电位分布很不均匀，造成地网边角处的接触电势和中心处的接触电势相差很大，且这种不均匀随地网面积的增大和网孔数的增多而越来越严重。为了保证发电厂、变电站人身和设备安全，又不过多地耗费钢材，设计是以比边角网孔低20%～30%的次边角网孔电势不超过允许接触电势为原则。但这样做并没有根除因地面电位分布不均匀而引起事故的危险，还需要在地网边角处采取辅助安全措施，而中部导体得不到合理利用。这样，大型地网均压导体如果仍按传统的等间距布置，在技术经济上都是不够合理的。为了改变这种情况，最好的方法是采用不等间距布置均压导体，有关用不等间距布置均压导体的合理性及其布置的规律将在2.5中讨论。

经分析研究表明，在大中型地网周边埋设2～3m或远小于地网等值半径的垂直接地体对降低整个接地装置的接地电阻的效果不大。所以，除在避雷针（线）和避雷器附近埋设集中的垂直接地体以流散雷电流以外，在地网的周边一般不敷设垂直接地体。但是，如果在埋设地网的地方土壤上层的电阻率远比下层的电阻率高，或者地网处于容易干燥或冰冻的土壤地区的情况下，可以在地网周边埋设若干垂直接地体，并与水平接地网相连。这样既可以进一步减小接地电阻，也可以维持地网的性能，使之不随气候的变化而发生显著变化。垂直接地体的长度在10～50m的范围内，它们之间的距离以大于相邻两垂直接地体的总长度为宜，此外，还应重视各种自然接地体（如水电厂的钢筋混凝土基等）的利用。

接地网导体的总长，可按下式估算：

$$L = \frac{K_m K_{ip} I \sqrt{t}}{116 + 0.17s} \tag{2.14}$$

式（2.14）中，K_m为考虑地网的导体数为n、间距为D、直径为d和埋深为h的影响系数，其

值为：

$$K_m = \frac{1}{2\pi}\ln\frac{D^2}{16hd} + \frac{1}{\pi}\ln\left[\left(\frac{3}{4}\right)\left(\frac{5}{6}\right)\left(\frac{7}{8}\right)\cdots\right] \tag{2.15}$$

在式(2.15)中，第二项括号内的因子相乘次数比包括交叉连接线在内的主结线地网内平行导体的根数少2；K_i为不均匀修正系数，考虑接地网不同部分接地电流的不均匀性，尼曼建议K_i值为1.2~1.3，对土壤电阻率不均匀的情况，K_i可取得大一些；ρ_i为人体双脚下的土壤电阻率(Ω·m)；t为电击最大持续时间(s)。

知道接地网导体的总长，地网的长和宽以及选择好导体间的间距就容易对接地网进行布置。

2.3.5　接地计算

1. 接地电阻计算

我国规程推荐以水平接地网为主，且边缘闭合的复合接地体的接地电阻按下式计算：

$$R = \frac{\sqrt{\pi}}{4}\cdot\frac{\rho}{\sqrt{s}} + \frac{\rho}{2\pi L}\ln\frac{L^2}{1.6h\cdot d\cdot 10^4} \tag{2.16}$$

式中：S——接地网的总面积，m^2；

L——接地体的总长度，包括垂直接地体在内，m；

d——水平接地体的直径和等效直径，m；

h——水平接地体的埋设深度，m。

对于面积S大于$100m^2$的闭合接地网可用下面的公式近似计算，即：

$$R \approx 0.5\frac{\rho}{\sqrt{S}} \tag{2.17}$$

$$R \approx \frac{\rho}{4r} + \frac{\rho}{L} \tag{2.18}$$

式(2.18)中：L为接地体的总长度，包括垂直接地体，m；

r为接地网的等效半径，$r = \sqrt{S/\pi}$，m。

2. 地网的电位升高计算

接地网的电位升高E为：

$$E = IR \tag{2.19}$$

式中：I——流经地网的最大接地短路电流，A；

R——接地网的接地电阻，Ω。

3. 接触电势和跨步电势计算

发生接地短路时，接地网地表面的最大接触电势，即网孔中心对接地体的最大的电势，可按下式计算：

$$E_{tLm} = K_t E \tag{2.20}$$

式中：E——地网电位升高，V；

K_t——接触系数。

当接地体埋设深度h=0.6~0.8m时，K_t可按下式计算：

$$K_t = K_n K_d K_S \tag{2.21}$$

K_n、K_d、K_S系数可按表 2.1 所列式子进行计算。

表 2.1 系数 K_n,K_d,K_S

接地网形式 / 系数	长孔接地网	方孔接地网	备注
均压带根数影响系数 K_n	$\frac{0.97}{n}+0.096$	$\frac{1.03}{n}+0.047$	当 $n\leqslant 9$ 时（单方向计算根数）
	$\frac{0.545}{n}+0.137$	$\frac{0.55}{n}+0.105$	当 $n\geqslant 10$（n 的取法同上）
均压带直径影响系数 K_d	1.0	1.2 ~ 10d	注
接地网面积影响系数 K_S	$1.23\sim 0.23\frac{40}{\sqrt{s}}$		$\sqrt{s}\geqslant 16$ 时

注：各种接地体的等效直径为：

扁钢：$d=\frac{b}{2}$，b 为扁钢宽度；

等边角钢：$d=0.84(b,b$ 为角钢边宽）；

不等边角钢：$d=0.71\sqrt[4]{b_1b_2(b_1^2+b_2^2)}$　b_1，b_2 为角钢两边宽度

发生接地短路时，接地网外的地表面的最大跨步电势可按下式计算：

$$K_{sm} = K_k E \tag{2.22}$$

式中：E——接地网电位升高，V；

K_k——跨步系数。

跨步系数可按下面的(2.23)、(2.24)、(2.25)式计算。

$$K_k = 1.28\left\{\frac{L-L_1}{L}\cdot\frac{2}{\pi}\left[\arctan\sqrt{\frac{\sqrt{\frac{S}{\pi}}}{(h-0.4)+\sqrt{h^2+(h-0.4)^2}}}-\arctan\sqrt{\frac{\sqrt{\frac{S}{\pi}}}{(h+4)+\sqrt{h^2+(h+0.4)^2}}}+\frac{L_1}{L}\cdot\frac{\ln\sqrt{\frac{h^2+(h+0.4)^2}{h^2+(h-0.4)^2}}}{\ln\frac{16\sqrt{S}}{\sqrt{\pi d}}}\right]\right\} \tag{2.23}$$

当 $h=0.6$m 时，(2.23)式可简化为：

$$K_k = 1.28\left(\frac{L-L_1}{L}\cdot\frac{0.477}{S^{0.25}}+\frac{L_1}{L}\cdot\frac{0.61}{\ln\frac{9.02\sqrt{S}}{d}}\right) \tag{2.24}$$

当 $h=0.8$m 时，(2.23)式可简化为：

$$K_k = 1.28\left(\frac{L-L_1}{L}\cdot\frac{0.41}{S^{0.25}}+\frac{L_1}{L}\cdot\frac{0.476}{\ln\frac{9.02\sqrt{S}}{d}}\right) \tag{2.25}$$

式(2.23)、(2.24)和(2.25)中：

L——接地网中接地体的总长度，m；

L_1——接地网的外周边线总长，m；

S——接地网面积，m^2；

h——接地网水平均压带的埋设深度，m；

d——接地网水平均压带的直径或等效直径，m。

4. 不等间距接地网的接地参数计算

在经过大量的理论计算和分析的基础上采用最小二乘法回归分析，得到了用不等间距布置接地网接地参数的计算公式。

(1)符号说明

S——地网面积，m^2；

h——地网埋深，m；

L_1——地网长度，m；

L_2——地网宽度，m；

n_1——沿宽方向布置的导体根数；

n_2——沿长方向布置的导体根数；

m——地网网孔数，$m=(n_1-1)(n_2-1)$；

d——地网导体直径，m；

ρ——土壤电阻率，$\Omega \cdot m$；

I——经地网入地的短路电流，A；

R——地网接地电阻，Ω；

U_0——接地电位升高，$V_0=IR$，V；

U_{jm}——最大接触电势，V；

U_{km}——最大跨步电势，V；

K_{km}——最大跨步电势系数；

K_{jm}——最大接触电势系数。

K_{Rh}，K_{RL}，K_{Rm}，K_{Rn}，K_{Rd}分别为最大接地电阻的埋深、形状、网孔数、导体根数和导体半径的计算系数。

K_{jh}，K_{jL}，K_{jn}，K_{jd}，K_{jS}分别为最大接触电势的埋深、形状、导体根数、导体半径和地网面积的计算系数。

K_{kL}，K_{km}，K_{kn}，K_{Rd}，K_{kS}分别为最大跨步电势的形状、网孔数、导体根数、导体半径和地网面积的计算系数。

(2)接地电阻

$$R = k_{Rh}k_{RL}k_{Rm}k_{Rn}k_{Rd}\left(1.068 \times 10^{-4} + \frac{0.445}{\sqrt{S}}\right)\rho$$

$$k_{Rh} = 1.061 - 0.0701\sqrt[5]{h}$$

$$k_{RL} = 1.144 - 0.13\sqrt{\frac{L_1}{L_2}}$$

$$k_{Rm} = k_{Rn}(1.168 - 0.079\sqrt[5]{m})$$

$$k_{Rn} = 1.256 - 0.367\sqrt{\frac{n_2}{n_1}} + 0.126\frac{n_2}{n_1}$$

$$k_{Rd} = 0.931 + \frac{0.017\,4}{\sqrt[3]{d}}$$

(3)最大接触电势和 k_{jm}

$$U_{jm} = k_{jm} U_0$$

式中：$U_0 = IR$，kV，为接地电位升高。

$$k_{tm} = k_{tL} k_{td} k_{ts} k_{th} k_{tn} (9.727 \times 10^{-3} + \frac{1.356}{\sqrt{m}})$$

$$k_{ja} = 1.215 - 0.269 \sqrt[3]{\frac{L_2}{L_1}}$$

$$k_{jd} = 1.527 - 1.494 \sqrt[5]{d}$$

$$k_{jh} = 1.612 - 0.654 \sqrt[5]{h}$$

$$k_{js} = -0.118 + 0.445 \sqrt[12]{S}$$

$$k_{jn} = 64.301 - 232.65 \sqrt[6]{\frac{n_1}{n_2}} + 279.65 \sqrt[3]{\frac{n_1}{n_2}} - 110.32 \sqrt{\frac{n_1}{n_2}}$$

(4)最大跨步电势和 k_{km}

$$U_{km} = k_{km} U_0$$

式中：

$$k_{km} = 0.454 k_{kL} k_{km} k_{kd} k_{ks} e^{-2.293\,9\sqrt[3]{h}}$$

$$k_{kL} = 29.081 - 1.861\,9 \sqrt{\frac{L_1}{L_2}} + 435.18 \frac{L_1}{L_2} + 425.68 (\frac{L_1}{L_2})^{1.5} + 148.59 (\frac{L_1}{L_2})^2$$

$$k_{km} = k_{kn} [34.474 - 11.541 \sqrt{m} + 1.43m - 0.076m^{1.5} + 1.455 \times 10^{-3} m^2]$$

$$k_{kn} = 1.0 + 1.416 \times 10^6 e^{-202.7\frac{n_1}{n_2}} - 0.306 e^{29.264(\frac{n_1}{n_2}-1)}$$

$$k_{ks} = 0.911 + 19.104 \sqrt{S}$$

$$k_{kd} = -2\,780 + 9\,623 \sqrt[36]{d} - 11\,099 \sqrt[18]{d}\, 4\,265 \sqrt[12]{d}$$

如果上面各式的计算结果不满足规程要求，须重新布置地网均压带，再进行计算，直至满足规程要求为止，然后绘制施工图和编写施工说明，施工完成后对接地装置进行现场测量，接地参数的现场测量方法将在第 6 章中叙述。

2.4 架空地线分流系数计算

过去对架空地线分流系数的计算大都用简化等效的计算方法。近些年来，美国、加拿大等国家对此做了许多研究工作，并提出一些数值计算方法，其基本思想是用模型代表电网中的各电力元件，然后由这些模型构成网络，最后对网络进行分析求解，也可以用 EMTP 程序进行计算。下面简单介绍架空地线分流系数的简化等效计算方法和用 EMTP 程序计算方法[8][17]。

2.4.1　简化计算方法

假如将变电站的接地电阻和输电线路杆塔的接地电阻取为一样，即 $R_Z=R$，则可用图2.7所示的链型等值电路求出 K_{e1} 和 k_{e2}。

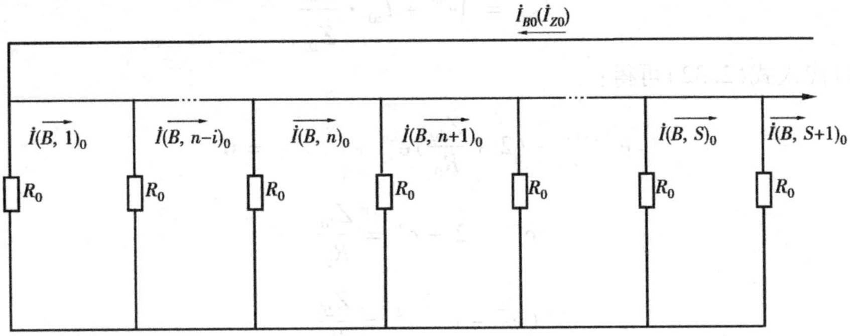

图2.7　计算分流系数的零序链型等值电路

图2.7中 $\dot I_{so}=\dfrac{1}{3}\dot I_s$，$\dot I_{(Bn)0}=\dfrac{1}{3}\dot I_{Bn}$，$R_0=3R$。从图中可以看出，分流将逐杆进行，最后趋于某一稳定值。即随着 n 的增大，由杆塔入地的电流 $I_{(Dn)0}$ 将逐渐减小，当 $n\to\infty$ 时，将有 $\dot I_{(Dn)0}=0$，$\dot I_{B(n-1)0}=\dot I_{B(n)0}=\dot I_{B(n+1)0}$。为求零序电流沿避雷线的分布规律，可对节点 $n-1$，n 和 $n+1$ 写出下列差分方程：

$$\dot I_{B(n-1)0}-\dot I_{Bn0}=\frac{\dot U_{n-1}}{R_0} \tag{2.26}$$

$$\dot I_{(Bn)0}-\dot I_{B(n+1)0}=\frac{\dot U_n}{R_0} \tag{2.27}$$

$$\dot U_{n-1}-\dot U_n=\dot I_{(Bn)0}\dot ZL_0-\dot I_{s0}\dot Z_{M0} \tag{2.28}$$

式中 $\dot Z_{L0}$ 为每两基杆塔间避雷线的零序自感阻抗，可用下式计算：

$$\dot Z_{L0}=\frac{3rd}{n}+0.15+\mathrm{j}0.189\ln\frac{D_g}{\sqrt[n]{a_m D^{n-1}}} \tag{2.29}$$

式(2.29)中，$\dot Z_{L0}$ 单位为 Ω/km；r_d 为导线的单位长度的电阻，Ω/km；n 为导线根数；a_m 为导线的等值半径；D_g 为避雷线对地的等价镜像距离。

每两基杆塔间相线和避雷线间的零序互感抗 $\dot Z_{M0}$ 其值为：

$$\dot Z_{M0}=0.15+\mathrm{j}0.189\ln\frac{D_g}{D_{bx}} \tag{2.30}$$

式中 D_{bx} 为相线和中性线间的几何均距。

从式(2.26)～(2.28)中消去 $\dot U_{n-1}$ 和 $\dot U_n$，可得：

$$\dot I_{B(n-1)0}-\left(2+\frac{\dot Z_{L0}}{R_0}\right)\dot I_{Bn0}+\dot I_{B(n+1)0}=-\dot I_{s0}\frac{\dot Z_{M0}}{R_0} \tag{2.31}$$

考虑到当 $n\to\infty$ 时，有 $\dot I_{B(n-1)0}=\dot I_{Bn0}=\dot I_{B(n+1)0}$，因此差分方程(2.31)的特解将为：

$$\dot{I}_{Bn0} = \dot{I}_{S0}\frac{\dot{Z}_{M0}}{\dot{Z}_{L0}} \tag{2.32}$$

由此可写出差分方程(2.31)的通解为：

$$\dot{I}_{Bn0} = \dot{A}e^{\dot{a}n} + \dot{I}_{S0}\cdot\frac{\dot{Z}_{M0}}{\dot{Z}_{L0}} \tag{2.33}$$

将式(2.33)代入式(2.32)可得：

$$e^{\dot{a}(n-1)} - (2 + \frac{\dot{Z}_{L0}}{R_0})e^{\dot{a}n} + e^{\dot{a}(n+1)} = 0 \tag{2.34}$$

$$e^{-\dot{a}} - 2 + e^{\dot{a}} = \frac{\dot{Z}_{L0}}{R_0} \tag{2.35}$$

$$(e^{\frac{\dot{a}}{2}} - e^{-\frac{\dot{a}}{2}})^2 = \frac{\dot{Z}_{L0}}{R_0} \tag{2.36}$$

$$(2\mathrm{sh}\frac{\dot{a}}{2})^2 = \frac{\dot{Z}_{L0}}{R_0} \tag{2.37}$$

由此可得：

$$\dot{a} = \pm 2\mathrm{sh}^{-1}\frac{\sqrt{\dot{b}}}{2} = \pm\dot{\beta} \tag{2.38}$$

式(2.38)中，$\dot{b} = \frac{\dot{Z}_{L0}}{R_0}$

也就是说零序电流沿避雷线的分布规律将为：

$$\dot{I}_{Bn0} = \dot{A}_1 e^{\dot{\beta}n} + \dot{A}_2 e^{\dot{\beta}n} + \dot{I}_{S0}\frac{\dot{Z}_{M0}}{\dot{Z}_{L0}} \tag{2.39}$$

式(2.39)中 $\dot{A}_1$ 和 $\dot{A}_2$ 可根据边界条件求出。

1. 变电站内短路时的分流系数 K_{e1}

设系统和电站间的链形回路中有 s 个链，则变电站内短路时，回路的边界条件为：

①$n=0$ 时， $\dot{I}_{B(0)0} = \dot{I}_{s0}$ (2.40)

②$n=s^{+1}$时， $\dot{I}_{B(s+1)0} = \dot{I}_{s0}\frac{\dot{Z}_{M0}}{\dot{Z}_{L0}}$ (2.41)

将(2.40)和(2.41)式两边界条件用于式(2.39)可得：

$$\dot{A}_1 = \frac{e^{-\dot{\beta}(s+1)}}{e^{\dot{\beta}(s+1)} - e^{-\dot{\beta}(s+1)}}\dot{I}_{s0}(1 - \frac{\dot{Z}_{M0}}{\dot{Z}_{L0}}) \tag{2.42}$$

$$\dot{A}_2 = \frac{e^{\dot{\beta}(s+1)}}{e^{\dot{\beta}(s+1)} - e^{-\dot{\beta}(s+1)}}\dot{I}_{s0}(1 - \frac{\dot{Z}_{M0}}{\dot{Z}_{L0}}) \tag{2.43}$$

而有：

$$\dot{A}_{(Bn)0} = \frac{e^{\dot{\beta}(s+1)}e^{-\dot{\beta}_n} - e^{-\dot{\beta}(s+1)}e^{\dot{\beta}_n}}{e^{\dot{\beta}(s+1)} - e^{-\dot{\beta}(s+1)}}(1 - \frac{\dot{Z}_{M0}}{\dot{Z}_{L0}})\dot{I}_{s0} + \frac{\dot{Z}_{M0}}{\dot{Z}_{L0}}\dot{I}_{s0} \tag{2.44}$$

当 $n=1$ 时，将有：

$$\dot{I}_{(B1)0}=\frac{e^{\dot{\beta}s}-e^{-\dot{\beta}s}}{e^{\dot{\beta}(s+1)}-e^{-\dot{\beta}(s+1)}}\left(1-\frac{\dot{Z}_{M0}}{\dot{Z}_{L0}}\right)\dot{I}_{s0}+\frac{\dot{Z}_{M0}}{\dot{Z}_{L0}}\dot{I}_{s0} \tag{2.45}$$

由此可得站内短路时避雷线的分流系数 K_{e1} 为：

$$K_{e1}=\frac{\dot{I}_{B1}}{\dot{I}_s}=\frac{\dot{I}_{(B1)0}}{\dot{I}_{s0}}=\frac{e^{\dot{\beta}n}-e^{-\dot{\beta}n}}{e^{\dot{\beta}(s+1)}-e^{-\dot{\beta}(s+1)}}\left(1-\frac{\dot{Z}_{M0}}{\dot{Z}_{L0}}\right)+\frac{\dot{Z}_{M0}}{\dot{Z}_{L0}} \tag{2.46}$$

如链形回路很长，即杆塔数很大，$s\to\infty$，则式(2.46)可简化为：

$$K_{e1}=\left(1-\frac{\dot{Z}_{M0}}{\dot{Z}_{L0}}\right)e^{-\dot{\beta}}+\frac{\dot{Z}_{M0}}{\dot{Z}_{L0}} \tag{2.47}$$

式中：

$$e^{-\dot{\beta}}=\frac{1-\sqrt{\dfrac{\dot{b}}{4+\dot{b}}}}{1+\sqrt{\dfrac{\dot{b}}{4+\dot{b}}}}\qquad \dot{b}=\frac{\dot{Z}_{L0}}{R_0} \tag{2.48}$$

经计算表明，当 $s>5$ 时，有：

$$\frac{e^{\dot{\beta}s}-e^{-\dot{\beta}s}}{e^{\dot{\beta}(s+1)}-e^{-\dot{\beta}(s+1)}}\approx e^{-\dot{\beta}} \tag{2.49}$$

因此，站内短路时避雷线的分流系数 K_{e1} 可按式(2.47)进行计算。

仍以图2.5为例，设避雷线为钢绞线，线路的平均档距为300m，可得：

$$\dot{Z}_{L0}=0.3\times 12.69e^{j33.09^\circ}=3.807e^{j33.09^\circ}\ \Omega$$

$$\dot{Z}_{M0}=0.3\times 1.107e^{j82.21^\circ}=0.332e^{j82.21^\circ}\ \Omega$$

若链形回路的 R 取杆塔的平均接地电阻 10Ω，则有：

$$\dot{b}=\frac{\dot{Z}_{L0}}{R_0}=\frac{3.807}{3\times 10}e^{j33.09^\circ}=0.127e^{j33.09^\circ}=0.106+j0.069$$

$$e^{-\dot{\beta}}=\frac{1-\sqrt{\dfrac{0.127e^{33.09^\circ}}{4+0.106+j0.069}}}{1+\sqrt{\dfrac{0.127e^{j33.09^\circ}}{4+0.106+j0.069}}}=0.711e^{-j5.77^\circ}=0.707-j0.071$$

$$\frac{\dot{Z}_{M0}}{\dot{Z}_{L0}}=\frac{0.332e^{j82.21^\circ}}{3.807e^{j33.09^\circ}}=0.087e^{j49.12^\circ}=0.057+j0.066$$

$$K_{f1}=(1-0.057-j0.066)\times 0.711e^{-j5.77^\circ}+0.57+j0.066=0.721e^{-j3.82^\circ}$$

若链形回路的 R 取电站地网的电阻 0.5Ω，则有：

$$\dot{b}=\frac{3.807}{3\times 0.5}e^{j33.09^\circ}=2.538e^{j33.09^\circ}=2.126+j1.386$$

$$e^{-\dot{\beta}} = \frac{1-\sqrt{\dfrac{2.538e^{j33.09^\circ}}{4+2.126+j1.386}}}{1+\sqrt{\dfrac{2.538e^{j33.09^\circ}}{4+2.126+j1.386}}} = 0.239e^{-j12.73^\circ} = 0.233 - j0.053$$

$$K_{e1} = (1-0.057-j0.066)\times 0.239e^{-j12.73^\circ} + 0.057 + j0.066 = 0.273e^{-j0.15^\circ}$$

可见地网和杆塔的接地电阻对站内短路时的分流系数有很大的影响。

实际上，地网的接地电阻 R_Z 都小于杆塔的接地电阻 R，不难看出，当 R_Z 为零时，分流将在 0 号杆一次完成，即 $\dot{I}_{Bn0}$ 在 $n=1$ 时就会达到稳定值，因而有：

$$\dot{I}_{B10} = \frac{\dot{Z}_{M0}}{\dot{Z}_{L0}}\dot{I}_{s0} \tag{2.50}$$

此时分流是系数将为：

$$K_{e1} = \frac{\dot{Z}_{M0}}{\dot{Z}_{L0}} \tag{2.51}$$

显然按(2.51)式计算的结果是偏于安全的。

对图 2.5 的杆塔来说，当避雷线为钢绞线时可得：

$$K_{e1} = \frac{0.332e^{j82.21^\circ}}{3.807e^{j33.09^\circ}} = 0.082e^{j49.12^\circ}$$

当避雷线为铜绞线时则有：

$$K_{e1} = \frac{0.3\times 1.1107e^{j82.21^\circ}}{0.3\times 2.82e^{j62.07^\circ}} = 0.394e^{j20.14^\circ}$$

可见，用良导体做避雷线时，可使分流作用大大提高。

2. 变电站外短路时的分流系数 K_{e2}

设接地发生在距电站为 s 个档距处，取短路发生处为 0 号杆，只要把式(2.44)中的 $\dot{I}_{s0}$ 换成 $\dot{I}_{Z0}$ 即可得到站外短路时零序电流沿导线的分布，即：

$$\dot{I}_{Bn0} = \frac{e^{\dot{\beta}(s+1)}e^{-\dot{\beta}n} - e^{-\dot{\beta}(s+1)}e^{\dot{\beta}n}}{e^{\dot{\beta}(s+1)} - e^{-\dot{\beta}(s+1)}}\cdot\left(1-\frac{\dot{Z}_{M0}}{\dot{Z}_{L0}}\right)\dot{I}_{Z0} + \frac{\dot{Z}_{M0}}{\dot{Z}_{L0}}\dot{I}_{Z0} \tag{2.52}$$

而当 $n=s$ 时有：

$$\dot{I}_{Bs0} = \frac{e^{\dot{\beta}} - e^{\dot{\beta}}}{e^{\dot{\beta}(s+1)} - e^{-\dot{\beta}(s+1)}}\left(1-\frac{\dot{Z}_{M0}}{\dot{Z}_{L0}}\right)\dot{I}_{Z0} + \frac{\dot{Z}_{M0}}{\dot{Z}_{L0}}\dot{I}_{Z0} \tag{2.53}$$

由此可得站外短路时避雷线的分流系数 K_{e2} 为：

$$K_{e2} = \frac{\dot{I}_{Bs}}{\dot{I}_z} = \frac{\dot{I}_{(Bs)0}}{\dot{I}_{Z0}} = \frac{e^{\dot{\beta}} - e^{-\dot{\beta}}}{e^{\dot{\beta}(s+1)} - e^{-\dot{\beta}(s+1)}}\left(1-\frac{\dot{Z}_{M0}}{\dot{Z}_{L0}}\right) + \frac{\dot{Z}_{M0}}{\dot{Z}_{L0}} \tag{2.54}$$

经计算表明，只要接地短路点距电站有 10～20 个的档距时（相当于进线保护段的首端发生接地短路），式(2.54)中的第一项所起的作用已很小。还以图 2.6 的杆塔为例，若用钢绞线作避雷线并取杆塔的平均接地电阻为 10Ω，则当 $s=10$ 时将有：

$$\frac{e^{\dot{\beta}} - e^{-\dot{\beta}}}{e^{11\dot{\beta}} - e^{-11\dot{\beta}}}\left(1-\frac{\dot{Z}_{M0}}{\dot{Z}_{L0}}\right) = 0.0103 - j0.0125$$

$$K_{e2} = 0.103$$

当 $s = 20$ 时则有：

$$\frac{e^{\dot{\beta}} - e^{-\dot{\beta}}}{e^{21\dot{\beta}} - e^{-21\dot{\beta}}}\left(1 - \frac{\dot{Z}_{M0}}{\dot{Z}_{L0}}\right) = 0.000\,55 - j0.002\,9$$

$$K_{e2} = 0.108\,98$$

因此站外短路时的分流系数也可近似为：

$$K_{e2} = \frac{\dot{Z}_{M0}}{\dot{Z}_{L0}} \tag{2.55}$$

显然按式(2.55)计算的结果也是偏安全的。

2.4.2　用 EMTP 程序计算分流系数

从上面的分析可以看出，分流系数的计算问题，实际上是求解系统零序网络的问题。用上面介绍的求解零序网络的方法，是建立在许多假设基础上的，其计算结果有一定的局限性。由于 EMTP 电磁暂态程序具有计算暂态和稳态的功能，且计算速度快、精度高，利用 EMTP 电磁暂态程序对系统的零序网络进行求解，可以避免过多的假设而造成的计算误差。以下以某 500kV 变电站为例加以分析计算。

1. 分流系数的计算模型

(1) 当接地短路故障发生在终端站内时，其零序等值网络如图 2.8 所示。

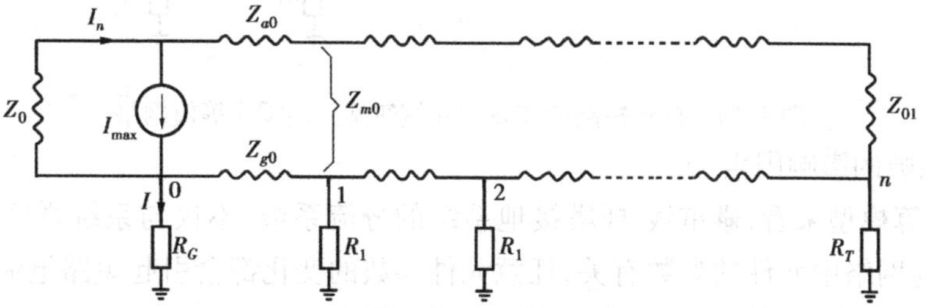

图 2.8　接地短路故障发生在终端站内的零序等值网络

图中：R_i——线路杆塔接地电阻，Ω；

R_T——系统的接地电阻，Ω；

R_G——发电厂、变电站地网的接地电阻，Ω；

Z_{a0}——线路三相导线每一档的零序自阻抗，Ω；

Z_{g0}——避雷线每一档的零序自阻抗，Ω；

Z_{m0}——导线与避雷线每一档的零序互阻抗，Ω；

Z_0，Z_{01}——变电站、系统电源的零序阻抗，Ω；

I_{max}——最大单相接地短路电流，A。

(2) 当接地短路故障发生在枢纽站时，该站为一回进线和一回出线，其零序等值网络如图 2.9 所示。

(3) 当接地短路故障发生在枢纽站时，该站为一回进线和二回出线，其零序等值网络如图 2.10 所示。

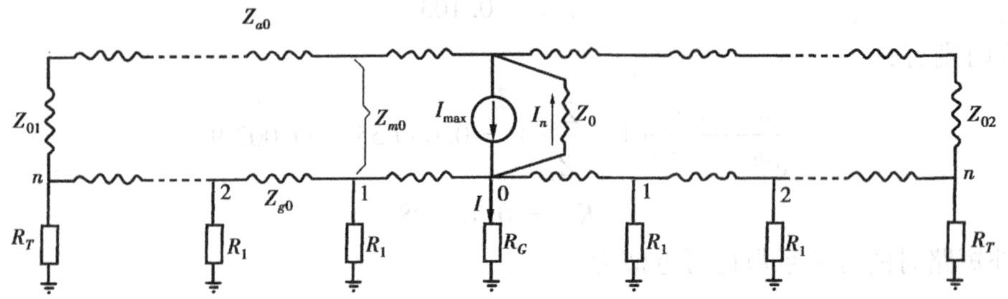

图 2.9 接地短路故障发生在枢纽站内的零序等值网络

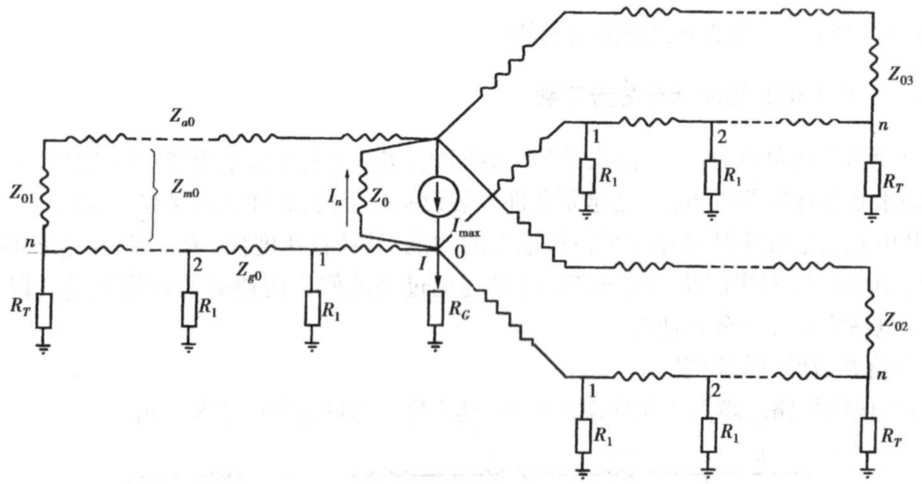

图 2.10 接地短路故障发生在枢纽站内的零序等值网络

2. 分流系数的影响因素

从等值计算模型来看,避雷线-杆塔接地系统的分流系数,不仅与系统零序等值网络的结构有关,而且与网络中元件的参数有关,任意元件参数的变化都会引起短路电流的分布发生变化,“避雷线-杆塔”接地系统分流系数的影响因素主要有:

(1)避雷线(架空地线)的零序自阻抗 Z_{g0};

(2)输电导线的零序自阻抗 Z_{a0};

(3)避雷线与导线间的零序互感抗 Z_{m0};

(4)输电线路杆塔接地电阻 R_i;

(5)变电站地网接地电阻 R_G;

(6)短路点的位置;

(7)系统电源(或等值电源)的数目及运行方式。

这些因素中,(1),(2),(3)实际上与避雷线、导线的型号、尺寸、布置方式、避雷线根数以及线路所经过地区的土壤电阻率等有关,为简化分析,选用500kV线路的典型布置,导线为四分裂三相水平布置,避雷线为两根,且不对地绝缘,如图2.11所示。线路经过区域的土壤电阻率为100Ω·m。

3. 计算结果及分析

根据上面的零序等值网络和典型的线路结构、参数,利用EMTP程序,就上述影响因素的变化对分流系数的影响进行计算分析。分别对站内、站外发生单相接地短路时两种情况下的分流系数进行计算，并着重研究分流系数随变电站接地网接地电阻、杆塔接地电阻、系统地网接地电阻、避雷线型号、站外短路点位置等变化的规律。

若接地故障点的电流为 $I_{\max}$，流经地网的入地故障电流为 I，由变压器中性点流回的电流为 I_n，当站内发生短路时，避雷线-杆塔接地系统分流系数为：

$$K_{e1} = \frac{I_{\max} - I_n - I}{I_{\max} - I_n} \tag{2.56}$$

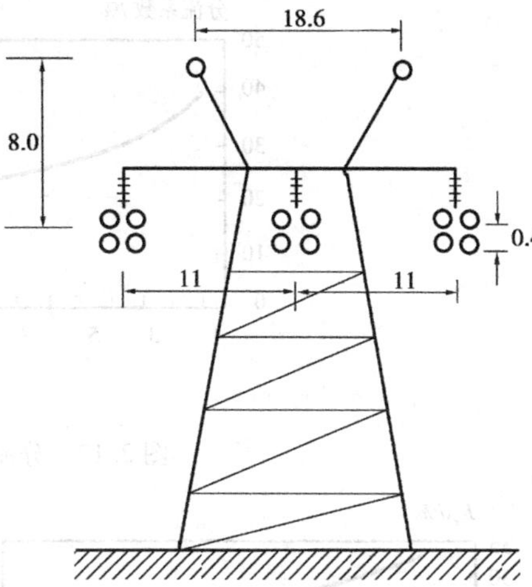

图 2.11　500kV 线路杆塔的典型结构

当站外发生短路时，避雷线－杆塔接地系统的分流系数为：

$$K_{e2} = \frac{I_n - I}{I_n} \tag{2.57}$$

计算时，导线选用 4 × LGJ—400/35，避雷线分别选用 GJ—35、GJ—50、GJ—70、LHAGJ—95 四种，线路档距取 400m，则每一档距下导线零序自阻抗、避雷线零序自阻抗以及导线与避雷线间的零序互感抗分别为：

$$Z_{a0} = 0.0697 + j0.4137, \Omega;$$
$$Z_{g0} = 2.982 + j1.505, \Omega, \text{GJ—35};$$
$$Z_{g0} = 2.16 + j1.499, \Omega, \text{GJ—50};$$
$$Z_{g0} = 1.46 + j1.492, \Omega, \text{GJ—70};$$
$$Z_{g0} = 0.264 + j0.579, \Omega, \text{LHAGJ—95});$$
$$Z_{m0} = 0.06 + j0.372, \Omega。$$

计算时取 $Z_0 = Z_{01} = Z_{02} = j100\Omega$（计算时发现，当改变 Z_0、Z_{01}、Z_{02} 时，对分流系数的影响很小，故将 Z_0、Z_{01}、Z_{02} 取为 100Ω）。

（1）短路发生在变电站内

1）线路档数变化时对分流系数影响

分流系数随线路档数变化的曲线如图 2.12 所示，计算时取值分别为 $R_i = 15.0\Omega$，$R_G = 0.5\Omega$，$R_T = 0.5\Omega$。

从图 2.12 中可看出，随着线路档数（即线路长度）的增加，分流系数减小，在线路档数大于 15 以后，分流系数趋于一稳定值。所以，虽然实际输电线路档数远远大于 15，在计算分流系数时，线路档数取 20，足以满足工程的需要。

2）变电站为终端站时，不同避雷线型号下的分流系数 K_{e1} 计算结果如图 2.13，2.14，2.15，2.16 所示。各图中 5 条曲线从上到下分别表示 $R_G = 1.25\Omega$，1.0Ω，0.75Ω，0.50Ω，0.25Ω 时，分流系数随档数的变化。

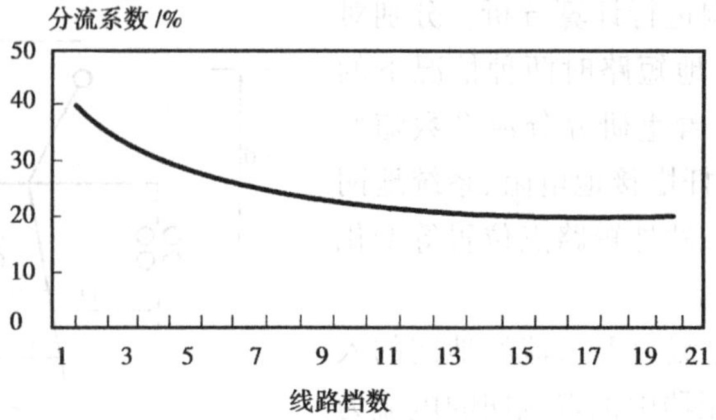

图 2.12 分流系数随线路档数的变化

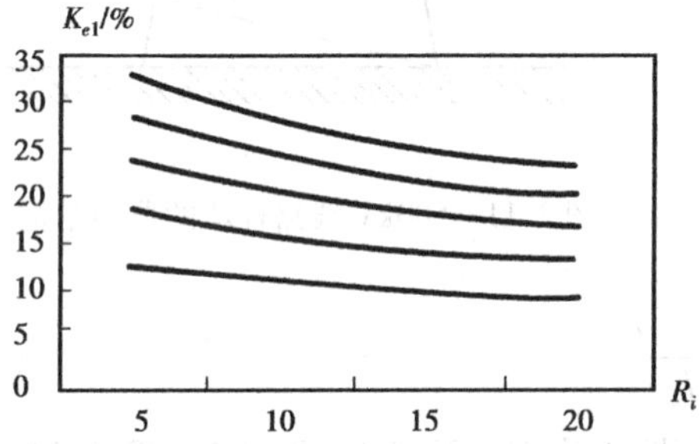

图 2.13 GJ—35 型

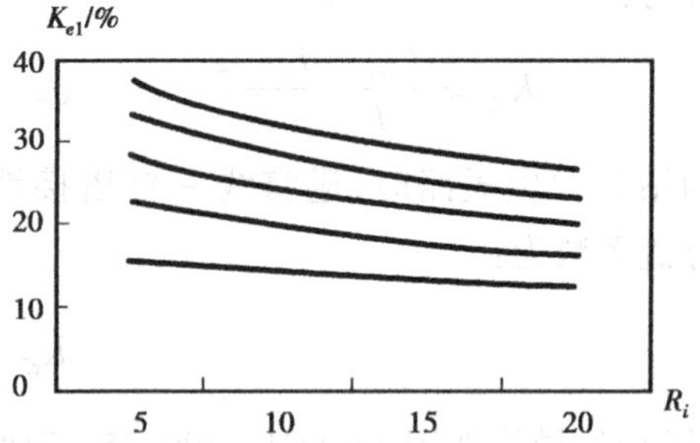

图 2.14GJ—50 型

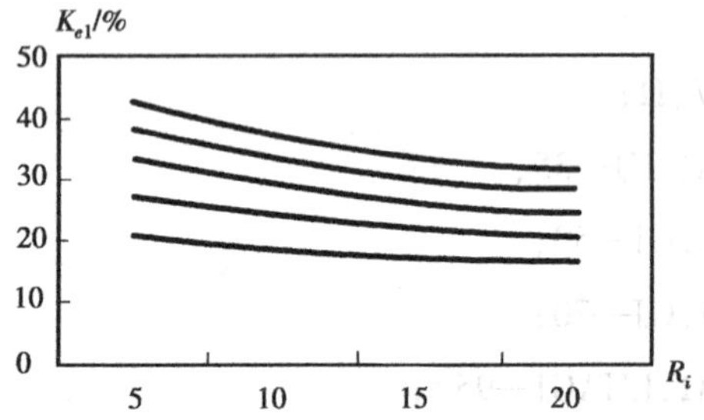

图 2.15 GJ—70 型

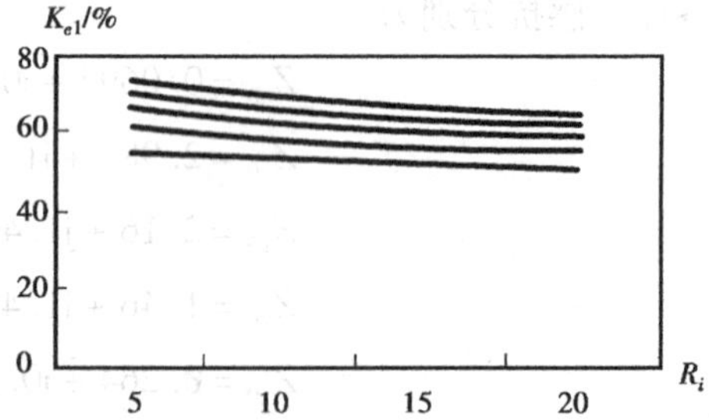

图 2.16 LHAGJ—95 型

3)变电站为一回进线和一回出线的枢纽站时,不同避雷线型号下的分流系数 K_{e1} 计算结果如图 2.17 ~ 图 2.20 所示。

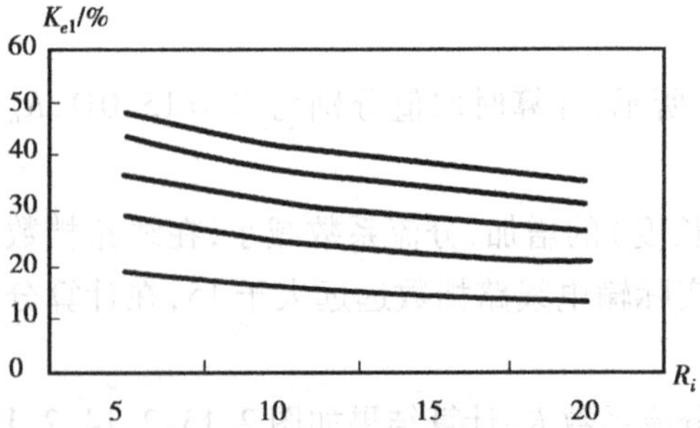

图 2.17 GJ—35 型

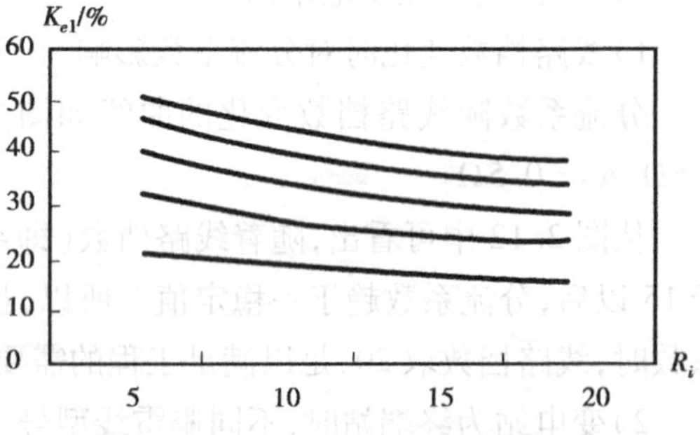

图 2.18 GJ—50 型

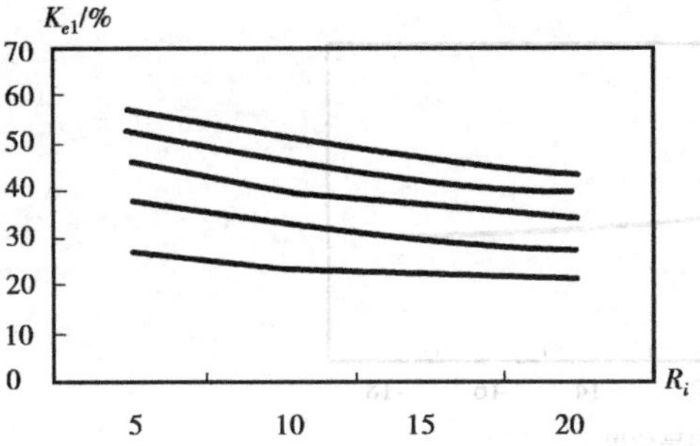

图 2.19　GJ—70 型

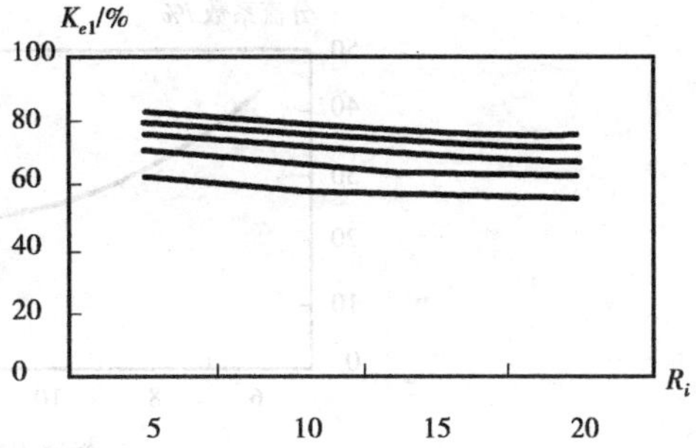

图 2.20　LHAGJ—95 型

4）变电站为一回进线和二回出线的枢纽站时，不同避雷线型号下的分流系数 K_{e1} 计算结果如图 2.21 ~ 图 2.24 所示。

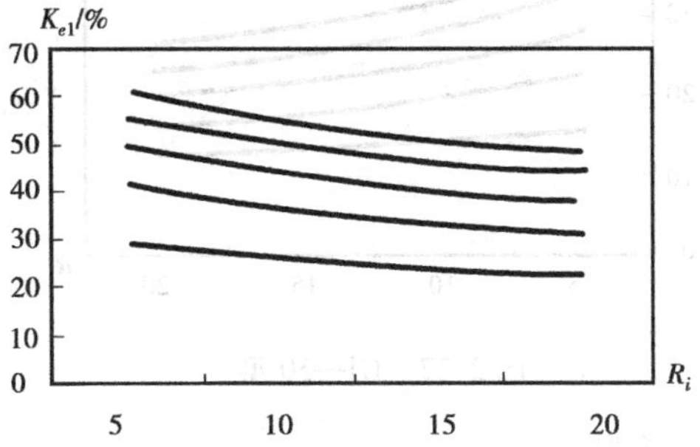

图 2.21　GJ—35 型

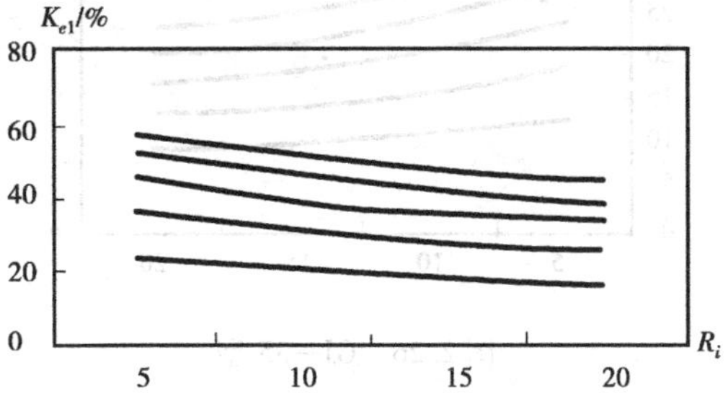

图 2.22　GJ—50 型

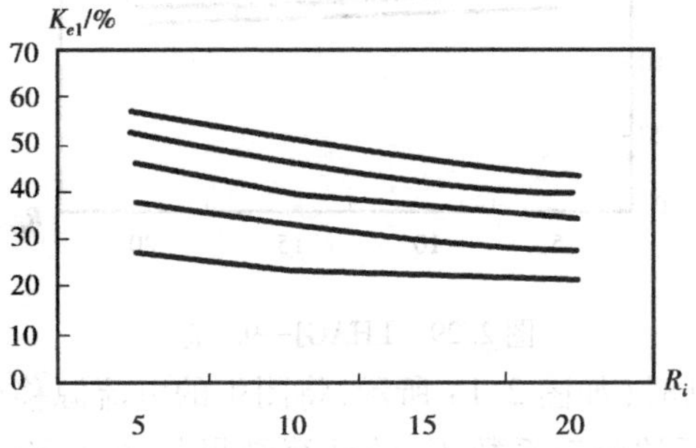

图 2.23　GJ—70 型

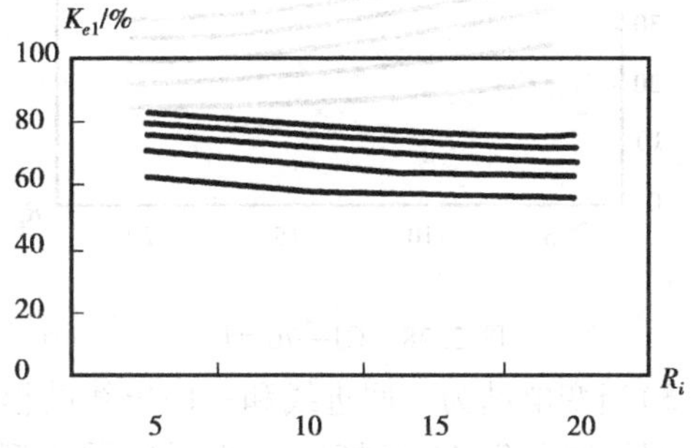

图 2.24　LHAGJ—95 型

（2）短路发生在变电站外

1）短路点位置对分流系数的影响

以图 2.13 所示的模型进行计算，假定避雷线选用 GJ—50，杆塔接地电阻 $R_i = 10\Omega$，系统及变电站的地网接地电阻为 0.5Ω，则分流系数随短路点位置变化曲线如图 2.25 所示。

从图中曲线可以看出，随着短路点与变电站距离的增大，分流系数 K_{e2} 随之减小，但当短路点位置在 16 基杆塔以后，分流系数 K_{e2} 趋于稳定，为了计算的方便，以下计算均将短路点位置设置在第 16 基杆塔，因此时的分流系数最小，使接地设计趋于严格。

2）变电站为终端站时（如图 2.13 所示，将图中的电流源移至第 16 号杆塔），不同避雷线型号下的分流系数 K_{e2} 计算结果如图 2.26 ~ 图 2.29。

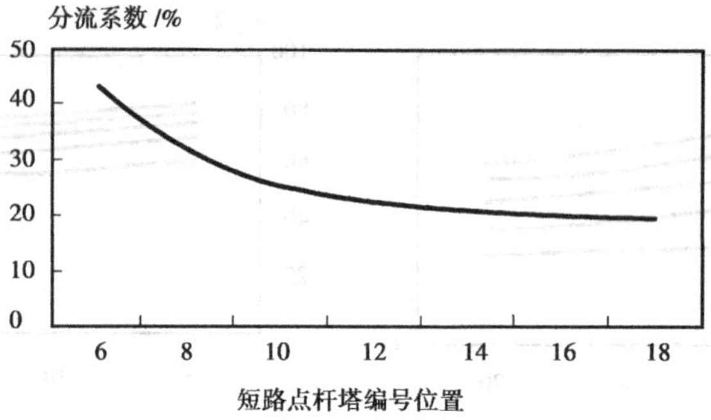

图 2.25　分流系数随短路点变化曲线

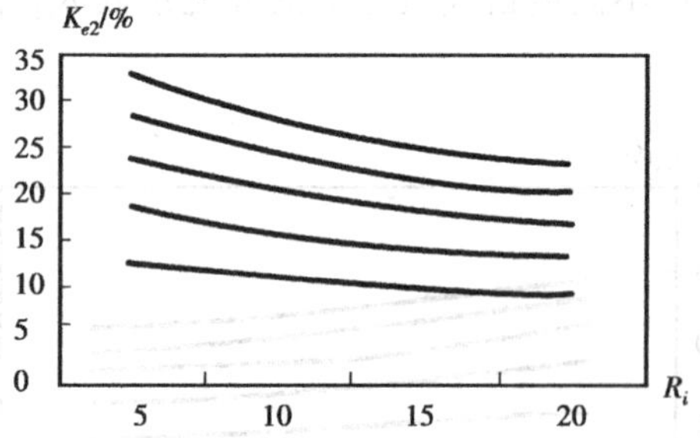

图 2.26　GJ—35 型

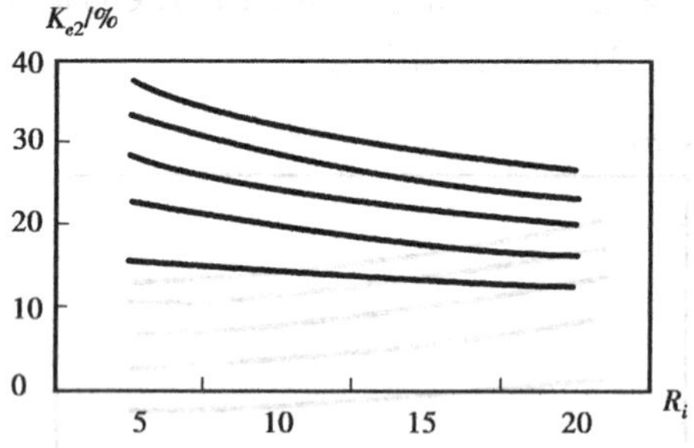

图 2.27　GJ—50 型

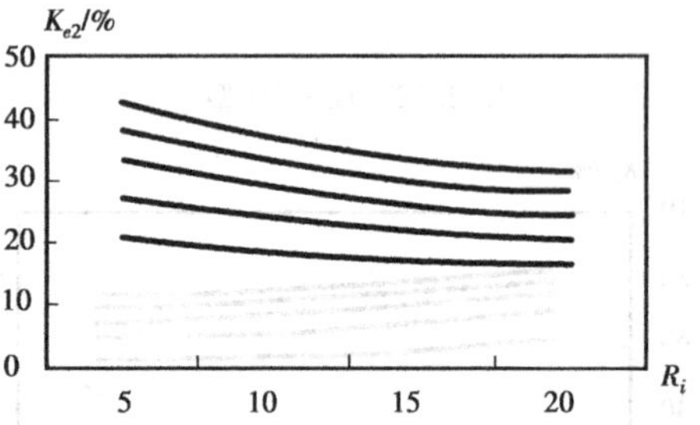

图 2.28　GJ—70 型

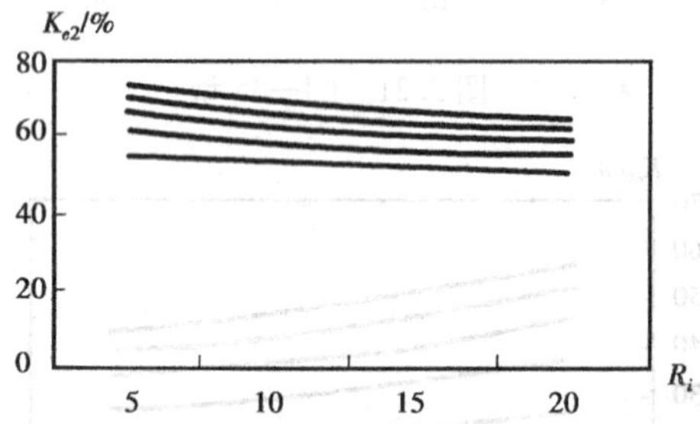

图 2.29　LHAGJ—95 型

3）当变电站为一回进线和一回出线的枢纽站时（如图 2.14 所示，将图中的电流源移至任意一回线路的第 16 号杆塔），不同避雷线型号下的分流系数 K_{e2} 的计算结果如图 2.30 ~ 图 2.33所示。

4）当变电站为一回进线二回出线的枢纽站时（如图 2.15 所示，将图中的电流源移至任意一回线路的第 16 号杆塔），不同型号避雷线的分流系数 K_{e2} 的计算结果如图 2.34 ~ 图 2.37 所示。

分析以上曲线可以看出，对分流系数影响较大的因素主要有：变电站地网接地电阻、线路杆塔接地电阻和避雷线的导电性。无论短路发生在站内还是站外，分流系数随变电站地网接地电阻的增大而增大；随杆塔接地电阻的增大而减小；当避雷线截面增大（即避雷线导电性增强），分流系数也随之增大；在其他情况都相同时，站内、站外短路的分流系数基本相同，这与其他文献的结果相同。计算中还发现，当改变导线和变压器零序参数时，对分流系数的影响很小。以单回进线为例，不同避雷线型号下分流系数随变电站地网接地电阻 R_G 和线路杆塔接地

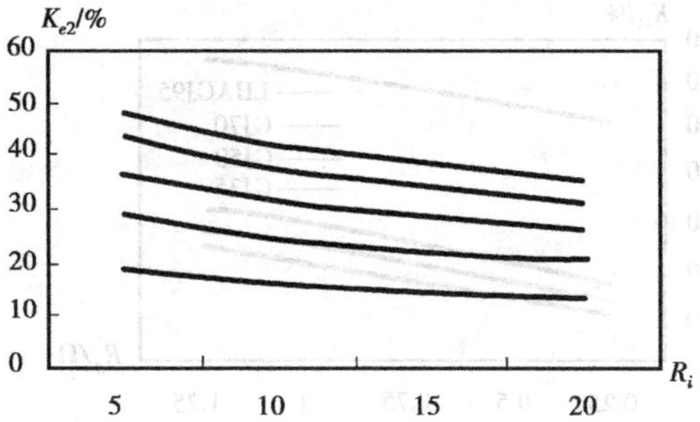

图 2. 30　GJ—35 型

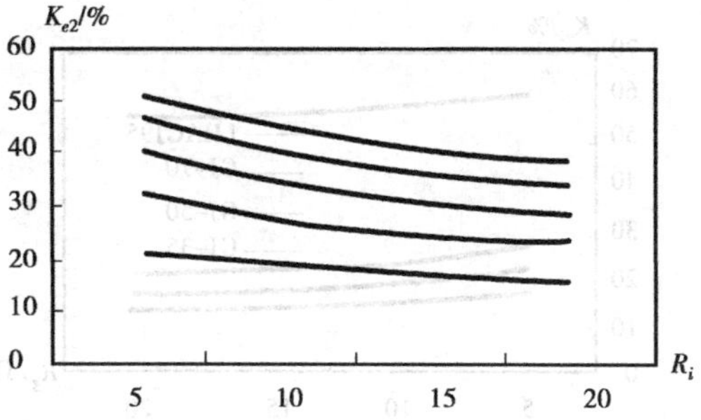

图 2. 31　GJ—50 型

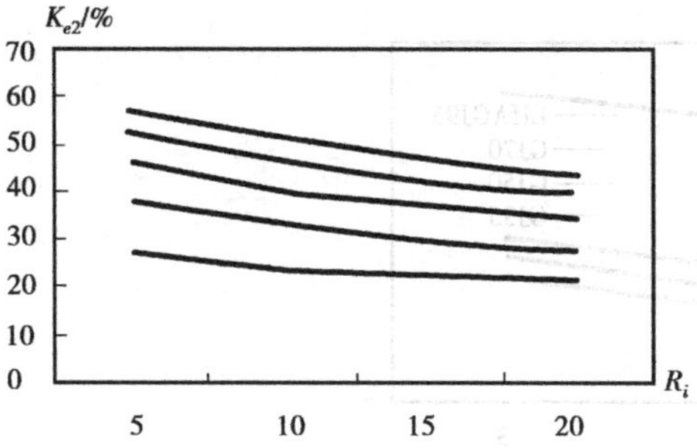

图 2. 32　GJ—70 型

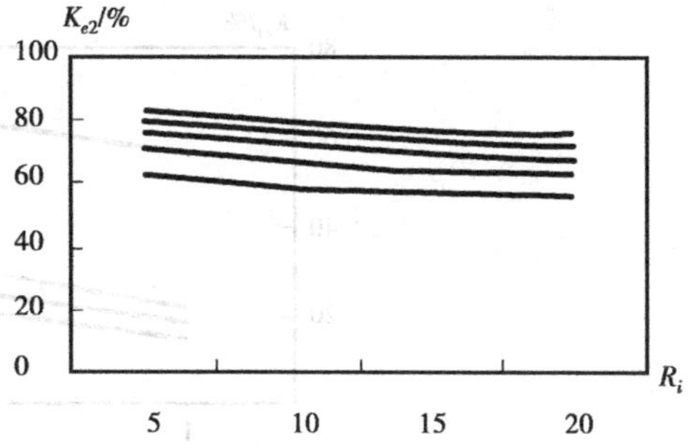

图 2. 33　LHAGJ—95 型

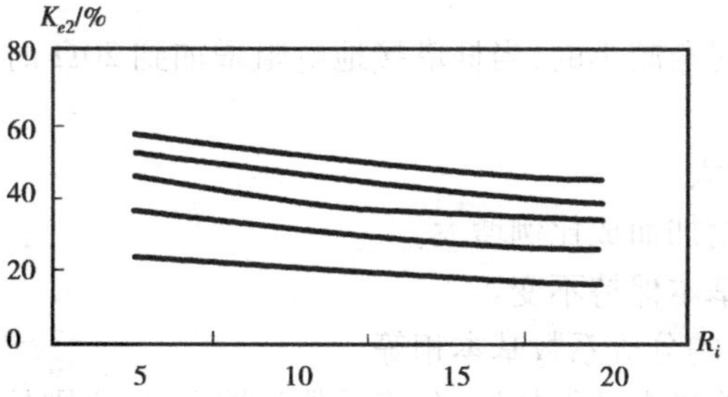

图 2. 34　GJ—35 型

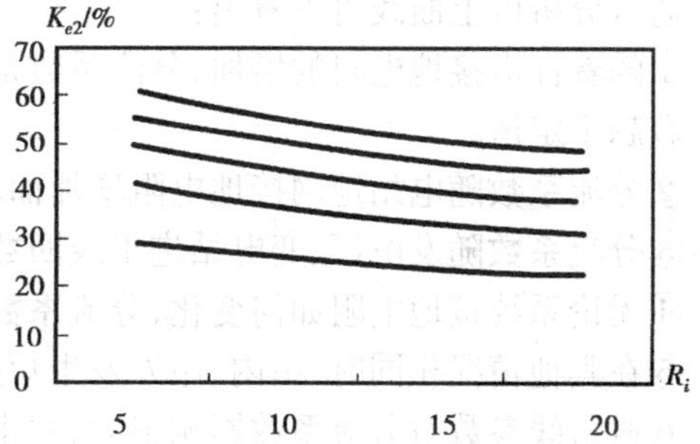

图 2. 35　GJ—50 型

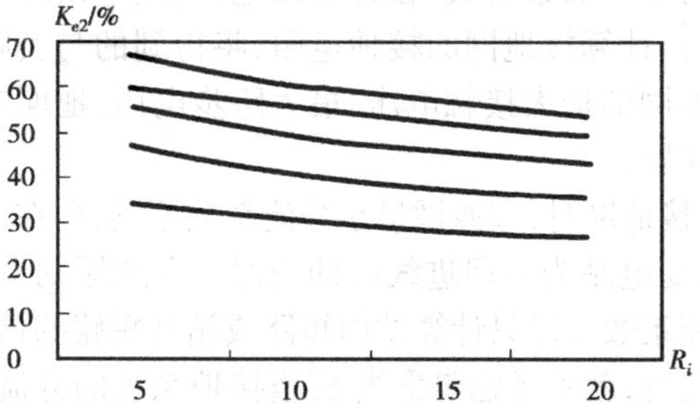

图 2. 36　GJ—70 型

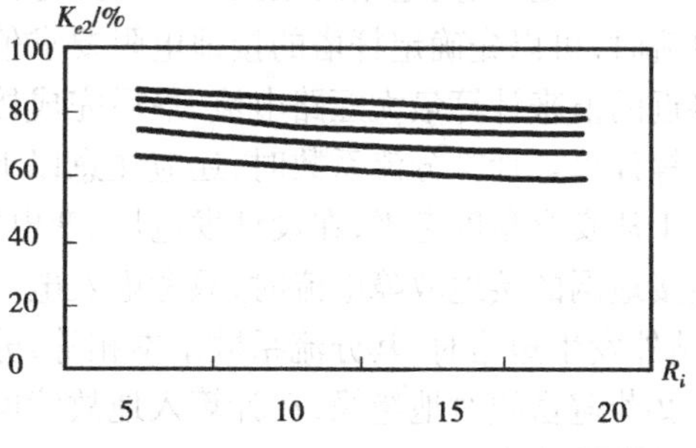

图 2. 37　LHAGJ—95 型

电阻 R_i 的变化规律用曲线表示如图 2. 38 和图 2. 39 所示。

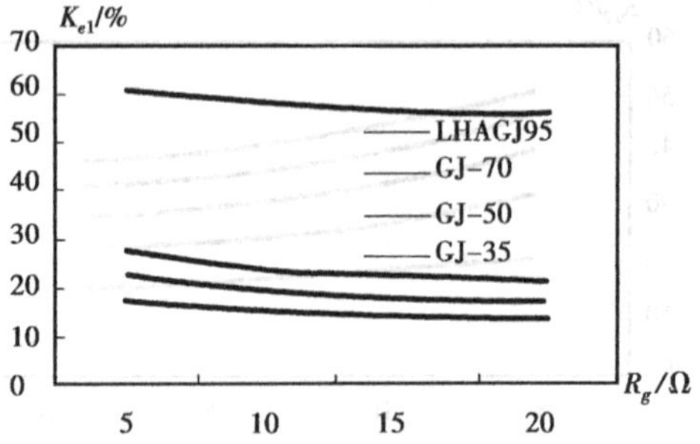

图 2.38 K_{e1}随R_i变化曲线($R_g=0.5\Omega$)

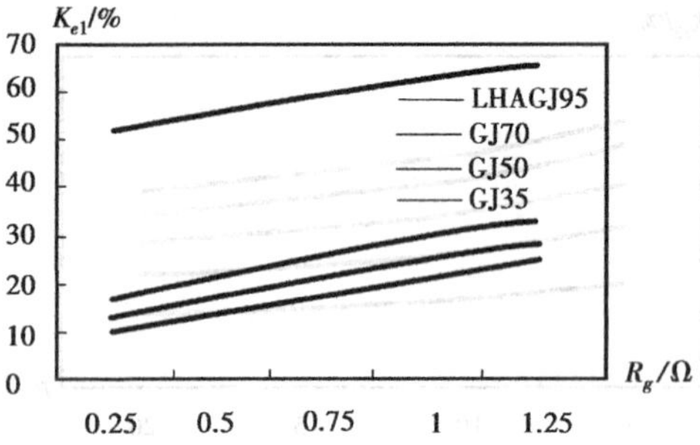

图 2.39 K_{e1}随R_G变化曲线($R_i=15\Omega$)

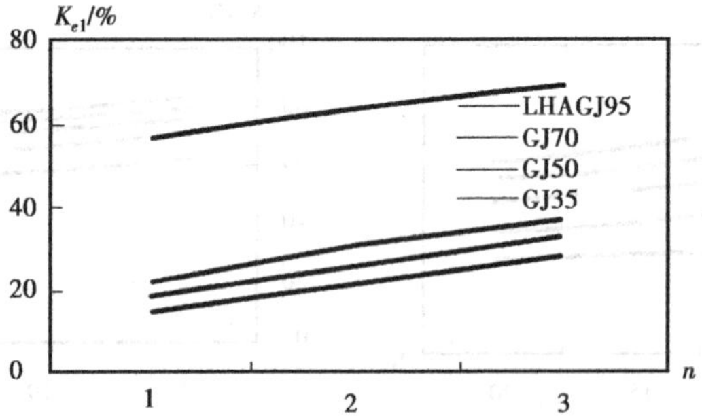

图 2.40 K_{e1}随变电站进出线回数的变化曲线($R_i=15\Omega$,$R_g=0.5\Omega$)

通过分析以上曲线可以看出:

①随着杆塔接地电阻的增加,分流系数是逐渐减小的,当杆塔接地电阻增加到 20Ω 时,分流系数趋于定值。

②分流系数随电站地网接地电阻增加而增大。

③分流系数随发电厂、变电站进出线回数增加而成比例增大。

④无论系统接地电阻如何变化,分流系数基本保持不变。

⑤在其他情况相同时,站内、站外发生短路的分流系数基本相等。

⑥避雷线参数对分流系数影响很大,避雷线导电性能越好,分流系数就越大,反之则越小。

4. 计算时应注意的几个问题

由于发电厂、变电站的最大入地短路电流与多个因素有关,在计算发电厂、变电站最大短路电流时,可以先确定杆塔的接地电阻要求值,再计算接地网的接地电阻,将得到的与实际比较接近的值来计算最大短路电流,最后完成接地网的最大接触电压、最大跨步电压、地面电位分布等计算。计算分流系数时,还应注意以下问题:

①从安全角度考虑,在设计发电厂、变电站接地网时,应遵循最小分流系数原则,即在计算流经接地网的接地故障电流时,只考虑发电厂、变电站为一回进线时的情况。在此原则下,站内、站外发生短路时,其分流系数基本相等,分流系数可以只计算站内短路或站外短路的情况。

②若避雷线对地绝缘,在计算入地故障电流时,就不考虑避雷线-杆塔接地系统的分流,即分流系数取为零。

③在发电厂、变电站有多个电压等级的进出线时,应按单相接地短路电流最大的那一电压等级的进出线来计算其相应的分流系数及地网入地故障电流,其他电压等级的进出线不必考虑。

④在计算开关站入地故障电流时,由于站外短路的电流不会流经其接地网,因此,只考虑

站内短路的情况。

由系统的零序网络图，利用 EMTP 电磁暂态计算程序能很方便地计算出在系统发生单相接地短路故障时“避雷线-杆塔”接地系统的分流系数和经发电厂、变电站接地网流散的电流。虽然分流系数的计算是以 500kV 线路作为计算模型，但杆塔结构对避雷线和导线的零序参数影响很小，所以其他电压等级下的分流系数，也可以近似取以上结果。

2.5　接地网均压导体的不等间距布置方式

2.5.1　采用不等间距布置的优点

在以往的接地设计中，接地网的均压导体都是按 3m、5m、7m、10m 等间距布置的，由于端部和邻近效应，按等间距布置的地网其地面上电位分布很不均匀，地网边角处，网孔接触电势远比中心网孔接触电势高，而且这种差值随地网面积和网孔数的增加而加大。根据理论分析、计算和模拟试验结果表明，采用不等间距布置地网，即从地网边缘到中心，导体间距按一定的规律逐渐增加，就能使各网孔电势大致相等，如图 2. 41、图 2. 42 所示。这样既提高了安全水

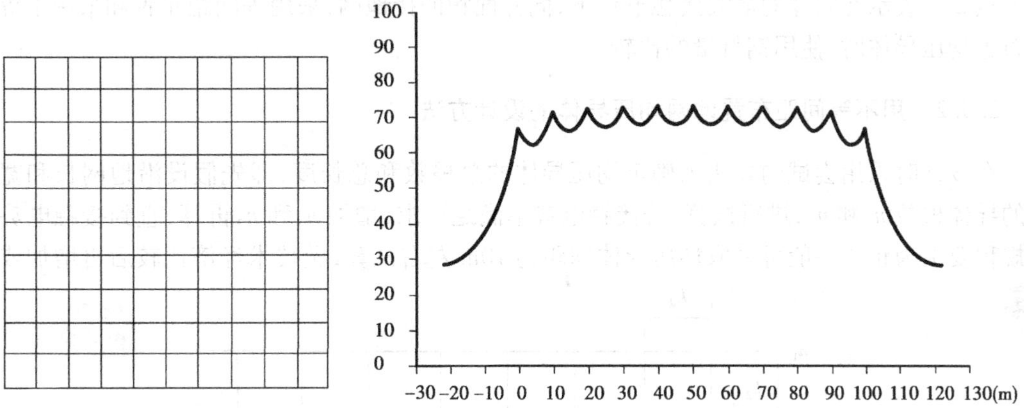

图 2. 41　等间距布置及其电位分布图

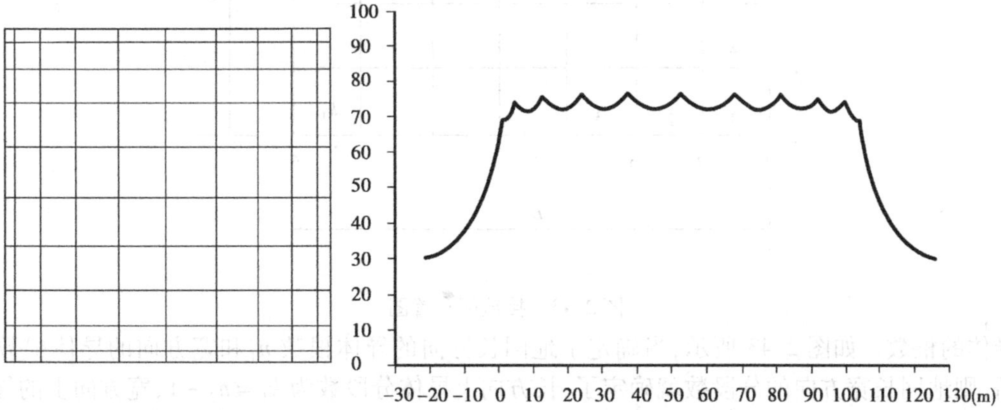

图 2. 42　不等间距布置及其电位分布图

平，而且也便于安全设计。此外，采用不等间距布置与常规的等间距布置相比可以节省大量的钢材和施工费用，且土壤电阻率愈高，地网面积愈大，效益愈显著，例如四川二台山 220kV 开关站和浙江瓶窑 500kV 变电站分别节约钢材及施工费用 40% 以上。

表 2.2 使用钢材量的比较

地网面积	等 间 距			等 间 距			节约百分数 /%
$L_1 \times L_2$ /m^2	导体根数 $n = n_1 + n_2$	V_{Jmax} /kV	钢材用量 L/m	导体根数 $n = n_1 + n_2$	V_{Jmax} /kV	钢材用量 L/m	
120 × 80	$n_1 = 9$ $n_2 = 13$	1.930	2 120	$n_1 = 6$ $n_2 = 9$	1.800	1 440	34.0
120 × 120	$n_1 = n_2 = 11$	1.667	2 640	$n_1 = n_2 = 7$	1.680	1 680	36.4
240 × 240	$n_1 = n_2 = 11$	0.978	5 280	$n_1 = n_2 = 7$	0.993	3 360	36.4
180 × 180	$n_1 = n_2 = 19$	0.868	6 840	$n_1 = n_2 = 10$	0.800	3 600	47.4
120 × 120	$n_1 = n_2 = 16$	1.304	3 840	$n_1 = n_2 = 9$	1.252	2 160	43.8
240 × 240	$n_1 = n_2 = 16$	0.773	7 680	$n_1 = n_2 = 9$	0.746	4 320	43.8

$L = L_1 \times n_1 + L_2 \times n_2$　V_{jmax}：最大接触电势

表 2.2 表示在同样的最大接触电势下，同样面积的接地网，采用等间距布置和采用不等间距布置均压导体时，使用钢材量的比较。

2.5.2 用不等间距布置地网均压导体的设计方法

在设计时采用尝试的办法来确定均压导体的总根数和总长度，即先假设沿地网长和宽方向的导体根数 n_1 和 n_2，进行试算，若接触电势不满足要求，增加 n_1 和 n_2 再算，直到接触电势满足规程要求为止。一般可采取均压导体间距为 10m 左右试算，做技术经济比较后再增加或减

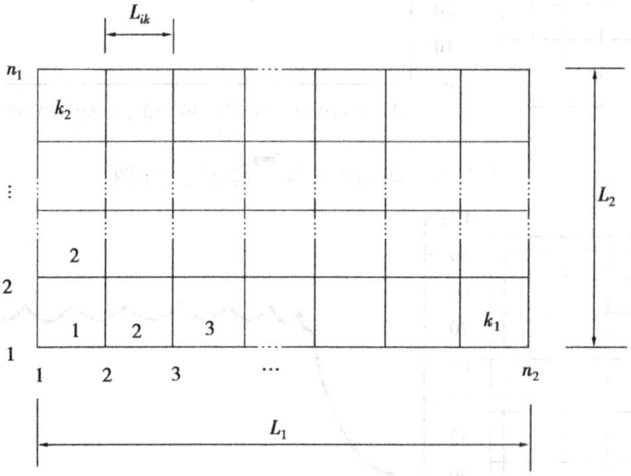

图 2.43 接地网布置图

少导体的根数。如图 2.43 所示，当确定了地网长方向的导体根数 n_1 和宽方向的导体根数 n_2 之后，则地网长宽方向的分段数就确定了：长方向上导体分段数为 $k_1 = n_2 - 1$，宽方向上的导体分段数为 $k_2 = n_1 - 1$，然后按(2.58)式求出各分段导体的长度。

$$L_{ik} = L \times S_{ik} \tag{2.58}$$

式中：L——地网边长，长方向 $L=L_1$，宽方向 $L=L_2$，m；

L_{ik}——第 i 段导体长度，m；

S_{ik}——第 i 段导体长度 L_{ik} 占边长 L 的百分数。

式(2.58)中 S_{ik} 可以用以下两种方法来确定：

(1)查表法：

表 2.3　S_{ik} 与 i,k 的关系

k \ i	1	2	3	4	5	6	7	8	9	10
3	27.50	45.00								
4	17.50	32.50								
5	12.50	23.33	28.33							
6	8.75	17.50	23.75							
7	7.14	13.57	18.57	21.43						
8	5.50	10.83	15.67	18.00						
9	4.50	8.94	12.83	15.33	16.73					
10	3.75	7.50	11.08	13.08	14.58					
11	3.18	6.36	9.54	11.36	12.73	13.46				
12	2.75	5.42	8.17	10.00	11.33	12.33				
13	2.38	4.69	6.77	8.92	10.23	11.15	11.69			
14	2.00	3.86	6.00	7.86	9.28	10.24	10.76			
15	1.56	3.62	5.35	6.82	8.07	9.12	10.01	10.77		
16	1.46	3.27	4.82	6.14	7.28	8.24	9.07	9.77		
17	1.38	2.97	4.35	5.54	6.57	7.47	8.24	8.90	9.47	
18	1.14	2.58	3.86	4.95	5.91	6.67	7.50	8.15	8.71	
19	1.05	2.32	3.47	4.53	5.47	6.26	6.95	7.53	8.11	8.36
20	0.95	2.15	3.20	4.15	5.00	5.75	6.40	7.00	7.50	7.90

表中：k——导体分段数，长方向 $k=k_1$，宽方向 $k=k_2$

表 2.3 列出了 S_{ik} 随 i 与 k 变化的数值。如当 $k=7$ 时，

$$S_{17}=7.14\%,S_{27}=13.57\%$$

$$S_{37}=18.57\%,S_{47}=21.43\%$$

须指出，由于地网的对称性，若某方向导体分段数 k 为奇数，则表中列出了$(k/2)+1$ 个数据，若 k 为偶数，则表中列出了 $k/2$ 个数据，其余的 S_{ik} 按对称性赋值，如 $k=7$ 时，

$$S_{57}=18.57\%,S_{67}=13.57\%$$

$$S_{77}=7.14\%$$

当 S_{ik} 确定后，再按(2.58)式算出导体各分段长度，这样就确定了整个地网的导体布置。

(2) S_{ik}的计算方法：

S_{ik}可按(2.59)式计算，即：

$$S_{ik} = b_1 \times e^{-b_2} + b_3 \tag{2.59}$$

式中：b_1、b_2、b_3均为常数，其确定方法如下：

当 $7 \leqslant k \leqslant 14$ 时，

$$b_1 = -1.8066 + 2.6681\lg k - 1.0719\lg^2 k$$
$$b_2 = -0.7649 + 2.6992\lg k - 1.6188\lg^2 k$$
$$b_3 = 1.852 - 2.8568\lg k + 1.1948\lg^2 k$$

当 $14 \leqslant k \leqslant 25$ 时，

$$b_1 = 0.0064 - \frac{2.50923}{k+1}$$
$$b_2 = -0.03083 + \frac{3.17003}{k+1}$$
$$b_3 = 0.00967 + \frac{2.21653}{k+1}$$

当 $25 \leqslant k \leqslant 40$ 时，

$$b_1 = 0.0006 - \frac{2.50923}{k+1}$$
$$b_2 = -0.03083 + \frac{3.17003}{k+1}$$
$$b_3 = 0.00969 + \frac{2.2105}{k+1}$$

2.6 GIS 装置的接地

气体绝缘变电站 GIS(Gas Insulsted Substations)，也称为全封闭组合电器。它是一种结构紧凑的多单元成套装置，密封于接地的金属壳内，其内部的主要绝缘介质为压缩气体，如 SF_6。通常由母线、断路器、隔离开关、互感器以及有关设备或部件组成，其接地系统是重要的组成部分。运行情况表明，许多 GIS 装置的故障往往出自接地系统。因此，有必要了解 GIS 装置接地的特点和存在的问题，便于在实际工作中对 GIS 装置的接地不断改进和完善，以保证 GIS 装置能够安全，可靠地运行。

2.6.1 GIS 装置接地的特点

GIS 装置是采用压缩气体(如 SF_6)作为电气绝缘，所占场地面积仅为常规电气设备占地面积的 10% ~25%。由于母线、断路器、隔离开关等电气设备是封装在金属外壳里面，设备带电时，会在金属外壳中感应出较大的电流，因此，用常规办法就很难满足接地的要求。这里所说的 GIS 装置的接地，主要指安全接地，即保护接地，它有以下一些特点：

①因为 GIS 占地面积小，其接地装置的面积都不大，这就给接地要满足接地电阻低的要求带来了困难。

②为了防止过多的感应电流流进邻近的机座或钢筋结构，应采取防护措施，以避免通过变电站其他设备，如变压器、隔离开关，形成电流回路。如果通过接地连接线有可能形成不利的电流回路，或者如有任何持续电流可能部分地闭合或通过接地结构，则变电站的接地方案和具体布置要重新考虑。

③当变压器连接到 GIS 装置的外壳接地电路的断口附近，以及连接点到常规开关的外壳接地电路的断口附近，都必须加以注意，采取措施，防止在开关和变压器外壳上产生环流。

④局部接地装置与 GIS 外壳接地系统之间可能出现较大的电位差，要求采用的绝缘元件都能承受这些电位差。例如在设计时通常考虑采用用高压陶瓷或玻璃纤维制作的支柱绝缘子，使个别高压或超高压电缆终端套管能与 GIS 外部接地装置隔离开来，但如果在其他连接点上也期望有同样的绝缘水平，有时会发生一些问题。比较典型的问题就是个别 GIS 的电缆终端套管的油箱与管装电缆终端的油扩散箱之间的辅助管线的布置问题，因为在管装电缆终端常常有支管分岔到各种油压监测仪表和报警装置。因此，对这里金属部件的绝缘往往采用陶瓷或塑料衬套来解决。

⑤GIS 占地面积小，空间有限，变电站内的大部分面积被混凝土基础占据，因而会引起故障电流的扩散路径不规则。

⑥GIS 装置基础中，钢筋与其他金属埋件等自然接地体，都能被作为辅助接地极。

2.6.2　环流与涡流

GIS 装置中的各个组件密闭在金属外壳中，当母线中有电流流过时，就会在母线的金属外壳上产生感应电压，若形成回路，在该回路中就有感应电流产生，常常把这种电流称为环流。

一般来说，母线外壳有两种形式：一种是连续型外壳，即沿同相导体安装的连续段都是彼此连接的外壳，与其他相的外壳的交叉连接只在特殊需要的地方和少数几个中间点上安装，以便在整个外壳长度上提供一条在电气上连接的电流路径。另一种是非连续型外壳，它沿着同相导线外壳的各相继部分在电气上是隔离的（或彼此绝缘的），因而没有电流流出每一个外壳段。

如每一相的外壳是分开的，则外壳中感应的环流的大小和方向受外壳尺寸和母线间的相间距离以及外壳相互连接的方法的影响。

在连续型外壳中，母线电流感应出电压从而产生外壳中的纵向电流（环流），该电流通过邻近各相的外壳又流回来，见图 2.44。当所有相的外壳在两端的短接中都保持连续并且各相负荷相等时，外壳电流仅比内部母线中的反向电流稍小些，反向电流滞后外壳电流线 90°，磁通主要包含在外壳内。环流的存在会使 GIS 金属外壳的不同部位的对地电位有所不同。虽然最终的电位差并不大且一般不会造成电击，但邻近外壳偶然的金属桥接会产生令人讨厌的电火花。

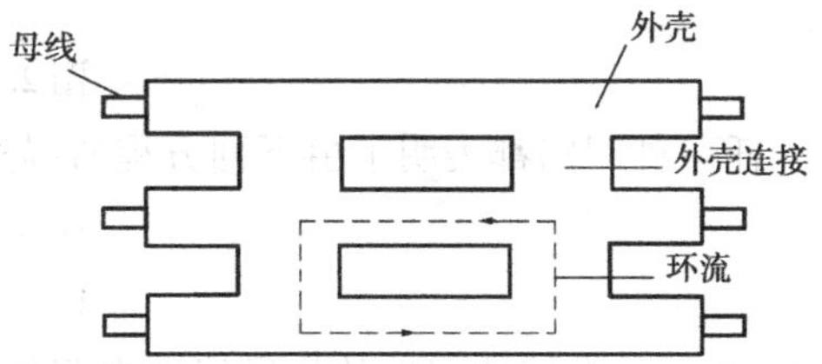

图 2.44　连续型外壳

对于非连续型外壳，外壳中的电流不存在外部回流路径，因此，外壳中内部母线的电流在非连续型外壳中感应的电压不可能产生纵向电流。每个外壳上也可由其他相导线的电流感应出电压。非均匀电压在每一个绝缘外壳段上产生局部电流，电流也是非均匀的。正是由于这些特性，一般认为非连续型设计不如连续型好，目前工程上尚未普遍采用。

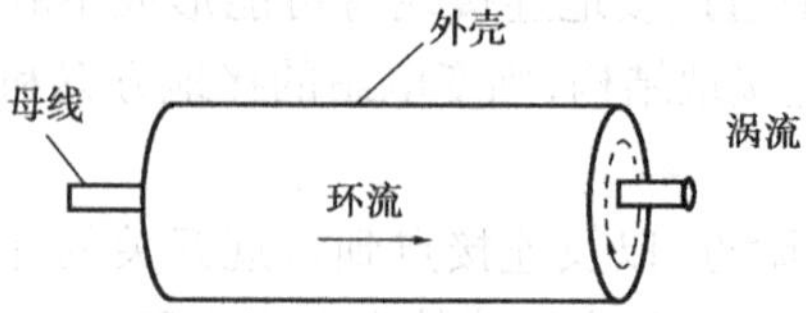

图 2.45 非连续型外壳

外壳中感应出环流的同时，也将感应出涡流，所谓涡流是指由于母线电流的变化而使通过外壳截面的磁通量发生变化而感应的电流，它是一种横向电流，如图 2.45 所示。

从上面的分析可以看出，当母线中有电流流过时，在 GIS 外壳上产生的电压有两类：一类是纵向感应的共模电压；另一类是涡流引起的横模电压。假定这两类电压模式都是可以叠加的。首先分析横模电压，对任何外包导体的非磁性管式屏蔽来说，在某种程度上，将有一个交变磁场，这个交变磁场是由于电流流入导体所产生的。因而多少可以减弱该磁场对其他外部导体的磁效应。这种屏蔽效应，完全是由于导体的垂直平面内涡流循环的缘故，就好像由圆形段组成的外壳没有纵向电流流经它们中间一样。同时，由于这种电流本身的磁场，能平衡与抵消内部导体磁场，因此整个外壳两端无论是否接地，都将产生横向电压。但是，在工频时，对具有实用厚度的非磁外壳来说，不能提供足够大的屏蔽，其感应电压只不过几伏，相对屏蔽效应通常会小于10%。由于具有连续构造的 GIS 外壳是按 80% ~90% 的效率设计，因此其主要屏蔽效应是由于在闭合回路中，通过各相的外壳及连接器的电流纵向环流时所引起，按照这一观点，有理由作出下列假定：

①有关连续型外壳涡流效应对电压因素的影响完全可忽略不计；

②任一相内部导体对其他任何外部导体的耦合，可以认为不受其本身外壳涡流的屏蔽效应的影响。

下面就讨论纵向效应的问题，按图 2.46 来研究两个基本电路模型。

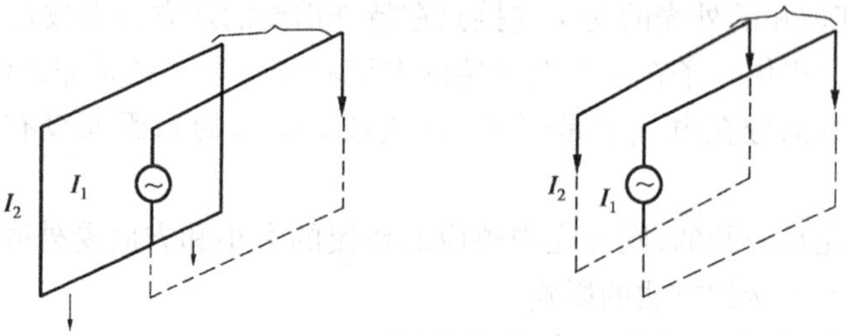

图 2.46 电路模型

任一种回路都表明了由下列方程所描述的两个耦合回路系统

$$0 = Z_m I_1 + Z_e I_2 \tag{2.60}$$

$$V_S = Z_i I_1 + Z_m I_2 \tag{2.61}$$

式中：Z_i——有接地回流的相导线的自阻抗；

Z_e——外壳的自阻抗；

Z_m——相导线和外壳之间的互阻抗。

对 I_2，解上述方程即可得出由电源看进去的视在回路阻抗和 I_2 相对于 I_1 大小和方向的表达式：

$$I_2 = -\frac{Z_m}{Z_e} I_1 \tag{2.62}$$

$$V_S = I_1 Z \tag{2.63}$$

$$Z = Z_i - \frac{(Z_m)^2}{Z_e} \tag{2.64}$$

该结果也可以通过理想变压器的T型等效电路来说明,如图2.47所示。

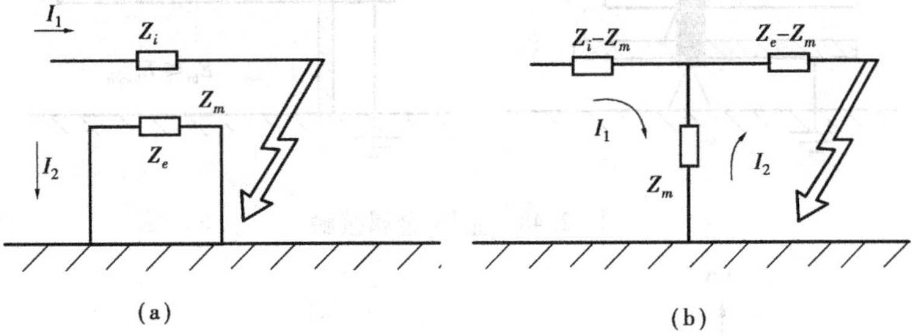

图2.47 理想变压器的T型等效电路

若电流回路包括接地连接和外壳连接圈,由回路阻抗根据式(2.48)确定。若只有很少的或没有电流流入接地连接线,并且大部分经过外壳回流,则回路阻抗接近于:

$$Z' = Z_i + Z_e - 2Z_m \tag{2.65}$$

这一结果相当于取掉了图2.47(b)中的接地分支。

在实际情况中,问题要复杂得多,因为以常出现多重回路和相当大的相互耦合,无疑给计算纵向电流即环流带来困难。工程上常用简化的方法来获得粗略的计算。

2.6.3 GIS的接触电势

在GIS接地分析中,与常规电气设备不同,GIS装置的特点是它具有金属封装的气体绝缘开关和内部高压母线排。每根母线都完全封装在外壳内,且外壳接地。由于电流在轴向母线排上流过时,外壳上有感应电压,因此外壳的某些部分与变电站的地不是同电位。为了估计故障期间母线外壳上产生的最高电压,必须确定外壳对地的电感,内部导体的电感以及各母线在特定相结构时的互感。

一般来说,接触GIS外壳的人承受两种基本故障所发生的电压。

①气体绝缘母线系统的内部故障,如母线导体和外壳内壁间的闪络。

②GIS装置的外部故障,在这种故障中故障电流流过气体绝缘母线并在外壳中感应电流。

由于人可能站在接地网上的地面,事故回路可能包括手与手和手与脚两种电流路径,因此GIS接地分析必须考虑另一个问题,即金属-金属接触时所允许的接触电势。如图2.48所示。

如果故障期间设备外壳与接地之间的电位超过60~130V,大多数GIS装置制造厂家已考虑了外壳的合理设计及良好接地。据接触电压的标准,按下面两式计算:

$$E_{\text{touch}}50 = [1\,000 + 1.5c(\rho)] \times 0.116/\sqrt{t} \tag{2.66}$$

$$E_{\text{touch}}70 = [1\,000 + 1.5c(\rho)] \times 0.157/\sqrt{t} \tag{2.67}$$

将$\rho=0$代入上式,如果采用50kg的标准,这一电压范围相当于故障时间0.3~3.2s,如果采用70kg的标准,故障时间范围为1.46~5.8s。这种关系从图2.49中可清楚地看出,也可以帮助掌握有关充足的安全裕度的问题。

对于金属-金属接触,由(2.66)和(2.69)两式可得:

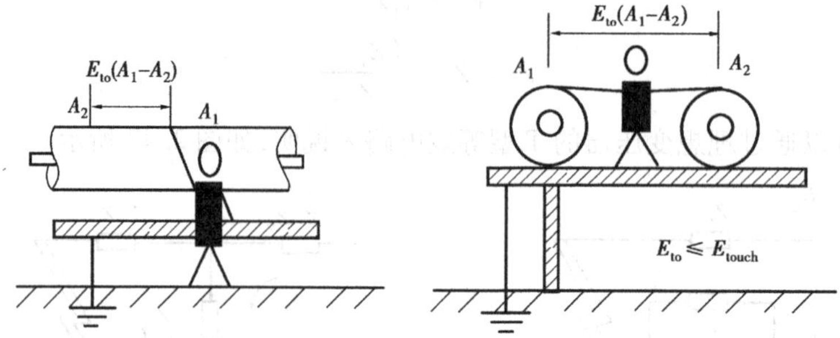

图 2.48 金属-金属接触

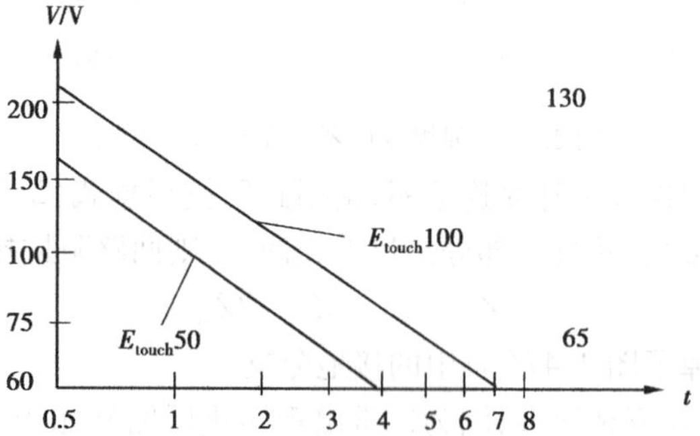

图 2.49 金属-金属接触时接触电压限制和外壳对地电压

$$E_{touch}50 = 116/\sqrt{t} \tag{2.68}$$

$$E_{touch}70 = 15/\sqrt{t} \tag{2.69}$$

为了确定和验证 GIS 安全接地的临界设计参数，下面将详细地讨论故障条件和相应的等值回路。

1. 内部故障

在单母线排上，母线内有 3 个可能的故障点。

(1) B 点外壳接地，闪络发生在图 2.50 中的 A 点。

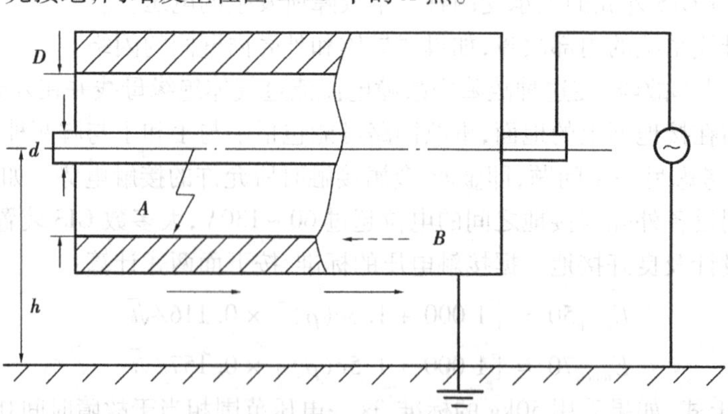

图 2.50 B 点外壳接地

因为在外壳外部只存在最小的磁场，同时大部分磁通保留在作为同轴电缆的外皮内，此必须考虑外皮电阻和电感，根据式(2.65)有关电阻性和电感性压降为：

$$V_{ER} = LR_E I \tag{2.70}$$

$$V_{EL} = \mathrm{j}L(4.61\omega \times 10^{-7})\log_{10}\left[\frac{(\mathrm{GMR} - r_0)^2}{r_0 \mathrm{GMR}}\right]I \tag{2.71}$$

上两式中：r_0——内母线等效半径，取 $r_0 \approx 0.9d/2$，母线直径，m；

GMR——外壳的几何平均直径，GMR = D，m；

I——母线中的电流，A；

R_E——单位长度外壳的电阻，Ω/m；

L——外壳长度，m；

ω——$2\pi f$，f 频率，$\mathrm{H_Z}$。

沿外壳总压降为：

$$V_E = (V_{ER}^2 + V_{EL}^2)^{1/2} \tag{2.72}$$

(2)A 点外壳接地，闪络发生在图 2.51 中的 B 点：

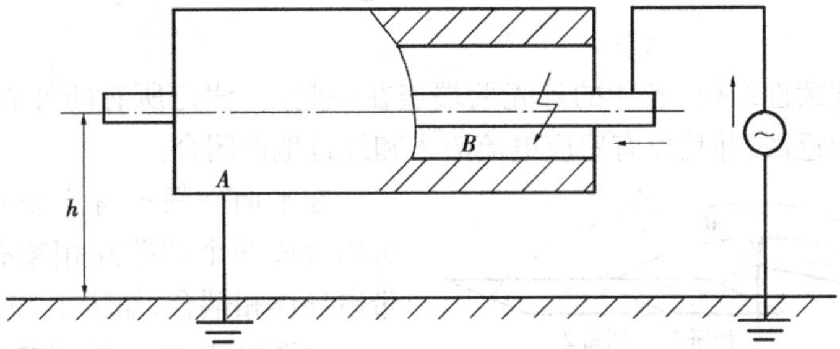

图 2.51　A 点外壳接地

因为此处外壳电感是主要的，因此电阻可以忽略。电压降为：

$$V_E = V_{E\text{-}G} = \mathrm{j}L(4 \cdot 61\omega \times 10^{-7})\log_{10}(2h/\mathrm{CMR})I \tag{2.73}$$

(3)壳在两端接地，闪络发生在 A 点和 B 点之间，如图 2.52 所示。

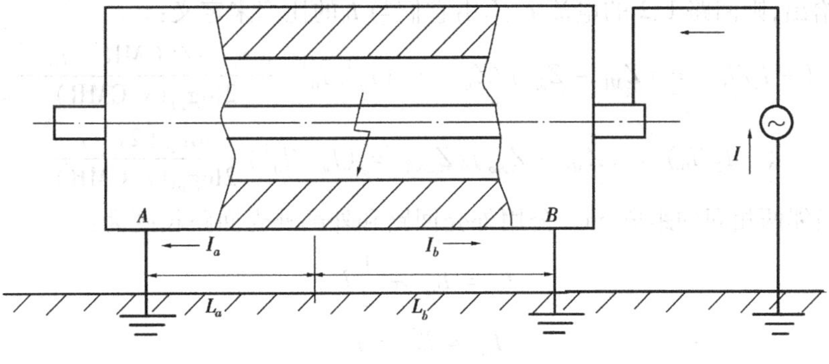

图 2.52　壳在两端接地

对 A，B 点之间任何地方的故障，故障电流将按照对地的实际阻抗分配。因此只要对于左侧和右侧电流 I_a 和 I_b 满足下面的条件，纵向电压将为最大值：

$$V = Z_A I_a \approx Z_B I_b \tag{2.74}$$

$$I = I_a + I_b \tag{2.75}$$

由式(2.71)和式(2.73)来确定 Z_A、Z_B，对于未知的 L_a 和 L_b（且 $L_a + L_b = L_{AB}$）的解为：

$$L_a = \frac{1-\sqrt{Z_a/Z_b}}{1-Z_a/Z_b}L_{AB} \tag{2.76}$$

$$L_b = \frac{1-\sqrt{Z_a/Z_b}}{1-Z_a/Z_b}L_{AB} \tag{2.77}$$

式中,Z_a、Z_b 为每单位长度的值。在接地点 A 与 B 之间外壳的总长度与 Z_A、Z_B关系为:

$$Z_A = L_a Z_a \tag{2.78}$$

$$Z_B = L_b Z_b \tag{2.79}$$

$$L_{AB} = L_a + L_b \tag{2.80}$$

如果 $Z_a = Z_b$,内部故障发生在中央,则电流平均分配:

$$I_A = I_B = \frac{1}{2}I \tag{2.81}$$

$$I_a = I_b = \frac{1}{2}I_{AB} \tag{2.82}$$

2. 外部故障

对于典型的连续性结构(各相的外壳两端连在一起)。假定所有的外壳电流都流经邻近的其他相的外壳而返回,并且没有感应电流流入和经过地而闭合。

在平面空间中有 3 条相同的母线,外壳可以看成两个圈并互相重叠,每个圈分别与带电导体相耦合,如图 2.53 所示。

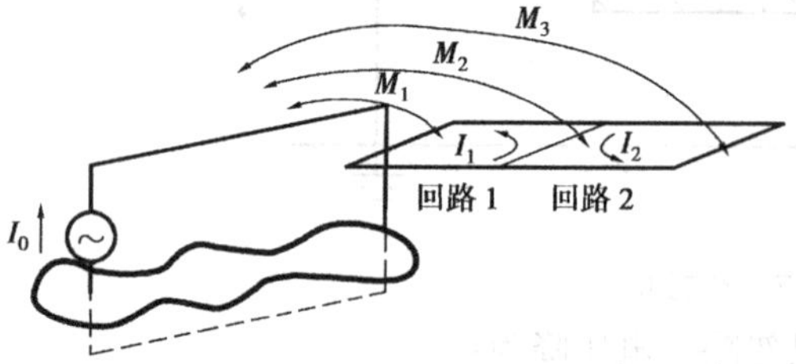

图 2.53 外部故障

由图可知,两个相应的回路方程为:

$$(Z_{M1} - Z_{M2})I_0 + Z_{\text{LooP}}I_1 = 0 \tag{2.83}$$

$$(Z_{M2} - Z_{M3})I_0 + Z_{\text{LooP}}I_2 = 0 \tag{2.84}$$

式中:Z_{LooP}为回路阻抗;I_0 为流入内母线并朝外部故障点流过的电流。

如果 I_0给出,则回路 1、2 的电流 I_1、I_2由它们与 I_0的比率来定义:

$$(-I_1/I_0) = (Z_{M1} - Z_{M2})/Z_{\text{LooP}} = (I_m{}^1/I_0{}^1)\frac{\log_{10}[s/(\text{CMR}-r_0)]}{2\log_{10}(s/\text{CMR})} \tag{2.85}$$

$$(-I_2/I_0) = (Z_{M2} - Z_{M3})/Z_{\text{LooP}} = (I_m{}^1/I_0{}^1)\frac{\log_{10}(2s/s)}{2\log_{10}(s/\text{CMR})} \tag{2.86}$$

式中:s——相邻两相间的距离,m。公用外壳回路和外部外壳回路长度为:

$$I_0^1 = I_{\text{bus}} + \frac{1}{2}I_{\text{ties}} \tag{2.87}$$

$$I_m \approx I_0^{11} = I_{\text{bus}} \tag{2.88}$$

换句话说,如果假定中相导线承受故障,则由(2.85)可以确定外壳电流的近似值,只要用 I_0 替代 I_0^1 或者像通常那样,假定外壳电流比对相计算的电流高 10% ~15%。

一旦独立地确定了单相对地故障的感应电流,即可用叠加方法来确定相对相或三相故障时在外壳中流过的电流。应当注意相间故障,故障电流的相角差为 180°;三相故障,相角差为 120°。

2.6.4　GIS 接地的要求

同常规变电站一样，GIS 装置的安全接地同样要求能够承受各故障电流和雷电流，以及要求同样低的接地电阻和小的接触电压和跨步电压。而将 GIS 装置的外壳整体连接与接地，是把在 GIS 范围内有害的接触电压与跨步电压最小化的主要解决办法。其他办法还有使用与 GIS 构架和接地相连的导电平台，维修平台是气体绝缘变电站整体的一部分，通常由厂家提供。

GIS 装置的接地，主要采用主接地母线。主接地母线一根或一组导线，用来连接所有气体绝缘变电站金属部分至变电站的接地系统。并要求使用接地连接器，以保证全部 GIS 装置在所有计划接地的金属部件之间，以及这些部件与 GIS 主接地母线之间具有安全的电位梯度。对接地连接器，除了其机械强度应承受该点的电磁力与正常误差引起的荷载外，还应有能力承受该部分电路上的预期最大故障电流，而无过热现象。

为了限制环流引起的不良影响，还应满足下列要求：

①所有金属外壳通常应工作在地电位；

②当在指定点接地时，母线外壳设计必须保证各外壳段之间没有明显的电位差，且支持构架及接地系统任何部分不受感应电流的不利影响。

③为了避免外壳环流超出气体绝缘组件内正常的回流路径，电缆接地外皮应通过与气体绝缘组件外壳分开的连接件与接地系统（接地网）相连，为了便于隔离，电缆端子（终端套管）的设计应提供隔离的空气间隙或适当的绝缘元件。

④外壳环流也不允许通过任何装在外部的电流互感器。

2.6.5　瞬态接地电位升

GIS 装置的瞬态接地电位升（TGPR），通常表现为接地外壳的电位在短时间内迅速上升，有时可高达 100kV 左右。据国外有关资料，对 GIS 装置，大约有 50% 以上的事故存在着瞬态接地电位升的问题。这样就给设备和运行人员带来很大的危害，下面讨论有关瞬态接地电位升的问题。

1. 产生瞬态接地电位升的主要原因

产生瞬态接地电位升的主要原因有以下几个方面：

①GIS 装置内的介质击穿。

②母线对地击穿。

③在运行期间，隔离开关两端触点击穿。

此外，在验收试验时，也会因故障引起瞬态接地电位升，但因隔离开关操作所引起的瞬态接地电位升发生在正常运行的情况下。

SF_6气体的击穿特点是使电压急剧上升，这是能够引起高频振荡的，所以介质击穿常常也引起瞬态接地电位升。

在正常工作且有效接地的情况下，系统的击穿将会引起短路电流，这种情况下，由于短路电流的存在，将严重危害到设备的安全。除了保护电路外，瞬态接地电位升的影响并不大，主要是因为有效接地时，接地电阻不很大的原因。相对应的是，在没有有效接地的情况下的击穿，就能够产生很高的瞬态接地电位升。

一般认为,在断路器、隔离开关等触点间的击穿,才是危害性最大的,主要是因为它有一个比较长的电弧期和比较高的反复变化的频率。所以,只有在断路器动作时能够受得住瞬态接地电位升的影响的设施,才能被认为是安全的。

2. 瞬态接地电位升的特点

①在 1 ~20μs 时间内的放电常使母线电压突然下降。

②由于来自外部接地导体的影响,开路终端和内部的电感、电容的作用,常使波形发生振荡。

③当频率为 5 ~50MHz 时,振荡在很大程度上决定于母线的几何长度。

④具有这些频率的电流被迫沿导体表面流动,即集肤效应。由于这一原因,GIS 装置的外壳的内、外表面必须看成一种特殊的电流路径。为了便于分析瞬态接地电位升的影响,有必要将 GIS 系统看成一种传输线系统。

⑤在上述的频率范围内,许多接地连接线,由于其外部结构的原因,在有效接地时表现为强的感性,这将会导致在 GIS 装置外壳上产生相当高的瞬态电压。

3. 瞬态接地电位升产生的机理

①由于外部集中电容器放电所引起的瞬态接地电位升。

在某些布置中,电容元件可按照电容式电压互感器或其他高压试验装置的形式外连于 GIS。在一般的相对地击穿的故障情况下,贮存在该电容中的能量将在放电回路的电感和电容所决定的频率下通过故障点放电。如图 2. 54 所示。

对一般的典型布置来说,这种回路的电感约为 20μH,电容约为 1 000pF,放电频率约为 1MHz,这种谐振频率很高。外壳与接地之间的电位,确定于接地引线阻抗与整个放电回路的阻抗之比,同时也确定于击穿时外部电容上的电位,在上述频率时,接地阻抗已是一个很高的值了,所以接地部分之间的电位差可能很高。

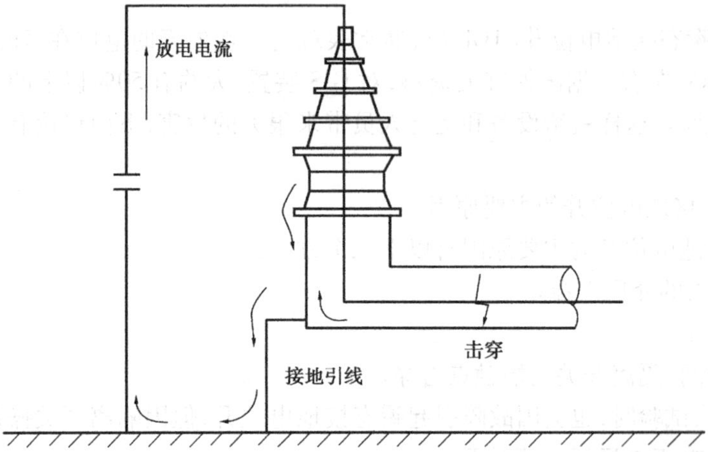

图 2. 54 瞬态接地电位升

②在较高的频率下,外壳断口外反射回来的行波也将引起很高的过电压,如因断路器触点间的击穿而引起很陡的电位梯度,将在外壳内感应出行波,这些行波在断口处发生反射,从而导致外壳法兰处产生很高的过电压。如图 2. 55 所示。

4. 瞬态接地电位升的危害

GIS 装置的瞬态接地电位升,主要有以下一些危害:

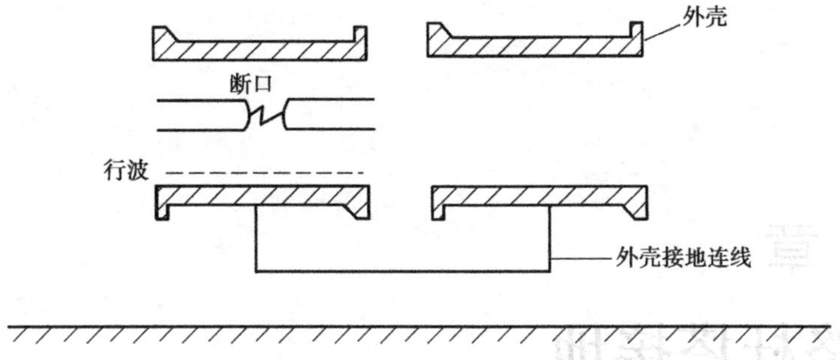

图2.55　外壳断口外反射波

①外壳上电压的快速上升会导致GIS的电气击穿；

②瞬态高压对包括操作、测量、保护电路等二次线路造成损害；

③瞬态高压对工作人员的人身安全会带来危险。经计算表明，对典型的变电站布置来说，其电击强度已经大于目前根据生物医学知识而得出的人体所能接受的电击强度。

5. 减弱瞬态接地电位升的方法

由于瞬态接地电位升会对GIS装置乃至电力系统运行的可靠性带来危害，甚至危及运行人员的生命安全，为此，必须采取一定的限制措施，以避免或减弱瞬态接地电位升的危害。目前主要从三方面着手，即：

(1)改进操作方法

在一般情况下，人遭外壳电击的危险是很低的。因为大部分变电站开关操作并不频繁，而开关动作与人接触外露终端装置附近区域同时发生的情况更为罕见，况且击穿与人体接触同时发生更是少有的事件。但在检修或施工活动的地方，人与GIS接触的时间长，这时人遭电击的风险率会大大超过平均风险率，所以有必要改进一些实用的操作方法。如：

1)通知有电击危险的所有运行、检修人员使之避免与带电的GIS外壳随机接触。在任何情况下，最好不要攀登或靠近GIS装置。

2)操作前发出音响警告，直到工作人员离开GIS为止。

3)在有工作人员的情况下，串入一个高阻抗，以便对运行人员进行保护。

(2)改变外壳布置

实践证明，改变外壳布置会影响瞬态电位。降低外壳高度可以减小外壳的冲击阻抗，并缩短接地连线的传播时间，不仅可以降低传播到终端装置外壳上的电位，而且可以提高接地效果。增加接地连线的数量也能起到一定的作用，使流动波衰减，从而降低瞬态电位的升高。

除此之外，将外壳下的土壤用电阻率较高的土壤来代替，以便增加传播损耗。

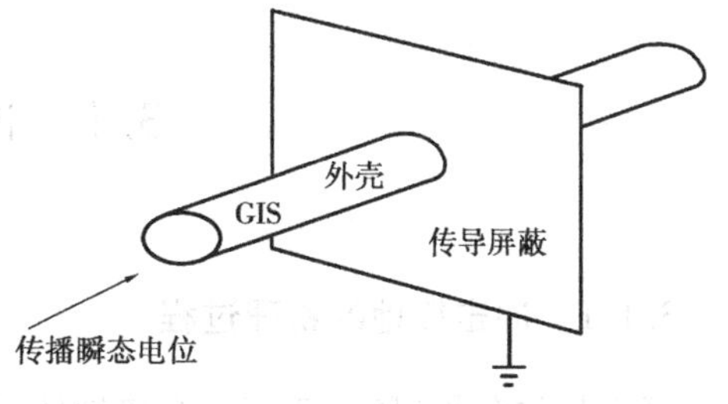

图2.56　屏蔽技术

(3)使用屏蔽技术

瞬态接地电位是一种物理现象，通常在变电站终端装置开始，然后沿着由母线外壳和地面所形成的线路继续传播，进入变电站内，为了减弱上述瞬态问题，可以在外壳与地面间布置一些金属导电层或"屏蔽"，以反射传播电位。如图2.56所示。

第3章 输电线路杆塔接地

在电气设备和高层建筑物的防雷保护中，为了减小雷电流通过时的地电位升高，以及改善地面的电位分布，防止雷击时地面出现危险的跨步电压及接触电压，都必须设置冲击接地装置。

当频率很高的雷电流通过接地装置向地中流散时，电荷不但具有宏观的运动，而且它们在空间的分布还随着时间的改变而改变，具有时变场的特性，因此，研究冲击接地的特性时不能再用恒定电场的理论来研究，而应该用时变场的理论来研究。

由于接地装置的冲击特性不但受到冲击电流的波形和幅值的影响，而且与接地系统的几何形状，线性尺寸和土壤的特性有密切关系，因此要在理论上完整地分析接地装置的冲击特性十分复杂，十分困难。从20世纪30～50年代，对接地体冲击特性的研究一直都局限于模拟实验、实测和由实验及实测获得的经验公式。自20世纪50年代以来，有的学者开始探索理论上的分析计算方法，建立接地体在冲击电流作用下的数学模型，但是要从实际的物理模型建立数学模型，不得不进行大大的简化，所得的结果也具有一定的局限性。到20世纪70～80年代，随着计算机和数值计算方法的迅速发展，对冲击接地进行数字仿真已成为可能，世界上已开始出现一些冲击接地的数值计算方法。

本章着重介绍有关冲击接地的物理概念，在冲击电流作用下，接地体上的物理过程，简单接地体上的冲击电位分布，以及冲击接地电阻的计算方法。

3.1 冲击接地特性

3.1.1 冲击接地的物理过程

经大量的分析研究，任何一个接地体，只要在冲击电流或冲击电压的作用下，均表现出波过程——“电感-电导”泄流过程——电阻过程。

①波过程。冲击电流通过接地体的最初瞬间，接地体还来不及向四周土壤散流，这时接地体上的波过程起作用，接地体的冲击阻抗等于波阻抗。

②电感-电导泄流过程。当波向接地体深处运动时，在波电流上将附加土壤的传导电流，

这时接地体的冲击阻抗由接地体的电感和电导来决定。

③电阻过程。当电流变化率趋近于零时，电感可以略去不计，这时存在着土壤的传导电流，这与工频接地体差不多，冲击阻抗呈现电阻的性质。

3.1.2　冲击电流通过接地体的散流特性

①由于冲击电流相当于高频电流，因此，除接地体的电阻和电导外，接地体的电感和电容均对冲击阻抗发生作用，其作用的大小，决定于接地体的形状，冲击电流的波形、幅值及土壤的特性。

②地中电场强度超过土壤的临界击穿场强后，土壤内靠近接地体的部分会发生局部放电，使得接地电阻下降，其结果相当于增加了接地体的直径。这种现象称为火花效应。

③当冲击电流在地中流动时，由于高频电流的集肤效应，不像直流电流那样可以穿透无限深处的地层，也不像工频电流那样穿透地层的有限深度，而是在距离地面不太深的范围内流动，离地面愈远，电流密度愈小，当地电阻率各向同性，交变电流集肤深度 H 为：

$$H = 503.8\sqrt{\frac{\rho}{f}} \tag{3.1}$$

式(3.1)中 ρ 为土壤电阻率，f 为电流的频率，当 ρ 为 100～500Ω・m 时，地中冲击电流大部分在距地面 20～50m 范围内流散。

④雷电冲击电流的等值频率很高，接地体自身的电感阻碍电流向远端流动，结果使得接地体得不到充分利用，接地体的接地电阻大于工频接地电阻，这种效应称为电感效应。

⑤接地体周围的电场强度达到某一数值时，电感和电流呈非线性关系。

⑥垂直接地体的冲击作用原理如图 3.1 所示，图中 1 是火花放电区，2 是去电离区，3 是无电离区。在冲击电流作用下，土壤的 ρ 和 ε_r 减小。关于 ρ 减小可用如图 3.2 所示的曲线来描述。

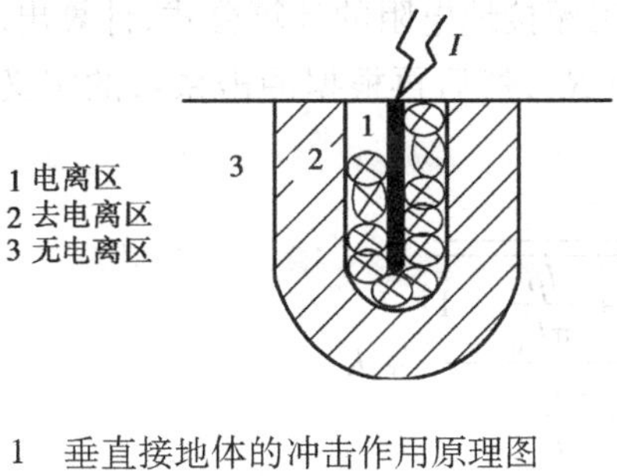

图 3.1　垂直接地体的冲击作用原理图

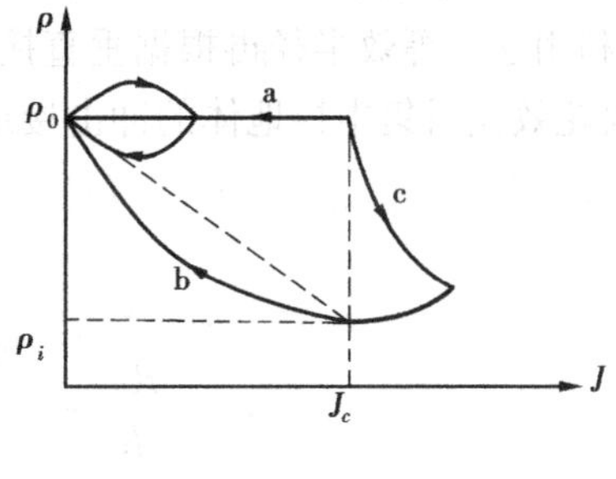

图 3.2　电阻率随电流密度变化曲线

图 3.2 中，a 段表示接地体周围的电流密度 J 虽然不断增大，但总是小于土壤的临界击穿电流密度 J_c，在这个范围内土壤没有发生火花放电，因此，土壤电阻率没有发生变化，即 $\rho = \rho_0$；

图 3.2 中，b 段 $J \geqslant J_c$，电流密度超过了临界值，发生火花放电，此时有：

$$\rho = \rho_0 e^{-\frac{t}{\tau_1}} \tag{3.2}$$

式(3.2)中，τ_1 是土壤电离时间常数。

图 3.2 中，c 段 $J < J_c$，电流密度 J 低于临界值土壤电阻率按(3.3)式过程恢复：

$$\rho = \rho_0 + (\rho_0 - \rho_i)(1 - e^{-\frac{t}{\tau_2}})(1 - \frac{J}{J_c})^2 \tag{3.3}$$

这里 τ_2 是去电离时间常数。

3.1.3 接地装置的冲击特性参数

1. 冲击接地电阻 R_{ch}

(1)定义

所谓冲击接地电阻是接地体对地冲击电压的幅值与冲击电流幅值之比。由于接地体本身电感和电容的作用,冲击电压的幅值与冲击电流的幅值不会同时出现,具有冲击电压幅值超前于冲击电流幅值的特点。因此,冲击电阻这个概念是一个人为的概念,没有具体的物理意义。但是自 20 世纪 30 年代开始研究接地装置的冲击特征以来,就一直使用它来度量冲击接地的作用。因为,根据雷电流幅值的大小,就能很方便地利用冲击接地电阻来计算出冲击电压值,即

$$U_{ch} = I_{ch}R_{ch} \tag{3.4}$$

(2)集中接地体的冲击接地电阻

在防雷保护中,避雷针、避雷线、避雷器常常采用集中接地体。对于这样范围不大的接地体,虽然接地体上冲击电流密度分布比工频电流密度分布不均匀得多,但全部接地体总还是或多或少地参加冲击电流的流散,仅仅是不均匀程度有大有小而已,所以一般用冲击系数来比较冲击接地电阻与工频接地电阻的大小。所谓冲击系数是指冲击接地电阻与工频接地电阻之比,即

$$\alpha = R_{ch}/R \tag{3.5}$$

过去,集中接地装置的冲击系数完全由试验确定,在我国接地规程中,垂直接地电极的冲击系数 30 多年来一直沿用前苏联 20 世纪 50 年代初规程的冲击系数。1983 年武汉高压研究所林华咨推导出了考虑火花效应后冲击系数的计算式。其基本思想是根据雷电流幅值,推算出接地体周围大于土壤临界击穿场强的区域,并将这区域看成了是一等位体,相当于导体半径增大,然后利用这一等效半径再根据垂直接地体工频接地电阻的计算公式,计算出的接地电阻即为考虑火花效应后集中接地体的冲击接地电阻 R_{ch},然后再根据冲击系数的定义,求得冲击系数:

$$\alpha = \frac{R_{ch}}{R} = \frac{\dfrac{2}{\ln\sqrt{1+\dfrac{I\rho}{\pi E_0}}-1}}{\ln\dfrac{4L}{d}} + K \tag{3.6}$$

式中:L——垂直接地体的地下长度,m;

d——垂直接地体直径(或导体等效直径),m;

I——雷电流幅值,A;

ρ——土壤电阻率,Ω · m;

E_0——土壤的临界击穿场强,V/m;

K——设计安全系数。k 和 E_0 的取值见表 3.1。

冲击系数与接地体的几何尺寸、雷电流幅值、波形以及土壤特性有关,由于雷电流经接地体散流时具有电感和火花效应,因此冲击系数 α 可能大于 1,也可能小于 1。如果火花效应大

于电感效应，$\alpha<1$，反之 $\alpha\geqslant 1$。

表 3.1　土壤火花击穿的临界场强 E_0 和设计安全系数 K

$\rho/\Omega\cdot m$	$E_0/(kV\cdot m^{-1})$	设计安全系数
100	250	0.20
500	400	0.15
1 000	500	0.10

(3)接地网的冲击接地电阻

前面已经讲到，在工频时，接地电阻之所以和接地网的面积的平方根成反比，这是因为在工频电流作用下，接地网上的电位分布均匀，全部地网导体都起到散流的作用。但是在冲击电流作用下，由于接地体本身电感的作用，地网导体上的电位分布很不均匀，离冲击电流注入点愈远的地方，接地体上的电位就愈低，甚至电位为零，其变化规律按指数衰减。因此，地网在冲击电流作用下，只有电流注入附近一小块范围内的导体起到散流作用。在这种情况下，再用这一小面积范围的冲击接地电阻与全部接地网面积的工频接地电阻之比来表征冲击系数，就毫无理论意义和实用价值。在冲击电流作用下，地网的有效面积如图 3.3 所示。

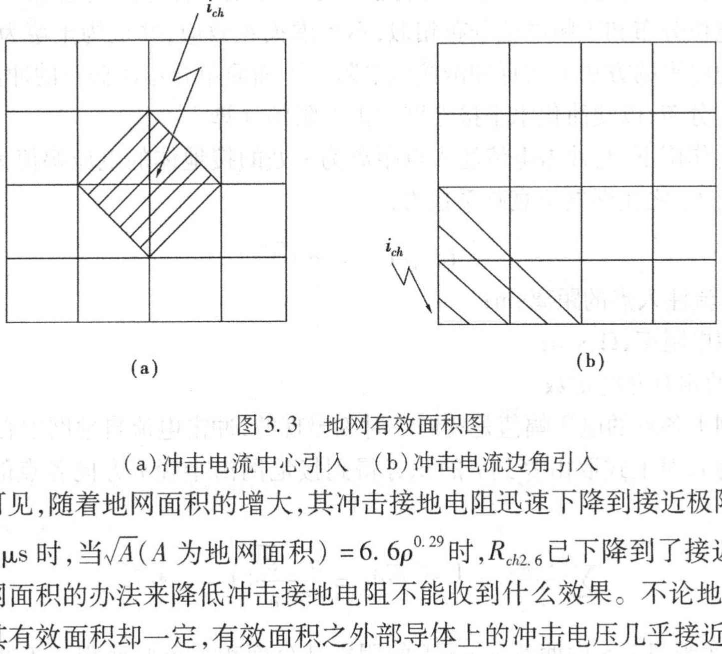

图 3.3　地网有效面积图

(a)冲击电流中心引入　(b)冲击电流边角引入

从图 3.4 可见，随着地网面积的增大，其冲击接地电阻迅速下降到接近极限值。实验结果表明，在 $\tau=2.6\mu s$ 时，当$\sqrt{A}$(A 为地网面积)$=6.6\rho^{0.29}$时，$R_{ch2.6}$已下降到了接近最小值。所以如果用扩大地网面积的办法来降低冲击接地电阻不能收到什么效果。不论地网有多大，在冲击电流作用下其有效面积却一定，有效面积之外部导体上的冲击电压几乎接近于0。

不同土壤电阻率情况下的有效面积如表 3.2 所示。

表 3.2　ρ 不同时地网的有效面积

$\rho/(\Omega\cdot m)$	50	100	500	1 000	2 000
地网面积/m^2	400	625	1 600	2 500	3 600

当 $\tau=2.6\mu s$ 时，方孔地网的冲击电阻最小值可近似地由(3.7)式来表示：

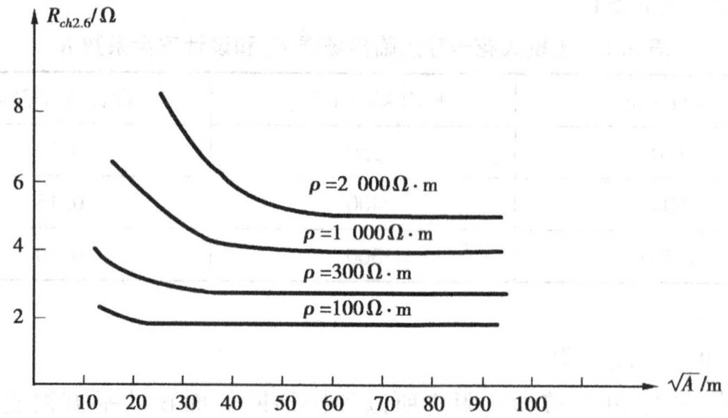

图 3.4 雷击方孔网中心在 $\tau=2.6\mu s$ 时的冲击电阻和$\sqrt{A}$的关系

$$R_{ch2\cdot6}=0.514\rho^{0.3} \tag{3.7}$$

即方孔地网的冲击电阻最小值，单一地由土壤电阻率来决定，上式在 $\rho\leqslant1\ 000\Omega\cdot m$ 时，误差大约在 6% 以内。实际上，方孔地网的冲击接地电阻可按上式估算。

20 世纪 70 年代以前地网的冲击接地电阻值是靠实测或者试验所得，20 世纪 70 年代以来先后有些学者进行研究并提出了一些计算方法。下面介绍一种冲击接地电阻计算的方法。假定地网上冲击电位分布和工频电位分布相似，不考虑火花效应，并认为土壤为均匀土壤，就可以仿照工频接地电阻的方法来估算冲击接地电阻。下面简单介绍用假想的冲击电位分布代替原来的冲击电位分布，以便简化水平接地网冲击电阻的计算。

在直角波的作用下，与冲击电流注入点距离为 s 处的接地体的电压幅值为 $U_{ch.S}$ 和电流注入点的电压幅值 U_{ch} 之比即电位衰减系数为：

$$U_{ch.s}/U_{ch}=e^{-\frac{60\pi s}{\rho\sqrt{\varepsilon_r}}} \tag{3.8}$$

式中：s——离电流注入点的距离，m；

ρ——土壤电阻率，Ω·m；

ε_r——地的相对介电常数。

假定接地网上各点的电压幅值是在同一时刻出现的，冲击电流自地网中心注入，接地网面积的等值半径为 r，对上式取由零到 r 的积分得到接地网沿半径 r 方向各点的电压相对值之和为：

$$\sum\frac{U_{ch.s}}{U_{ch}}=\int_0^r e^{-\frac{60\pi s}{\rho\sqrt{\varepsilon_r}}}ds=\frac{\rho\sqrt{\varepsilon_r}}{60\pi}\left(1-e^{-\frac{60\pi r}{\rho\sqrt{\varepsilon_r}}}\right) \tag{3.9}$$

实际上，上式为图 3.5 中曲线 $e^{-\frac{60\pi s}{\rho\sqrt{\varepsilon_r}}}$ 下的阴影部分面积。令此面积等于冲击等值半径 r_{ch} 与 $u_{ch.s}/u_{ch}\Big|_{s=0}=1$ 的乘积，即图 3.5 中曲线与坐标轴包围的面积。这就可以得到冲击等值半径为：

$$r_{ch}=\frac{\rho\sqrt{\varepsilon_r}}{60\pi}\left(1-e^{-\frac{60\pi s}{\rho\sqrt{\varepsilon_r}}}\right) \tag{3.10}$$

式中：$r=\sqrt{\dfrac{A}{\pi}}$，m，为实际接地网面积的等值半径；A 为实际接地网面积，m^2。

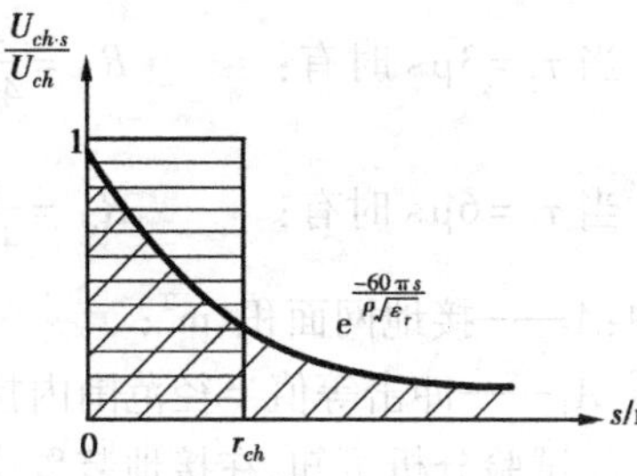

图 3.5　地网等值半径计算参考图

冲击等值半径 R_{ch} 的物理意义为：如果接地网上各点 $[U_{ch.s}/U_{ch}]<1$ 的电压全部折合到 $U_{ch.s}/U_{ch}\Big|_{s=0}=1$ 的电压时，在两个电压面积相等的条件下，就可以得到一个称为冲击等值半径的概念。在这个假想的 r_{ch} 范围内的接地网上，认为电位分布处处相同，且电压相对值为 1。这就相当于一个假想的集中接地体，因而这就和工频情况下的电位分布相似，并且可以用计算工频接地电阻的方法，由冲击等值半径来估算冲击接地电阻。显然，冲击等值半径与接地网面积的等值半径之比为：

$$\frac{r_{ch}}{r}=\frac{\rho\sqrt{\varepsilon_r}}{60\pi}\left(1-e^{-\frac{60\pi r}{\rho\sqrt{\varepsilon_r}}}\right) \tag{3.11}$$

r_{ch}/r 表示在冲击情况下接地网的利用程度。

根据以上分析，将 r_{ch} 代入圆盘接地体接地电阻的计算式，很容易得到水平接地网的冲击接地电阻为：

$$R_{ch}=\frac{\rho}{4r_{ch}}=\frac{Z_0}{2\left(1-e^{-\frac{60\sqrt{\pi a}}{\rho\sqrt{\varepsilon_r}}}\right)} \tag{3.12}$$

式中：Z_0——接地网的波阻抗，Ω。

应当注意，以上讨论是在直角波情况下进行的，因而所估算的冲击等值半径和冲击接地电阻过于严格。在防雷设计中，大多数情况下是用冲击电流波头时间 3 ~ 6μs 的冲击接地电阻，因此，对上式结论应予以修正。

根据现场和模型上的试验结果可以得到，冲击电流波头时间 3 ~ 6μs 的冲击电压衰减系数 $(U_{ch.s}/U_{ch})$ 为：

当 $\tau_t=3\mu s$ 时有：
$$\beta=u_{ch.s}/u_{ch}=e^{-\frac{12\pi s}{\rho\sqrt{\varepsilon_r}}} \tag{3.13}$$

当 $\tau_t=6\mu s$ 时有：
$$\beta=u_{ch.s}/u_{ch}=e^{-\frac{6\pi s}{\rho\sqrt{\varepsilon_r}}} \tag{3.14}$$

故冲击等值半径和冲击接地电阻为：

当 $\tau_t=3\mu s$ 时有：
$$r_{ch}=\frac{\rho\sqrt{\varepsilon_r}}{12\pi}\left(1-e^{-\frac{12\pi\sqrt{A}}{\rho\sqrt{\varepsilon_r}}}\right) \tag{3.15}$$

$$R_{ch}=\frac{Z_0}{10\left(1-e^{-\frac{12\sqrt{\pi A}}{\rho\sqrt{\varepsilon_r}}}\right)} \tag{3.16}$$

当 $\tau_t=6\mu s$ 时有：
$$r_{ch}=\frac{\rho\sqrt{\varepsilon_r}}{6\pi}\left(1-e^{-\frac{6\sqrt{\pi A}}{\rho\sqrt{\varepsilon_r}}}\right) \tag{3.17}$$

$$R_{ch}=\frac{Z_0}{20\left(1-e^{-\frac{6\sqrt{\pi A}}{\rho\sqrt{\varepsilon_r}}}\right)} \tag{3.18}$$

从(3.16)，(3.18)两式可以看出，当冲击电流波头时间为 3 ~ 6μs 时，发电厂或变电所水平接地网的面积不论有多大，冲击接地电阻最小理论值为：

$$R_{ch.\min}=(0.05\sim0.1)Z_0 \tag{3.19}$$

如果冲击电流不是由接地网的中心引入，冲击接地电阻可按下式计算：

当 $\tau_t=3\mu s$ 时有：
$$R_{ch}=\frac{\rho}{4r_{ch}}\cdot\frac{\pi r_{ch}^2}{A_1}=\frac{\rho^2}{16A_1}(1-e^{-\frac{4\sqrt{\pi A}}{\rho}})\tag{3.20}$$

当 $\tau_t=6\mu s$ 时有：
$$R_{ch}=\frac{\rho}{4r_{ch}}\cdot\frac{\pi r_{ch}^2}{A_1}=\frac{\rho^2}{8A_1}(1-e^{-\frac{2\sqrt{\pi a}}{\rho}})\tag{3.21}$$

式中：A——接地网面积，m^2；

A_1——冲击等值半径范围内接地网的实际面积，m^2。

经试验分析可知，在接地装置中心注入电流时的冲击接地电阻比在它的一侧注入电流时要小，因为相对说来，到电流注入点的长度减少，并联的导体数增加，因而电感量减小。试验表明，接地装置的线性尺寸愈大，雷电流幅值和土壤电阻率愈小，从接地装置边侧和中心注入电流时，冲击电阻值之间的差异愈大。

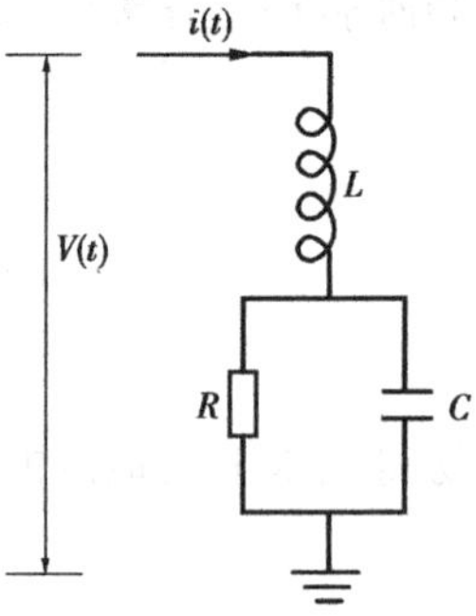

图 3.6　接地体的冲击等值电路

2. 冲击瞬时接地阻抗 $Z_{ch}(t)$

前面已经讲到，在工频和一般电阻率时，大地通常可以看作纯电阻，当土壤电阻率很高时，频率非常高的电流经接地体流散时，由传导电流密度与位移电流密度的绝对值之比 $K=\delta_c/\delta_d=1/\omega\varepsilon\rho$ 知道，位移电流占主要地位。这样，除了传导电流外，还有位移电流，并且所有电流都流过地网的电感，这样可得到地网的等效电路是由它的泄漏电阻 R、电容 C 和自感 L 构成。如图 3.6 所示。

根据此等值电路，可以求地网分别在斜角波电源 $i(t)=\alpha t$ 和双指数波电流 $i(t)=I(e^{-\alpha t}-e^{-\beta t})$ 作用下的冲击瞬时接地阻抗为：

在斜角波作用下：
$$Z_{ch}(t)=R+\frac{L}{t}+\frac{R^2C}{t}(e^{-\frac{t}{RC}}-1)\tag{3.22}$$

在双指数波作用下：
$$Z_{ch}(t)=[\frac{R}{(1-\alpha RC)(1-\beta RC)}+\frac{R^2C(\alpha e^{-\beta t}-\beta e^{-\alpha t})+e^{-\frac{t}{RC}}(\beta-\alpha)}{(1-\alpha RC)(1-\beta RC)(e^{-\alpha t}-e^{-\beta t})}+\frac{L(\beta e^{-\beta t}-\alpha e^{-\alpha t})}{e^{-\alpha t}-e^{-\beta t}}]\tag{3.23}$$

考虑到长接地体的有效电感只有地网总电感的 1/3，因此要考虑冲击电流沿导体的泄漏，上两式中的电感应乘以 1/3。

从(3.22)、(3.23)两式中可以看到，$t\to0$ 时，$Z_{ch}(t)\to\infty$，当 $t\to\infty$ 时，$Z_{ch}(t)\to R$（即工频接地电阻）。根据分析和试验可知，由于雷电流刚到地网时，呈现的冲击阻抗很高，对线路绝缘的冲击闪络有很大影响。而影响地网冲击阻抗的决定性因素是地网的电感。根据实验和计算，单根垂直接地体的电流和冲击阻抗，以及电压、电流和冲击阻抗对时间的关系曲线如图 3.7 和图 3.8 所示。

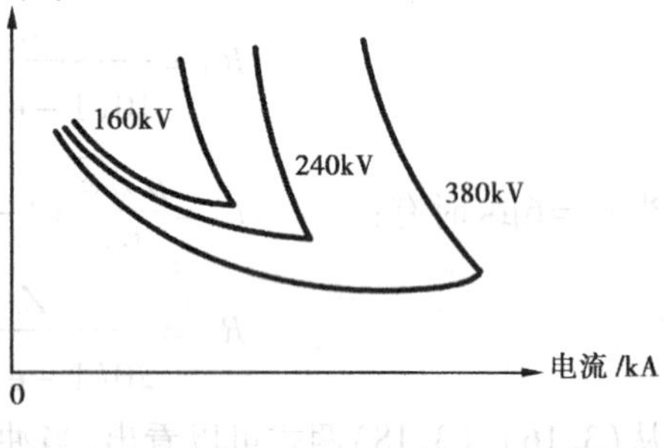

图 3.7　不同冲击电流下，$I_{ch}(t)$ 与 $Z_{ch}(t)$ 的关系

从图3.7和图3.8中的曲线可以看出：

①电压和电流呈非线性特性；

②冲击电压的幅值超前于电流的幅值；

③冲击阻抗的最小值出现在电流最大值之后；

④电流与阻抗特性具有滞后现象；

⑤当电流降到零后，仍有残余电压。

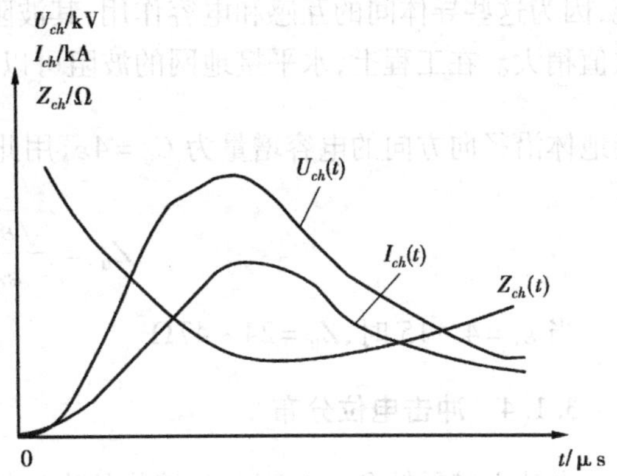

图3.8　$U_{ch}(t)$、$I_{ch}(t)$和$Z_{ch}(t)$与t的关系

3. 波在接地体上的传播速度和接地体的波阻抗

波沿接地体的传播速度，可由电磁场和电路的相似性得到，即波速为：

$$v = \frac{1}{\sqrt{L_0 C_0}} = \frac{1}{\sqrt{\varepsilon\mu}} \tag{3.24}$$

式中：L_0——接地体单位长度的电感，H/m；

C_0——接地体单位长度的电容，F/m；

ε——介电系数，F/m；

μ——导磁系数，H/m。

大地的相对导磁率 $\varepsilon_r \approx 1$，故有：

$$\mu = \mu_0 = 4\pi \times 10^{-7}\ \text{H/m} \tag{3.25}$$

$$\varepsilon = \varepsilon_r \varepsilon_0 = \frac{\varepsilon_r}{4\pi \times 9 \times 10^9}\ \text{F/m} \tag{3.26}$$

则

$$v = \frac{3 \times 10^8}{\sqrt{\varepsilon_r}} \tag{3.27}$$

ε_r 为地的相对介电系数。在接地工程中，经常碰到的 ε_r 为4~15，故接地体上波传播速度为150~77m/ms，约为光速的1/2~1/4。

地中接地体的波阻抗为：

$$Z_0 = \sqrt{\frac{L_0}{C_0}} = \frac{\sqrt{\varepsilon\mu_0}}{C_0} = \frac{L_0}{\sqrt{\varepsilon\mu_0}} \tag{3.28}$$

如果知道了单位长度接地体的电感或者电容就可以计算出接地体的波阻抗。水平接地体单位长度的电感为：

$$L_0 = 2 \times 10^{-7}\left[Ln\frac{4l}{d} - L\right] \tag{3.29}$$

式中：L——接地体长度，m；

d——接地体直径，m。

通常采用的钢材（扁钢或圆钢），$L_0 = 1.7\mu\text{H/m}$，故水平接地体的波阻抗为：

$$Z_0 = \frac{3 \times 10^8}{\sqrt{\varepsilon_r}} \times 1.7 \times 10^{-6} = \frac{150}{\sqrt{\varepsilon_r}} \tag{3.30}$$

当 $\varepsilon_r = 4 \sim 15$，则 $Z_0 = 130 \sim 255\ \Omega$。

对于发电厂和变电所的接地网，由于有多条接地体交叉互联，是一个比较复杂的多导体系统,因为这些导体间的互感和电容作用,其波阻值不等于各条导体的波阻的并联值,而是比并联值稍大。在工程上,水平接地网的波阻可以近似通过计算圆盘接地体的波阻来获得。圆盘接地体沿径向方向的电容增量为 $C_0=4\varepsilon$,用此式代入 $Z_0=\frac{\sqrt{\varepsilon\mu_0}}{C_0}$ 得圆盘水平接地网的波阻为:

$$Z_0=\frac{\sqrt{\varepsilon\mu_0}}{\varepsilon_0}=\frac{377}{4\sqrt{\varepsilon_r}} \tag{3.31}$$

当 $\varepsilon_r=4\sim15$ 时,$Z_0=24\sim47\Omega$

3.1.4 冲击电位分布

在独立避雷针和一些高层建筑物的出口处,为了验算冲击跨步电压对人体的电击伤害,需要知道地面的冲击电位分布。但是受到接地体形状,土壤特性及雷电流幅值和波形的影响,要用解析法计算地面冲击电位分布比较困难。过去常常通过模型试验的方法,将测量的冲击电位分布曲线和工频电位分布比较分析,得到计算冲击跨步电势的估算式。

图 3.9 是用 20mm×4mm 的扁钢做成的直径为 0.72m 的圆环,埋深 0.6m,分别用波形为 1.5/30μs 幅值为 93A 的冲击电流和 2A 的工频电流测量的地面电位分布曲线。

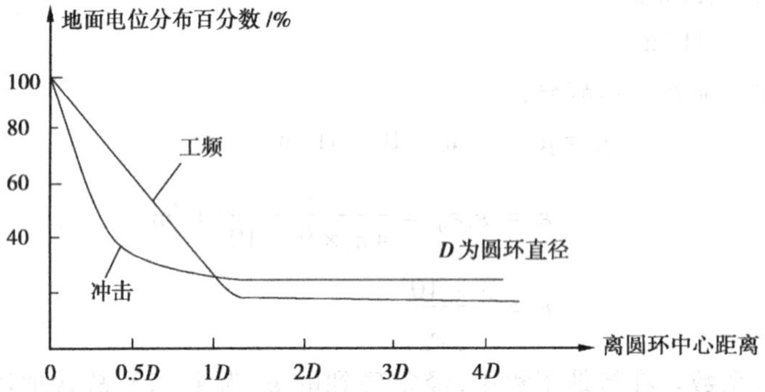

图 3.9 圆环接地体地面的冲击和工频电位分布曲线

从图 3.9 中可以看出,离圆环中心距离 0.5 倍圆环直径时,地面冲击电位分布比工频电位的梯度大;1D 以后,两根曲线的斜率和电位百分数基本相等,这是因为冲击电流通过接地体流入大地时,接地体附近的阻抗除有和工频电流相似的电阻分量外,由于磁场和集肤效应的作用,还有较为显著的与频率等有关的电阻和电感分量,故电位梯度较大;离开接地体较远,由于电流通过的地层截面增大,后一分量所占的比例显著减小,因而冲击电位分布与工频电位分布相似。

由于离接地体较近的地面上电位梯度大,即跨步电压高,可能使人遭受电击,因此,规程规定独立避雷针不应设在人经常通过的地方,避雷针及接地装置与道路或出入口的距离不应小于 3m,否则应采取均压措施或铺碎石或沥青地面。

3.2 引外接地

在高土壤电阻率地区,如附近有可以利用的低电阻率地层,为了减小冲击接地电阻,可采用引外接地。即在低电阻率地区埋一集中接地体，然后用导体将杆塔或避雷针与集中接地体连接，连接导体仍然埋于地下，当有冲击电流流经时，会呈现较复杂的波过程。下面先介绍水平接地体的波过程。

3.2.1　水平接地体上的波过程

1. 水平接地体的冲击阻抗

对于有限长度 l 的水平接地体，波的传播过程可以用单位电感 L_0，单位电容 C_0，单位电导 g_0 和电阻 r_0 为常数的电路波动方程式的解得到，首端在单位波的作用下，水平接地体的运算阻抗的表达式为：

$$Z(\mathrm{p}) = z\frac{\mathrm{ch}k(1-x)}{\mathrm{sh}k(1-x)} \tag{3.32}$$

$$Z = \sqrt{\frac{pL_0 + r_0}{pC_0 + g_0}} \tag{3.33}$$

$$K = \sqrt{(pL_0 + r_0)(pC_0 + g_0)} \tag{3.34}$$

式(3.32)、(3.33)和(3.34)中：

$Z(p)$——算子冲击阻抗；

Z——特性阻抗；

K——传播常数；

x——从首端起的距离；

p——算子符号，$p=\frac{\mathrm{d}}{\mathrm{d}t}$。

令 $x=0$，即看首端的情况。

第一种情况当 $t=0$，即 $p=\frac{\mathrm{d}}{\mathrm{d}t}\to\infty$，故 $K=\infty$，可得 $Z(\infty)\Big|_{x=0,t=0}=Z_0=\sqrt{\frac{L_0}{C_0}}$，为接地体的波阻抗。这说明，当单位波投射到水平接地体的首端($x=0$)时，在 $t=0$ 瞬间的冲击阻抗和接地体的电阻和电导无关，甚至在波走过不远的距离或在极短的时间内，电阻和电导还不能充分阻碍波过程。因此水平导体呈现的冲击阻抗为波阻抗。

第二种情况，当 $t\to\infty$，由 $P=\frac{\mathrm{d}}{\mathrm{d}t}=0$，故 $K=\sqrt{r_0g_0}$，注意到 l 足够长，因此有：

$$Z(0)\Big|_{x=0,t=0} = R = \sqrt{\frac{r_0}{g_0}}\cdot\frac{\mathrm{e}^{\sqrt{r_0g_0l}}+\mathrm{e}^{-\sqrt{r_0g_0l}}}{\mathrm{e}^{\sqrt{r_0g_0}}+\mathrm{e}^{-\sqrt{r_0g_0l}}} \tag{3.35}$$

这说明经过较长的时间后，电阻和电导的作用已充分阻碍波过程，最后转变为传导电流在地中流动，冲击阻抗趋于稳态，呈现工频接地电阻。

由于电容效应或者位移电流的作用，在由波过程转变到电阻过程时，“电感-电导”泄流过程不再起主要作用。由波过程转变到电阻过程时间的长短，决定于地的两个电参数 ρ 和 ε_r 以及接地体的长度 l。例如，取长 $l=60\mathrm{m}$，$\rho=10\ 000\Omega\cdot\mathrm{m}$，$\mathrm{L}'=1.7\mathrm{mH/m}$，$G'=1/(0.03\rho l)=\frac{1}{18\ 000}(\Omega\cdot\mathrm{m})^{-1}$，$r'=0.05\Omega/\mathrm{m}$，$\varepsilon_r=4\sim15$，则可计算得：波阻抗 $Z_b=\frac{510}{\sqrt{\varepsilon_r}}=132\sim255\Omega$。稳态电阻 $Z(0)=\Big|_{x=0,t=\infty}=300\Omega$。

通过此计算可以看出，在地电阻率很大（$\rho \geqslant 10\ 000\Omega \cdot m$）时，水平接地体的波阻小于它的稳态电阻。这时波过程对接地是有利的。

在由波过程转变为电阻过程的最初一段时间，冲击阻抗还会由起始值的波阻下降一些。这是由于位移电流和传导电流共同作用的结果，使最初一段时间的冲击阻抗小于波阻。此后，随着位移电流的减小，传导电流的增大，冲击阻抗才上升到稳态值。

2. 水平接地体的作用

在地电阻率 $\rho \geqslant 10\ 000\Omega \cdot m$ 的地区，为了减小冲击接地阻抗，可以利用波过程的有利条件，将波过程转变到电阻过程的时间延长，而采用连续水平接地体。所谓连续水平接地体，是当冲击电流流过时的冲击阻抗，主要由电容或位移电流来决定。

连续水平接地体的长度，至少应满足在冲击电流的波头时间范围内无终端反射，即，$\dfrac{\alpha l}{v} \geqslant \tau_t$ 则 $l \geqslant \dfrac{v\tau_t}{2}$。$\tau_t$ 为波头时间，（μs）；v 为波速（m/μs）。

例如，当 $\tau_t = 6\mu s$，$v = 77 \sim 150 m/\mu s$ 时，连续水平接地体的长度为 230 ~ 450m。这对于 110 ~ 220kV 的架空输电线而言，相当于 1 ~ 2 个档距的长度。

不考虑水平接地体单位长度的电阻，在斜角波电流 $i = \alpha t$ 作用下，首端在 t 时刻的冲击阻抗为：

$$Z(t)_{x=0} = \sqrt{\frac{L_0}{C_0}} \cdot \frac{\int_0^t e^{-\delta\tau} I_0(\delta_\tau)\, d(\delta_\tau)}{\delta t} \tag{3.36}$$

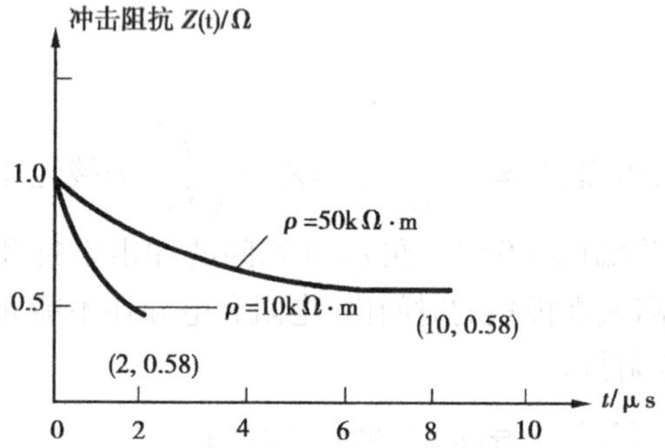

图 3.10　连续接地体冲击阻抗和时间关系曲线

式（3.36）中 L_0、C_0 分别为水平接地体单位长度的电感和电容；$I_0(\delta_\tau)$ 为一类零阶贝塞尔函数；$\delta = \dfrac{1}{2}\dfrac{G_0}{C_0}$；$G_0$ 为单位长度水平接地体的泄漏电导。

根据（3.36）式可以作出连续水平接地首端冲击阻抗随时间而变化的关系曲线，如图 3.10 所示。

从图中可以看出，当地的相地介电系数一定时，随着电阻率的增加，由波过程转变到电阻过程的时间就大大加长，这段时间内由于水平接地体的波阻小于它的稳态电阻，对散流有好处。

连续水平接地体的效果已被国外运行经验所证实，例如，苏联在沙石地区采用连续水平接地的输电线路 720km，近年没有发生过一次雷击跳闸。

3.2.2　引外接地

在高土壤电阻率地区，如果附近有可利用的低电阻率的土壤，为了减小冲击接地电阻，可在低电阻率的土壤中埋设集中接地体。然后用导体将它和杆塔、避雷针或变电所接地装置连接。从低电阻率土壤中的集中接地体的中心到杆塔、避雷针或变电所接地装置的距离为引接长度。最大引接长度可由（3.37）、（3.38）两式忽略指数项估算地网的冲击等值半径。

$$r_{ch} = \frac{\rho\sqrt{\varepsilon_r}}{12\pi}\left(1 - e^{\frac{-12\sqrt{\pi A}}{\rho\sqrt{\varepsilon_r}}}\right) \quad (\tau = 3\mu s) \tag{3.37}$$

$$r_{ch} = \frac{\rho\sqrt{\varepsilon_r}}{6\pi}\left(1 - e^{\frac{-6\sqrt{\pi A}}{\rho\sqrt{\varepsilon_r}}}\right) \quad (\tau = 6\mu s) \tag{3.38}$$

结果当冲击电流波头时间为 3 ~ 6μs 时,最大引接长度为:

$$L_{max} = (0.026\,5 \sim 0.053)\rho\sqrt{\varepsilon_r} \tag{3.39}$$

式中:ρ——地电阻率,Ω · m;

ε_r——一般地区为 9;

0.026 5 用于 $\tau_t = 3\mu s$;

0.053 用于 $\tau_t = 6\mu s$。

必须说明,引接长度超过最大引接长度后,采用引外接地的效果很小,不能使末端集中接地体得到满意的利用。

引外接地的导体一般用两根或多根,增加可靠性。

3.3　输电线路杆塔接地

一般来说输电线路杆塔接地装置的主要作用是将直击于杆塔和避雷线的雷电冲击电流引入大地,以减少雷击引起的停电和人身事故。此外,还应保证继电保护装置能够可靠地动作。在国外,如前苏联对大接地短路电流的 330 ~ 500kV 输电线路,不需要安全接地,这是因为前苏联的观点认为,对具有 0.12 ~ 0.5s 可将故障切除的快速继电保护装置来说,使得在短路瞬间位于输电线路杆塔附近的人受电流伤害的可能性很小。然而,以美国为代表的一些西方国家,却有与前苏联不同的观点。他们认为,随着国民经济的发展,输电线路走廊已开放变成多种用途,由于高压或超高压架空输电线路引入到市区或郊区,以及现代大电网具有单相接地短路电流很大的特点,所以应当重视因接触与跨步电位带来的危险。

3.3.1　杆塔接地的简易计算公式

高压输电线路中,一般每基杆塔下都设有接地装置,并通过杆塔或引线与避雷线相接。根据实际运行经验,从技术经济角度出发,我国 SDJ—79 接地规程中规定,对于不同土壤电阻率地区,要求杆塔接地电阻如下:

ρ/Ω · m	≤100	100 ~ 500	500 ~ 1 000	1 000 ~ 2 000	>2 000
R_j/Ω	≤10	≤15	≤20	≤25	30

由于高压线路杆塔基础都有埋入地下的钢筋混凝土,它们起着自然接地的作用,钢筋称为自然接地体,其接地电阻为自然接地电阻。

钢筋混凝土电杆的基础的自然接地电阻:

$$R = \frac{K_1K_2\rho}{2\pi L}\ln\frac{4L}{d} \tag{3.40}$$

式中:ρ——地电阻率,Ω · m;

L——钢筋基础长度,m;

d——钢筋骨架截面的等值直径，m；

K_1——混凝土保护层附加的电阻率系数 1.1；

K_2——钢筋骨架及非连续的金属表面引入的修正系数 1.05。

架空线路杆塔的人工和自然接地装置的各种形式及工频接地电阻简易计算公式归纳如表 3.3。

应当注意，当钢筋流过大的电流因发热而温度升高，能使水泥和钢筋的结合力显著减小，当温度达 380 ~ 400℃时，结合力将全部破坏，使混凝土保护层产生纵向和横向裂纹。要求钢筋的温度不大于 100℃。

表 3.3　架空线路杆塔接地电阻计算公式

	接地装置型式	杆塔型式	简易计算公式
①	h 根水平射线，$h \leqslant 12$，$L = 60$m 左右	各种杆塔	$R \leqslant \dfrac{0.062\rho}{n+1.2}$
②	沿装配式基础周围敷设的深埋式接地体	铁塔 门型杆塔 带 V 型拉线的门型杆塔	$R = 0.07\rho$ $R = 0.49\rho$ $R = 0.045\rho$
③	装配式基础的自然接地体	铁塔 带 V 型拉线的门型杆塔 门型杆塔	$R = 0.1\rho$ $R = 0.09\rho$ $R = 0.06\rho$
④	钢筋混凝土杆的自然接地体	单杆 双杆 带拉线的单双杆 一个拉线盘	$R = 0.3\rho$ $R = 0.2\rho$ $R = 0.1\rho$ $R = 0.28\rho$
⑤	深埋式接地与装配式基础自然接地的综合门型塔	铁塔 门型杆塔 带 V 型拉线的门型塔	$R = 0.05\rho$ $R = 0.03\rho$ $R = 0.04\rho$

冲击接地电阻由 $R_{ch} = \alpha R_I$ 计算，α 为冲击系数。土壤电阻率愈低，接地体尺寸愈小，冲击电流幅值愈高，冲击系数愈小。

在缺乏准确数据时，集中的人工接地体或自然接地体的冲击系数 α 可按下式计算：

$$\alpha = \frac{1}{0.9 + a\dfrac{(I\rho)^m}{l^{1.2}}} \tag{3.41}$$

式中：I——冲击电流幅值，kA；

ρ——土壤电阻率，Ω · m；

l——垂直或水平接地体的长度或环形闭合接地体的直径，或方形闭合接地体的边长，m；

a, m——与接地体形状有关的系数，对垂直接地体：$a = 0.9$，$m = 0.8$；对水平及闭合接地体：$a = 2.2$，$m = 0.9$。

将各种形状的接地体的冲击系数分别列于表 3.4。

表 3.4　自然接地体的冲击系数 α　$\rho \leqslant 8 \times 102\ \Omega \cdot m$

	冲击电流幅值/kA			
装配式钢筋混凝土基础(底盘)	5	10	15	20
装配式钢筋混凝土基础(底盘)	0.9	0.6	0.4	0.3
柱基础	0.7	0.5	0.4	0.3

表 3.5　环型接地体的冲击系数

环的直径/m	$\rho=100$			$\rho=500$			$\rho=1\ 000$		
	$I_M=20kA$	40kA	80kA	20kA	40kA	80kA	20kA	40kA	80kA
4	0.60	0.45	0.35	—	—	—	—	—	—
8	0.75	0.65	0.50	0.55	0.45	0.30	0.40	0.30	0.25
12	0.80	0.70	0.60	0.60	0.50	0.35	0.45	0.40	0.30

注:I_M 为冲击电流幅值。

表 3.6　单根水平接地体的冲击系数 α

土壤电阻率 ρ /Ω·m	l/m	I_M/kA		
		10	20	40
100	5	0.75	0.65	0.50
	10	1.00	0.90	0.80
	20	1.15	1.05	0.95
500	5	0.55	0.45	0.30
	10	0.75	0.60	0.45
	20	0.90	0.75	0.60
	30	1.00	0.90	0.80
1 000	10	0.55	0.45	0.35
	20	0.75	0.60	0.50
	30	0.95	0.85	0.75
	40	1.15	1.10	0.95
2 000	20	0.60	0.50	0.40
	40	0.75	0.65	0.55
	60	0.90	0.80	0.75
	80	1.05	0.95	0.90
	100	1.20	1.10	1.50

表 3.7 单根垂直接地体冲击系数 α

土壤电阻率 $\rho/(\Omega\cdot m)$	I_M/kA			
	5	10	20	40
100	0.90	0.85	0.75	0.60
500	0.70	0.60	0.45	0.30
1 000	0.55	0.45	0.30	—

由 n 根接地体并联形成的复合接地体的冲击接地电阻 $R_{ch.n}$ 也可由各个接地体的冲击接地电阻 R_{ch} 与冲击利用系数 η_{ch} 求得：

$$R_{ch.n} = \frac{R_{ch}}{n\eta_{ch}} \tag{3.42}$$

式(3.42)中的 η_{ch} 一般取为工频利用系数的 90%，但拉线棒与拉线盘之间，以及铁塔的各基础间 η 应取 70%。

3.3.2 杆塔接地装置的冲击接地电阻和冲击系数的计算公式

据统计，雷击输电线路杆塔时经杆塔流入接地装置的雷电流幅值在 20～200kA 范围内，而杆塔接地装置的几何尺寸可达几十米。要在如此大的雷电流下对实际接地装置进行冲击特性的研究，无疑要具备很大容量的冲击电流发生器和开阔的试验场地。这一方面使试验设备费用昂贵，极不经济；另一方面要改变与接地装置有关的参数，如土壤电阻率等在技术上也是不可能的。因此，一般采用模拟试验的方法来研究输电线路杆塔接地装置的冲击特性。

在重庆大学高压实验室对如图 3.11 所示的 5 种常见的杆塔接地装置进行了模拟实验，并对采用降阻剂后的接地装置的冲击特性也进行了研究，关于模拟实验的原理和装置将在第 6 章中叙述。

试验时改变接地装置的几何尺寸、冲击电流幅值、土壤电阻率、水平接地装置的埋深、组成接地装置的导体截面积等参数。通过对上万个实验数据进行分析和处理，得到了杆塔接地装置的冲击特性和计算冲击接地电阻、冲击系数的计算公式。

1. 杆塔接地装置的冲击特性

①冲击接地电阻 R_{ch} 随冲击电流 i 幅值的增加而减小，当 i 达到一定值后，减小的速度变慢；

②冲击接地电阻 R_{ch} 随土壤电阻率 ρ 的增加而增加。ρ 越低，R_{ch} 随 ρ 增加的速度越快；ρ 越高，R_{ch} 随 ρ 增加的速度越慢；

③冲击接地电阻 R_{ch} 与接地装置的形状及几何尺寸有关。R_{ch} 随几何尺寸的增加而减小，当几何尺寸达到一定值时，接地装置几何尺寸的增加不再对 R_{ch} 产生影响；

④水平埋设的接地装置，R_{ch} 随埋深的增加而减小；

⑤构成接地装置的导体材料对 R_{ch} 基本无影响；

⑥冲击系数 α 随 i 幅值的增加而减小；

⑦冲击系数 α 随接地装置几何尺寸的增加而增加，且与其形状有关；

⑧冲击系数 α 随 ρ 的增加而减小，ρ 越小，α 随 ρ 增加而减小的速度越快；

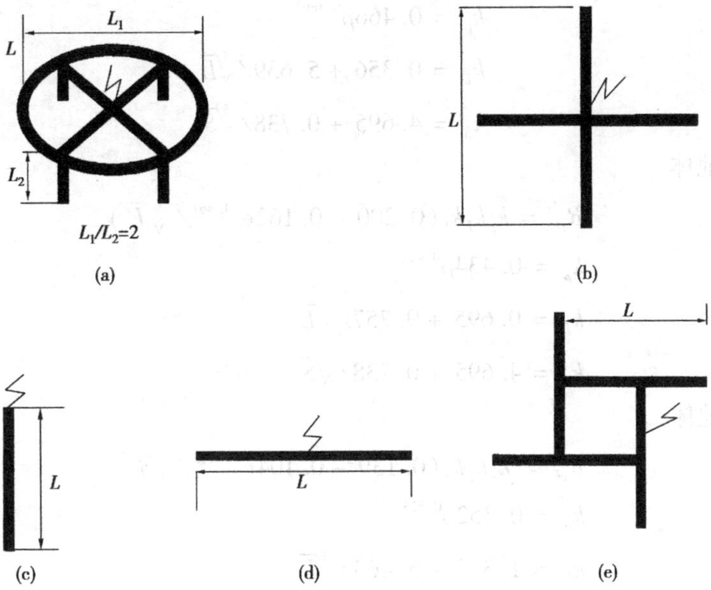

图3.11　试验中采用的接地装置示意图

(a)复合接地装置　(b)十字形接地装置

(c)垂直接地体　(d)水平接地体　(e)井字形接地装置

⑨水平埋设的接地装置，α 随埋深的增加而增加；

⑩采用降阻剂接地装置的 R_{ch} 会明显降低，土壤电阻率 ρ 越高，效果越明显。

2. 冲击接地电阻 R_{ch} 的计算公式

(1)普通接地装置的冲击接地电阻的计算公式

与工频接地电阻不同，冲击接地电阻除了与接地装置的形状、几何尺寸、土壤电阻率有关外，还与雷电流幅值有关。对试验数据采用回归分析的方法，推导出了几种常见的输电线路杆塔接地装置冲击接地电阻的计算公式。

1)复合接地装置

$$\begin{aligned} R_{ch} &= k_\rho k_L k_S (0.153 - 0.113e^{-3.803}/\sqrt{I_m}) \\ k_\rho &= 0.341\rho^{0.388} \\ k_L &= 0.537 + 5.644/\sqrt[3]{L} \\ k_S &= 4.695 + 0.738/\sqrt[5]{S} \end{aligned} \tag{3.43}$$

式中：k_ρ——土壤电阻率修正系数；

k_L——几何尺寸修正系数；

k_S——截面修正系数；

S——截面积，mm^2；

L——接地体特征尺寸，m；

I_m——雷电流幅值，kA。

2)十字形接地体

$$R_{ch} = k_\rho k_L k_S (0.149 - 0.116e^{-2.804}/\sqrt{I_m}) \tag{3.44}$$

$$k_\rho = 0.466\rho^{0.366}$$

$$k_L = 0.356 + 5.639/\sqrt[5]{L}$$

$$k_S = 4.695 + 0.738/\sqrt[5]{S}$$

3)垂直接地体

$$R_{ch} = k_\rho k_L k_S (0.200 - 0.162\mathrm{e}^{-1.461}/\sqrt{I_m}) \tag{3.45}$$

$$k_\rho = 0.434\rho^{0.417}$$

$$k_L = 0.695 + 9.757/\sqrt{L}$$

$$k_S = 4.695 + 0.738/\sqrt{S}$$

4)水平接地体

$$R_{ch} = k_\rho k_L k_S (0.139 - 0.104\mathrm{e}^{-2.265}/\sqrt{I_m}) \tag{3.46}$$

$$k_\rho = 0.352\rho^{0.313}$$

$$k_L = 1.333 + 5.463/\sqrt[3]{L}$$

$$k_S = 4.695 + 0.738/\sqrt[5]{S}$$

5)井字形接地装置

$$R_{ch} = k_\rho k_L k_S (0.200 - 0.162\mathrm{e}^{-11.277}/\sqrt{I_m}) \tag{3.47}$$

$$k_\rho = 0.427\rho^{0.313}$$

$$k_L = 1.965 + 5.301/L$$

$$k_S = 4.695 + 0.738/\sqrt[5]{S}$$

(2)使用降阻剂的接地装置的冲击接地电阻计算公式

1)十字接地体

$$R_{ch} = k_\rho k_L k_S (0.355 - 0.277\mathrm{e}^{-1.354}/\sqrt{I_m}) \tag{3.48}$$

$$k_\rho = 0.378\rho^{0.361}$$

$$k_L = 0.761 + 5.991/\sqrt[3]{L}$$

$$k_S = 2.745 + 0.282/\sqrt[5]{S}$$

2)垂直接地体

$$R_{ch} = k_\rho k_L k_S (0.440 - 0.376\mathrm{e}^{-1.275}/\sqrt{I_m}) \tag{3.49}$$

$$k_\rho = 0.440\rho^{0.331}$$

$$k_L = 0.017 + 6.948/\sqrt[3]{L}$$

$$k_S = 2.745 + 0.282/\sqrt[5]{S}$$

3)水平接地体

$$R_{ch} = k_\rho k_L k_S (0.298 - 0.238\mathrm{e}^{-1.518}/\sqrt{I_m}) \tag{3.50}$$

$$k_\rho = 0.526\rho^{0.331}$$

$$k_L = 0.313 + 5.452/\sqrt[3]{L}$$

$$k_S = 2.745 + 0.282/\sqrt[5]{S}$$

3. 冲击系数计算公式

冲击系数是反映输电线路接地装置冲击特性的重要系数，它可为防雷设计提供方便，只要知道接地装置的工频接地电阻，就可根据冲击系数计算出其冲击接地电阻，也可用测工频接地电阻的方法测量冲击接地电阻。本文从大量的试验数据中推导出5种常用的典型接地装置冲击系数计算公式。

（1）普通接地装置的冲击系数

1）复合接地装置

$$\alpha = \alpha_\rho \alpha_I \alpha_S (23.550 - 17.410 e^{-3.80}/\sqrt{I_m}) \tag{3.51}$$

$$\alpha_\rho = 2.850\rho^{-0.390}$$

$$\alpha_L = 0.046 + 0.145\sqrt[3]{L}$$

$$\alpha_S = 0.244 + 0.071\sqrt[5]{S}$$

式中 α_ρ，α_L，α_S分别为土壤电阻率、几何尺寸和截面积的修正系数。

2）十字接地装置

$$\alpha = \alpha_\rho \alpha_I \alpha_S (38.700 - 30.740 e^{-3.80}/\sqrt{I_m}) \tag{3.52}$$

$$\alpha_\rho = 4.637\rho^{-0.530}$$

$$\alpha_L = 0.025 + 0.109\sqrt[3]{L}$$

$$\alpha_S = 0.244 + 0.071\sqrt[5]{S}$$

3）垂直接地装置

$$\alpha = \alpha_\rho \alpha_I \alpha_S (50.120 - 40.570 e^{-1.480}/\sqrt{I_m}) \tag{3.53}$$

$$\alpha_\rho = 5.821\rho^{-0.530}$$

$$\alpha_L = 0.078 + 0.045\sqrt[3]{L}$$

$$\alpha_S = 0.244 + 0.071\sqrt[5]{S}$$

4）水平接地装置

$$\alpha = \alpha_\rho \alpha_I \alpha_S (40.720 - 30.480 e^{-2.300}/\sqrt{I_m}) \tag{3.54}$$

$$\alpha_\rho = 11.137\rho^{-0.530}$$

$$\alpha_L = 0.134 + 0.026\sqrt[3]{L}$$

$$\alpha_S = 0.244 + 0.071\sqrt[5]{S}$$

5）井字形接地装置

$$\alpha = \alpha_\rho \alpha_I \alpha_S (30.520 - 22.730 e^{-10.790}/\sqrt{I_m}) \tag{3.55}$$

$$\alpha_\rho = 8.185\rho^{-0.503}$$

$$\alpha_L = 0.121 + 0.109\sqrt[3]{L}$$

$$\alpha_S = 0.244 + 0.071\sqrt[5]{S}$$

（2）使用降阻剂的接地装置冲击系数

1）十字接地体

$$\alpha = \alpha_\rho \alpha_I \alpha_S (41.820 - 32.980 e^{-1.410/\sqrt{I_m}}) \tag{3.56}$$

$$\alpha_\rho = 4.970 \rho^{-0.500}$$

$$\alpha_L = 0.103 + 0.074 \sqrt[3]{L}$$

$$\alpha_S = 0.365 + 0.023 \sqrt[5]{S}$$

2）垂直接地体

$$\alpha = \alpha_\rho \alpha_I \alpha_S (55.720 - 47.710 e^{-1.320/\sqrt{I_m}}) \tag{3.57}$$

$$\alpha_\rho = 6.730 \rho^{-0.570}$$

$$\alpha_L = 0.067 + 0.046 \sqrt[3]{L}$$

$$\alpha_S = 0.365 + 0.023 \sqrt[5]{S}$$

3）水平接地体

$$\alpha = \alpha_\rho \alpha_I \alpha_S (49.910 - 39.970 e^{-1.560/\sqrt{I_m}}) \tag{3.58}$$

$$\alpha_\rho = 19.960 \rho^{-0.730}$$

$$\alpha_L = 0.181 + 0.005 \sqrt[3]{L}$$

$$\alpha_S = 0.365 + 0.023 \sqrt[5]{S}$$

第4章 计算机及电子设备接地

随着我国电子技术的飞速发展提高电力生产发展的需要,大量计算机等电子设备进入发电厂、变电站。计算机等电子设备在系统中的广泛运用,大大减轻了运行人员的工作量,提高了运行的可靠性和自动化水平,为实现发、变电站的无人化运行提供了必要的条件。无疑这是电力系统中巨大的技术进步。但是,微机等弱电设备进入系统,也给系统带来了许多前所未有的问题。例如,强电设备对弱电设备的干扰,侵入波对电子设备的损坏和射频干扰等。如何有效地防止这类问题的发生,已经成为电力系统利用计算机技术提高运行的安全可靠性、经济性和自动化水平的至关紧要的问题。

接地是保障人身及设备安全,维护计算机设备稳定可靠运行的重要措施。本章主要讨论计算机及电子设备接地的目的、接地方式、防止过电压的措施以及计算机专用地网等问题。

4.1 计算机及电子设备接地的目的及要求

根据电磁兼容理论,国外专家认为计算机及电子设备采用低阻抗接地的目的在于:

①保护设备及人身安全,避免雷电危害,并将大地作为雷电流和瞬态噪声的天然泄放途径;

②为电源电流和故障电流提供返回途径,即为雷击和开关冲击提供放电途径;

③保护人身免受因机壳偶然碰地引起的电击;

④防止静电电荷的积累;

⑤降低或消除机架上的射频电位;

⑥为射频电流提供均匀和稳定的导体;

⑦引起继电保护动作,保护设备;

⑧稳定电路对地电位。主要作用是为计算机提供基准电位。

从目前计算机接地的研究现状来看,计算机接地还没有一个统一的标准,几乎每个国家都规定了不同的标准,无法确定每种方式的优越与否。如美国规定接地电阻应小于2Ω,保护电压标准为不大于2 500V;日本规定为1Ω,保护电压标准为2 000V;国内规程为4Ω,无电压方面的标准。但厂家对不同的机型又有不同的标准,如DEC公司PDP—11/24型机要求接地电阻小于1Ω,PDP—10/22为0.8Ω;Motolola公司要求FAX—1U型接地电阻小于3Ω。对于设计部门则必须从实际情况出发,如对高阻地区,要求接地电阻小于1Ω是不实际的,也不太可能实现。从现在的观点,则需要从另一角度满足保护标准,如均压、限制地网上可能出现的电位升高等。当考虑干扰问题时,如何确定主网和专用地网间的距离也是目前地网设计中存在的问题。设计的部门大多通过经验来决定这个距离的大小。如瓶窑变电站主网和专用地网的距离为5m,贵州清镇电厂取距离为10m。这些距离大多根据运行经验,没有理论的依据。可靠性得不到保证,不能用于将来的工程设计。接地装置的敷设应尽可能的减小接地电阻和各种干扰。专用接地装置应与其他装置的接地体保持一定的间隔,特别应远离线路、天线和楼房的防雷装置。接地体的任何部分都不允许碰到其他导体或地下建筑。

根据《中国国家标准GB2887—82:计算站场地标准》、《军事标准MIL C—7078C:关于电子、电缆、航天设施的规定【美】》和《联邦电气法令:电子设备及环境【美】》等,对计算机及电子设备安全防护的要求为:

(1)接地电阻不大于4Ω;

(2)进入计算机设备的电压不大于2 500V。

(3)设备表面电场小于1.15kV/m。

4.2 计算机及电子设备的接地方式

目前,计算机及电子设备常用的几种接地方式有:

1. 单点接地方式

即对于许多电气设备同时要求接地的情况下,将各个设备的地共同汇结于一块汇流板或一根汇流母线上,然后再由接地引线连接到地网上,如图4.1所示。对于单点接地方式,它可以使所有设备都以一点作为参考点,为它们提供一个稳定的基准电位。一点接地系统还可以消除因地网电位差而导致的各种环流对设备造成的干扰。实际运行经验表明,一点接地系统对于直流和低频系统是有效的;至于高频系统,则应采用多点接地系统。如果系统中同时存在高频和低频设备,则高频和低频设备之间应相隔一段距离,在这个距离内设置混合接地区。

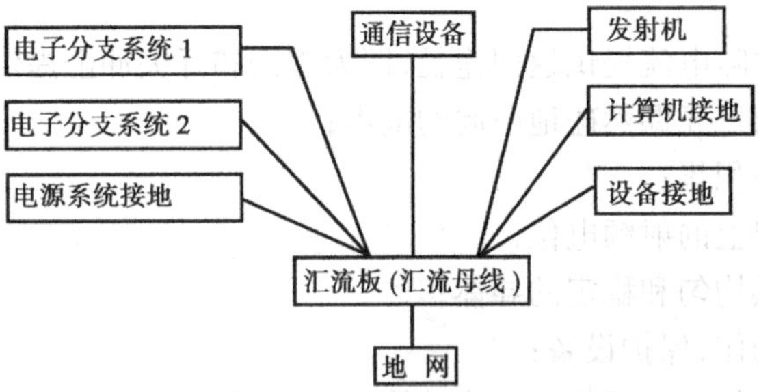

图4.1 一点接地系统

2. 多点接地方式

一个系统中的各个接地点都直接接到距它最近的接地平面上,以使接地引线的长度最短,如图4.2所示。多点接地系统的电路构成比一点接地系统简单,接地引线上可能出现高频驻波的现象也明显减少。但采用多点接地系统后,设备内部就会存在许多地线回路,因此,提高接地系统的质量就变得十分重要。另外,由于接地点的增加,必须经常维护,避免由于腐蚀、振动、温度变化等因素使接地系统中出现高阻抗。多点接地系统内部存在的地线回路,对系统内的低频设备会产生不良影响。

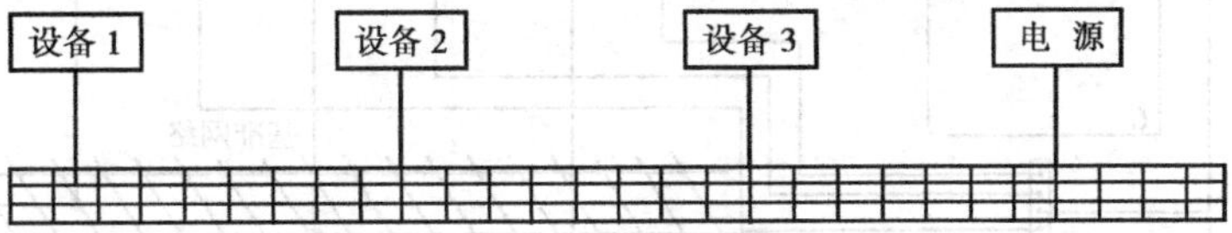

图4.2　多点接地系统

3. 浮地方式

将电路或设备与公共地或可能引起环流的公共导线隔离开来,如图4.3所示。这种接地方式的缺点是设备不与大地直接相连,容易出现静电积累的现象。当积累的静电电荷达到一定程度,在设备和大地之间会产生具有强大放电电流的静电击穿现象,这种放电现象是一种破坏性很大的强干扰源。为解决这个问题,在采用浮地的设备与大地之间,接进一个电阻值很大的泄放电阻,消除静电积累。

对计算机等弱电设备接地的划分,国外通常有如下几种:

(1)模拟地。通常指直流电源的负极性,一般是对机架和机盘而言;

(2)数字地。通常指逻辑电路的输入电源的负极性;

(3)放电地(防雷地),指雷电流或故障电流的排放途径。对于通讯系统中的地,划分则更细。

4. 射频接地

国外另一些专家从频率的角度考虑微机等弱电设备的干扰问题。计算机运行的时钟频率一般为10~100MHz或更高,这些都是射频信号,因而计算机对射频信号十分敏感。计算机的各种线路,就如同一些接收射频信号的天线。同时,计算机采用上升时间很快的方波进行数据传输和处理。这些脉冲及其谐波的频率可以达到100MHz以上,产生射频信号从线路发射出去,如同一些射频信号的发射天线。计算机内部的逻辑电压为5~12V,因此,机壳内各数据处理单元之间的电位差非常小,接地显得更加重要。对于工频,只需要将设备外壳接地,使各部分都处于同一基准电压下。对于射频,一根长导线在30MHz时,感抗即为工频时的6×10^5倍,这种情况下,就可能在导线两端出现电位差引起数据错误。因而从频率角度考虑计算机等弱电设备的防护时,就必须使计算机系统的各种设备外壳在频率低至50Hz,高至射频的范围内都有相同的电位。基于上述目的的地网可以用如下方法设计:

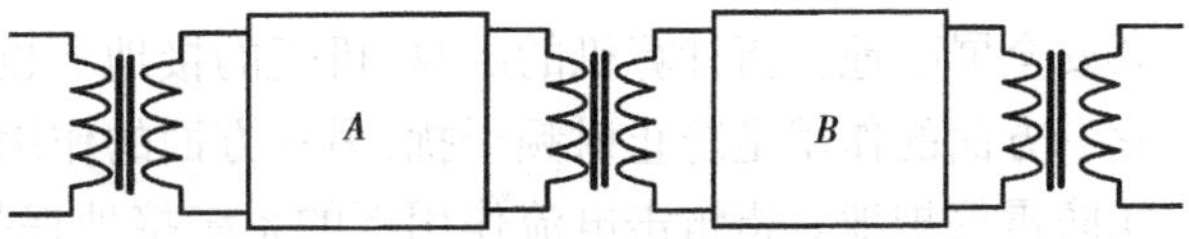

A、*B*——电子设备,变压器表示设备间的电磁作用

图4.3　浮地系统

(1)采用网格边长等于0.05倍波长的网格作为计算机系统的基准接地网。传输线实验表明,当导线长度不大于0.01~0.1倍波长时,驻波就不会在导线两端引起显著的电位差。

(2)将各数据处理设备的外壳用短导线连接在网格上,连接线(接地点到接地母线的连接线)最好不超过0.5m。

(3)计算机接地应和电源中性点联结,由电源呈辐射状向每台设备供电。连接线路如图

4.4所示。

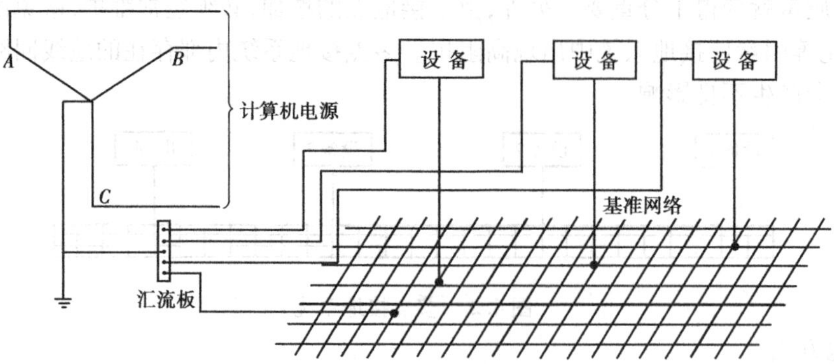

图4.4　考虑频率时的接地系统

4.3　发电厂、变电站计算机接地

4.3.1　作用

发变电站计算机及电子设备的接地包括：

①计算机系统的直流地，也可以称为逻辑地或信号地。主要作用是为计算机提供基准电位和公用的入地通路。

②交流工作地。主要指计算机的交流电源零线接地。主要作用是提供电源电流的通路。

③安全屏蔽地。指计算机的屏盘、机壳的接地。也包括机房中其余设备的金属外壳的接地。它一方面的作用是防止射频干扰，另一方面的作用是保护人身安全。

④防雷保护地。指雷击电流作用下的系统接地保护。由于一般的电站、电厂都有防雷的考虑，因而计算机的防雷一般可以不再考虑。

4.3.2　接地方式

我国电力系统中计算机接地主要有两种方式：

①计算机系统和直流地、防雷地、交流地共同使用一个地网的共地式，如图4.5(a)所示。

②计算机系统接地和变电站接地分开，即专门敷设计算机系统接地网的分地式，如图4.5(b)所示。

运行经验表明，共地式接地系统由于计算机系统和变电站采用同一地网，共有同一个基准电位。在发生故障时，由于整个地网的电位同时抬高，不会在计算机上造成较大的电位差，人身和设备的安全可以得到保证。共地方式的施工和设计简单、方便，投资也较少。目前国内有锦州变电站、辽阳变电站、江油电厂和珞璜电厂采用了这种运行方式。这些系统投入运行后，没有出现故障和异常现象。但是，共地方式也存在一个不能回避的问题：即正常情况下的强电对弱电的干扰问题。在电力系统中，正常运行情况下总有一定的电流注入地网，这个电流在地网上产生的电位升高，也总在百伏以上。而变电站正常运行时各种操作所产生的冲击电流，通过传导、辐射和电磁感应等途径也会在计算机等设备上造成压降。对于计算机等弱电设备，它们的内部(TTL、CMOS)电路,阀值电压一般不大于5V。这意味着只要有大于5V的电磁干扰脉冲进入计算机,就可能导致计算机的数据或指令错误。所以目前无论是计算机厂家还是电力系统内部,都采取了很多措施来抵御这种干扰,但效果不是很明显。从根本上而言,由于计算机和变电站共用同一地网,在正常情况下,站内设备动作就会产生冲击入地电流。因而这种干扰对于共地方式运行的系统是无法消除的。

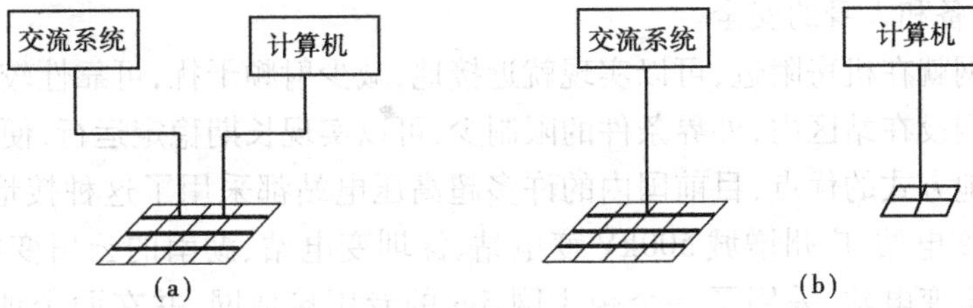

图4.5　共地式和分地式接地方式

为了解决这个问题,分地运行方式就是较好的方法。在这种运行方式下,计算机等弱电设备除防雷保护接地和变电站共用同一个地网外,其余的地,全部连接到专门敷设的计算机接地网上。采用这种方式,可以使计算机系统和站区地网完全分开,相互不产生干扰,从而较好的解决了强电对弱电的干扰问题,对计算机设备的安全性和可靠性是有利的。实际工程中,敷设专门的接地网也容易做到。但是计算机系统和变电站之间总是有信号连接线,当站区发生故障时,站区地网电位升高,而计算机专门的接地网电位很低,存在低电位引入的问题。而进入计算机系统的各种连接线,又有高电位引入计算机系统内部、危及人身和设备的危险。

对于单独敷设计算机接地网办法有两种。一种是在全站的主接地网很远的地方设置专用接地网;另一种是在变电站主接地网内设置专门接地网,并与主网保持一段距离。采用第一种方法设置专门接地网,并用高压绝缘电缆把计算机房内的公用接地母线和该地网连接起来。这种方法的优点是:计算机接地网的面积与设置地点没有限制,接地电阻可以降低到一个理想的水平,为计算机系统提供一个稳定的基准电位和良好的入地通道。而且这个接地网和主网完全隔离从而避免了主网中各种杂散干扰信号对计算机的干扰。但是,这种接地方式也存在如下问题:

①计算机房一般距离接地网较远,造成计算机系统的接地引线过长。由于现场中存在各种射频干扰,会使系统的可靠性降低。

②由于计算机地网和站区地网几乎完全隔离,当变电站发生雷击或接地故障时,主网的电位会上升得很高,而计算机地网的电位则接近为零,这就存在规程中所谓"低电位引入"的问题。对于一般的超高压电站,最大单相短路电流一般在20kA以上,站区地网电阻按0.5Ω计算,接地电位升高约为10kV。这样大的电位差如处理不当,则难免造成反击,威胁到人身和设备的安全。

③对于在变电站站区外设置接地网,一般维护很困难,难于长期稳定运行。由于上面种种困难,目前国内的电站、电厂都几乎不采用这种方式运行。对于采用这种方式运行的江苏仪征微波站,也由于低电位引入问题解决不恰当,曾发生多次事故。

如果采用第二种办法设置计算机接地网,即实际上的计算机地网设置在主接地网内部,并与主网保持一段距离。采用这种方法有如下优点:

①正常情况下,主网与专用地网相互独立。专用地网可以为计算机系统提供稳定的基准

电位和良好的入地通道，并且可以有效地避免主地网中各种杂散信号对计算机的干扰，有利于系统的正常运行。

②当发生雷击和故障接地时，由于专用地网位于主地网之中（相当于位于主网中一个较大的网孔的内部），当主地网的电位升高时，专用接地网的电位也会随着上升。二者之间的电位差也仅仅是这个网孔的电位差，其最大值一般不会超过几百伏，只要采取一些相应的安全措施，就可以保证设备和人身的安全。

③专用接地网就在机房附近，可以实现就近接地，减少射频干扰，可靠性较高。

④专用接地网设在站区内，外界条件的限制少，可以实现长期稳定运行，便于维护。

由于这种接地方式的优点，目前国内的许多超高压电站都采用了这种接地方式运行。如浙江瓶窑500kV变电站、广州增城500kV变电站、深圳变电站、湖南的云田变电站、岗市变电站等。如浙江瓶窑变电站，采用了一个距主网5m的专用接地网，并在两个地网之间安装了F—0.25型氧化锌避雷器以实现故障瞬时均压。

4.3.3 抗干扰措施

处于发、变电站中运行的计算机等弱电设备，可能受到很多因素的干扰，例如：

①由于注入主网的入地电流引起的地网（计算机专用地网）电位升高；

②射频干扰电势；

③雷电流在计算机设备上的感应电势等。为了保护计算机安全可靠地运行，必须进行抗干扰措施。

对于一个电系统，根据电磁兼容特性的干扰传输途径可分为传导途径和辐射途径两种。传导是指经过金属线路的传输，包括集总元件如电容器、变压器等。对于传导干扰源，它的频率可以从最低可探测到的频率一直伸展到1GHz以上的范围。当频率较高时，由于导体的损耗以及布线电感和分布电容的作用，使传导电流大为衰减。因此在较高频率时，干扰更趋近于辐射而被临近的导线吸收。辐射则表征经非金属线路的传输，其干扰能量由干扰源辐射出来，按照波的形式向空间传输。对于处于发、变电站中的计算机系统，它同时受到来自于空间电磁辐射和来自一次和二次之间连接线金属传输的干扰，要保证它的正常运行，必须针对不同的干扰采取相应的措施。

对计算机控制设备而言，发、变电站中的传导干扰源主要是指与它们有电气联接的一次、二次设备。如通过VT、AT与计算机控制设备相连的开关、刀闸、变压器、静止无功功率补偿设备、调相机、母线；经由通讯线路与之相连的通讯设备；公用电源以及通过地网公共回路与它相连的各种设备，都是可能的传导干扰源。这些干扰形成的可能原因是由于电弧放电或电流的突然改变。在电力系统中，电弧或电晕放电是最常见的传导干扰产生原因。另外，当开关设备动作时，一般都有几毫秒的燃弧时间从而形成强烈的电磁干扰。当电流发生变化时，根据 $E = L\mathrm{d}i/\mathrm{d}t$ 的关系，会在导体上产生突变的电压降，式中 L 为导体的电感，$\mathrm{d}i/\mathrm{d}t$ 是流过导体电流的变化率。

对于传导干扰源噪声的限制，可以根据实际的情况，选用以下方法：

①限制设备的工作频率带宽，尽量使在工作频段的干扰最小；

②在噪声源处加装滤波器电路，防止信道中的能量输往敏感设备；

③认真设计连接线路，尽量减小连线电感和分布电容；

④在共用同一电源的几个设备之间,采用旁路电容去耦。在干扰很严重的情况下,可以考虑使用齐纳二极管或分别供电的方法来隔离设备间的耦合。

电磁辐射可以从某一装置内部以多种途径向外传输,如设备的外壳、外壳的缝隙、设备间的连结电缆、编织屏蔽层的泄漏等。电磁辐射源的一个十分重要的特点是:在假设没有反射和辐射的条件下,一根足够短的、长度为 L 的载流导线产生的电磁场,或者一个足够小的、面积为 A 的载流圆环产生的电磁场,仅仅取决于流过该导体的电流 I(这里所谓足够短、足够小是与波长和到观测点的距离相比而言的)。因而在发电厂、变电站中,任何一根载流的导线就是一个辐射源。相应地,处在电磁场中的一根导线就相当于一根接受天线。实际上,一根导线可以同时起到接受天线和发射天线两种作用。

从发、变电站的实际情况来看,低频(工频50Hz)辐射源较多,高频的情况较少。一般仅仅是当变电站的开关动作或发生故障时,此时的入地电流脉冲和电弧会引起电磁辐射;另外一种情况是雷电流。雷电流的基波频率为10 000Hz(按傅氏级数展开)左右,它的谐波频率一直可以延伸到 10^9 Hz,雷电流同工频短路电流或开关动作产生的入地电流相比,幅值较大,上升时间更短,因而辐射更强烈。工频辐射的功率值则远小于雷电波的影响,故在以后的分析中,不再考虑工频的辐射影响。

对于雷电波所产生的电磁脉冲(EMP)强度极高,电场强度达到 10^5 V/m,磁场强度为260A/m。它产生的EMP瞬态作用于电路,可以引起电路性能的恶化及部分元件烧毁。由EMP引起的元件烧毁的机理与能量有关,与加热引起的热失效形式有关。EMP试验表明,当产生的热量超过足以引起典型的半导体结烧毁的能量时,随之就会发生结的击穿和元件的金属化损坏。这种损坏是由于焦耳热引起的熔化或内部连接线路的短路。

从发电厂、变电站的情况来看,进入计算机设备的干扰主要有三个途径:一是计算机设备和一次设备的连接线;二是空间辐射;三是大地回路。所以在设计计算机的抗干扰措施时,就应该针对这三个途径考虑。

由连接线路侵入计算机设备的干扰信号,通常是变电站发生故障或一次设备动作时引起的干扰。对于连接线上出现的干扰,可以采取如图4.6所示方法加以限制。

图4.6中,A 为现在使用的利用瞬态保护器件TPD称为Transzob与压敏电阻构成的钳位电路,其作用为限制进入后部电路的电位为某一规定值。电压值是通过调整压敏电阻的压敏电压来实现的。

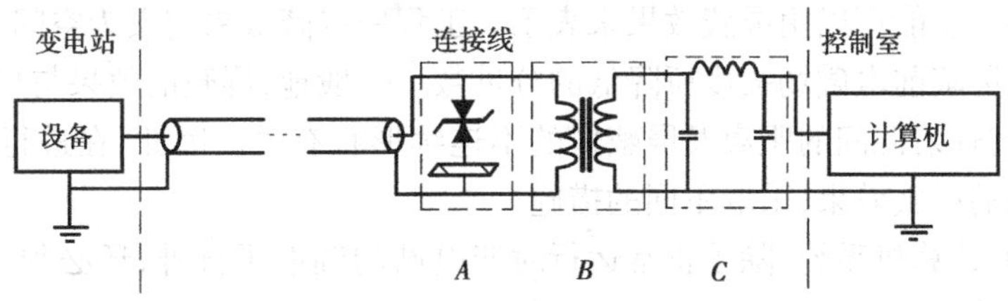

图4.6 连接线干扰防护示意图

压敏电压 U_s 可以按照下式计算

$$U_s = \frac{U_f \times 1.1 \times \sqrt{2}}{0.75} \tag{4.1}$$

式中:U_f——为输入电压规定值。通常选取输入电压规定值为压敏电压的75%,因而可以由

此计算 U_s 大小。

部件 B 为 1∶1 的隔离变压器，其目的是隔离计算机设备和变电站间的直流分量，抑制共模干扰。同时，它的存在也可以延迟电磁干扰脉冲的上升时间，防止在计算机设备上感应出过高的电位。

部件 C 为 LC 电路构成的 π 型滤波器，目的是限制噪声信号的输入频段以减小干扰。对于通过隔离变压器的干扰信号，通常频率较测取信号高，这就可以根据噪声信号频率选取相应的滤波器。假定噪声的频率为 f_n，则滤波器电路的 L 和 C 参数可以由下式确定

$$f_n = \frac{1}{2\pi\sqrt{LC}} \tag{4.2}$$

如果采取了以上措施，就可以将连接线上的干扰降低到一个较小的数值。

图 4.7　采用 TPD 进行钳位的电路

对电磁脉冲的防护可以在频域（滤波）和空间（屏蔽）同时进行，对信号的幅值加以限制，一般可以通过加入钳位电路来实现。钳位器的理想特性是当输入电平超过钳位电平时，钳位器件立即工作，使得在整个噪声脉冲期间，输入准确地保持在钳位电平。当噪声脉冲过去后，钳位器件立即恢复到不导通状态。对长电缆连接，可以用冲击过压保险丝来对信号进行限幅；对于大型复杂电子设备，则用齐纳二极管实现信号的限幅。目前使用的瞬态保护器件 TPD，由美国国家半导体公司制造。它的瞬态电压抑制响应时间为 5ns，可以有效地限制 EMP 的作用。但其 PN 结的结电容较大，高频应用时必须采取措施降低结电容的数值。具体电路如图 4.7 所示。图 4.7 中，二极管的电容要很小，以减小高频响应时间。二极管在正向偏置时，必须具有承受浪涌冲击的能力；在反向偏置时其反向击穿电压应高于 TPD 的最大钳位电压。

在干扰源和敏感设备间进行屏蔽可以显著的减小辐射耦合。对于变电站的计算机设备，屏蔽层主要是指对控制室的信号线和计算机室的屏蔽。它可以有效地防止外部的电磁辐射进入控制室，干扰计算机和其他弱电设备的运行；同时也可以阻止计算机设备的辐射干扰越出控制室影响其余设备的正常工作。

工程中常见的屏蔽按屏蔽层厚度可以分为薄层屏蔽和薄膜屏蔽两种。前一种是指用一层厚度小于 1/4 电磁波长的材料进行屏蔽，第二种特指在衬底材料上涂敷一层金属膜构成的屏蔽措施。屏蔽层的性能可以用屏蔽效果来表示。工程中屏蔽效果定义为空间某一区域屏蔽后的电磁场强度比屏蔽前电磁场强度所降低的分贝数。一般地，屏蔽的效果与材料的性能、辐射的频率、屏蔽体与辐射源间的距离及屏蔽体的不连续形状有关。因此，在进行屏蔽设计时，应该根据所要达到的屏蔽效果，采取不同的措施。

发、变站中的计算机系统，除了正常运行时变电站的辐射干扰外，还必须考虑故障情况下以及雷电波辐射功率的影响。为保证计算机等弱电设备的正常工作，一般的发、变电站必须为控制室等提供必要的屏蔽措施。

对发、变电站的计算机系统来说，接地的主要目的是为计算机设备提供基准工作电位，为静电电荷提供入地通路及作为逻辑电路的零。在防雷考虑上，一般不考虑直击雷的影响，而仅研究发、变电站站区落雷时感应过电压和空间瞬变电磁场的影响。对接地的考虑，主要是防止系统正常时的干扰和故障时损坏设备。

设计计算机专用地网,应该使计算机地网和主地网间的电位差满足设备的耐受电压,并同时尽可能地减小主地网对计算机的干扰。同时,设计的专用地网还必须满足规程中对接地电阻的要求。对计算机地网的设计的主要步骤如下:

①根据土壤电阻率、主地网尺寸和系统正常工作时的入地电流大小,利用 GPC 程序计算主地网附近各点的电位,并求出这些点与主网的电位差。

②根据电位差的数值选择专用地网的位置,使它与主地网间的电位差不大于计算机设备的耐受电压 2 500V。

③提出初步的地网设计方案,如地网面积、布置方式等。

④应用 GPC 程序计算所设计的地网的接地电阻的大小,并与规程的规定值比较,看它是否满足要求。如果没有满足,可以采用加大地网尺寸、加入垂直接地极和使用接地降阻剂的方法,减小接地电阻,使它满足规程的规定。

当地网间的距离越大,杂散干扰对计算机的影响越小;但两个地网间的电位差越大,对人身和设备的威胁就越大。因此,从计算机抗干扰的角度希望地网间的距离 d 越大越好。而从人身和设备的安全防护角度考虑,地网间距离小一些比较有利。当地网间的距离增大时,地网间的电位差也随着增大。

根据计算和模拟试验结果回归分析得到地网间电位差与距离 d 之间的关系为:

$$\Delta U = 6\,200(1 - e^{-0.030\,581d})\,\text{V} \tag{4.3}$$

第5章 降低接地电阻的方法

众所周知,为保证设备的正常运行,保护人员的人身安全、消除静电聚集产生的危险及屏蔽干扰源等,均要求接地装置具有比较低的接地电阻,比如,对发电厂、变电站的接地装置,《规程》规定其接地电阻值不应小于2 000/$I\Omega$。但对于一些土壤电阻率高,占地面积小的接地装置,要设计一个在技术和经济上都合理且接地电阻值较低的接地装置,是非常困难的。本章将介绍在工程中常常采用的降低接地电阻的方法,这些方法主要有增大接地体的尺寸,增加接地体的埋深,引外接地,利用自然接地体,换土,深井接地和采用接地降阻剂等。在进行接地设计时,要因地制宜,根据接地装置周边附近的实际情况选用适当的方法。本章第一节将介绍前面几种简单而常用的方法,第二节将介绍深井接地,第三节将介绍接地降阻剂。

5.1 几种简单的降低接地电阻的方法

5.1.1 加大接地体尺寸

众所周知,接地装置的接地电阻主要由接地体的几何尺寸和土壤电阻率确定,要在大范围内靠降低土壤电阻率的方法来降低接地电阻,无论在技术上还是在经济上都是不合理的,所以增大接地体的尺寸是行之有效的方法。

根据静电场基本理论,可以直接推导出接地体接地电阻的计算公式,即

$$R = \frac{U}{I} = \frac{U}{\oint_S j_n \mathrm{d}S} = \frac{U}{\oint_S \frac{E_n}{\rho}\mathrm{d}S} = \frac{U}{\frac{1}{\varepsilon\rho}\oint_S D_n \mathrm{d}S} = \frac{E\rho V}{Q} = \frac{\varepsilon\rho}{C} \tag{5.1}$$

式中:ρ——土壤电阻率,$\Omega \cdot \mathrm{m}$;

ε——土壤介电系数;

C——接地体对无穷远处的电容。

从(5.1)式可以看出,接地电阻的大小与接地体对无穷远处的电容成反比,增大接地体的尺寸,可以增大接地体的电容,降低接地电阻。

从下面一些典型的接地体的接地电阻计算公式也很容易看出增大接地体的尺寸可以降低

接地电阻。

1. 单根垂直接地体

当 $L \gg d$ 时

$$R = \frac{\rho}{2\pi L}\left(\ln\frac{4L}{d} - 0.31\right) \tag{5.2}$$

式中：L——接地体的长度，m；

d——接地体直径，m，角钢 $d = 0.84b$（b 为角钢每边的宽度）；扁钢 $d = 0.5b$（b 为扁钢宽度）。

2. 水平接地体

$$R = \frac{\rho}{2\pi L}\left(\ln\frac{L^2}{dh} + A\right) \tag{5.3}$$

式中：L——接地体的总长度，m；

h——接地体的埋深，m；

A——形状系数。

3. 接地网

$$R = \frac{0.443\rho}{\sqrt{S}} + \frac{\rho}{L} \approx \frac{0.5\rho}{\sqrt{S}} \tag{5.4}$$

式中：L——接地体的总长度，包括水平与垂直接地体，m；

S——地网的面积，m^2。

由上述可知，无论是哪一种接地体，增大其尺寸，均可以减小其接地电阻。但是，仅用增大接地体尺寸来降低接地电阻，对一些简单接地体和输电线路杆塔接地装置效果较好，对于发电厂、变电站的接地网，虽然增大地网尺寸能够使接地电阻值减小，但在高土壤电阻率地区或者发电厂、变电站场地非常昂贵的地区，会增加变电站建设的不少投资，甚至受场地的限制根本无法实现，因此，在使用这种方法时，必须进行技术经济比较。

5.1.2　增加接地体的埋设深度

接地体的埋设深度对于水平接地体（包括地网）是指接地体到地表面的距离，而对于垂直接地体来说是指垂直接地上端到地表面的距离。从本质上讲，增加接地体的埋深，使接地体离地面的距离增加，从而增大了接地体在土壤中的散流面积，起到减小接地电阻的作用。对于发电厂、变电站接地网一般都是矩形或方形布置。在均匀土壤中，矩形和方形接地网接地电阻的计算公式有：

1. 施瓦茨提出的计算矩形水平接地网接地电阻公式为：

$$R = \frac{\rho}{\pi L}\left[\ln\frac{2L}{h'} + K_1\left(\frac{L}{\sqrt{S}}\right)K_2\right] \tag{5.5}$$

式中：L——接地网导体总长度，m；

h'——当接地网导体埋深为 h 时，$h' = d \times h$，当接地网导体埋深为零时，$h' = 0.5d$；

d——接地网导体直径，m；

S——接地网面积，m^2；

K_1, K_2——与接地网几何形状有关的常数。

2. 杰·纳曼和S·斯库利奇用计算机模拟得出的关于方形与矩形接地网接地电阻的经验公式：

$$R = \pm \rho\left[\frac{0.53}{\sqrt{S}} + \frac{1.75}{L\sqrt[3]{n}}\right]\left[1 - 0.8\left(\frac{100hd}{n\sqrt{S}}\right)0.25\right] \tag{5.6}$$

式中：S——接地网面积，m^2；

h——接地网埋深，m；

d——接地网导体直径或等值直径，m；

n——一个方向导体数；

l——接地网导体总长度，m。

由式(5.5)和式(5.6)可见，在接地网其他参数不变的情况下，增加地网的埋深 h，会使接地电阻值减小，但其降阻效果不明显，这在高土壤电阻率地区更是如此。因此在工程实际中一般都不采用这种方法。

5.1.3 用自然接地体

自然接地体包括建筑物钢筋混凝土基础的钢骨架、水电站进水口拦污栅、闸门、引水管等，对于这样一些自然接地体，由于它们本身具有较低的接地电阻，因此，在设计发电厂、变电站地网时，应充分地考虑利用这些自然接地体与主网相连，以达到降低地网接地电阻的目的，特别是在水电站，利用自然接地体，其降阻效果就更为明显，并且不需要增加多少投资。所以，充分地利用自然接地体来降低接地电阻，不仅在技术上容易实现，而且有较好的技术经济效益。

5.1.4 引外接地

引外接地是指在发电厂、变电站接地网区域以外的某一低土壤电阻率区域敷设的辅助接地网。对于某些发电厂、变电站，站址内的土壤电阻率很高，为了获得低的接地电阻，就要利用站外可能有的低电阻率区域，如水沟、水塘、淤泥塘等，在该区域敷设辅助接地极并与主网相连，以降低整个接地系统的接地电阻。

5.1.5 换土

如上所述，土壤电阻率的高低是直接影响接地电阻大小的关键，对于某些位于高土壤电阻率地区的发电厂、变电站的接地网，如果采用其他方法降阻困难，也可以采用换土的方法，所谓换土，实际上就是指用电阻率低的土壤来代替电阻率高的土壤，以获得较低的接地电阻，这种方法的使用，必须从技术经济上作全面的比较，以免造成经济上的浪费。

除上述降阻方法外，设置多重地网也可降低接地电阻。

5.2 深井接地

一般说来，在设计低土壤电阻率地区发电厂、变电站接地装置时，仅在站区敷设水平接地网，其接地电阻值比较容易满足规程要求。但在设计高土壤电阻率地区的发电厂、变电站接地网时，仅采用水平地网很难满足接地规程的要求。而在水平接地网四周增设垂直接地极是降低接地电阻的有效方法之一，特别是在扩大地网面积或引外接地有困难，或地中深层有低土壤电阻率区域时，往往在水平地网四周增设垂直接地极。特别在有地下含水层或含低电阻率物质的地方，入地电流可以经深井接地极通过水层或低电阻率物质流散，能有效地降低整个接地系统的接地电阻。同时土壤越深，土壤电阻率不受季节和气候条件的影响，使接地系统的性能更加稳定。深井接地除了降阻以外，还可以克服场地窄小而不便用常规的水平敷设接地极的缺点，这在城市和山区是一种行之有效的接地方法。以前对垂直接地极的布置方式、长度和间距的选择及使用垂直接地极的利用系数缺乏深入的研究，常常出现使用垂直接地极后技术经济效果不明显的情况。本节介绍作者关于深井接地的研究成果，供工程参考。

5.2.1 垂直极的布置位置

先分析单根垂直极在水平接地网上的位置不同时，接地网系统接地电阻的变化情况。水平地网面积为 $150 \times 150\text{m}^2$，均压导体平均间距取 10m，土壤电阻率为 $250\Omega \cdot \text{m}$，水平接地网埋深为 0.6m，水平均压导体等值半径取为 0.011m，垂直极的等值半径取为 0.025m，长度为 50m。水平地网布置图如图 5.1 所示，分别在地网图中标出的不同位置添加一根同样的垂直极。经计算，未加垂直极时，接地网的接地电阻为 0.742 6Ω。不同位置加入垂直接地极后的降阻效果如表 5.1。

表 5.1 垂直极布置位置不同的降阻效果

	位置①	位置②	位置③	位置④	位置⑤
接地电阻值 /Ω	0.734 3	0.732 4	0.723 2	0.733 3	0.728 9
降阻率 ζ	1.108%	1.369%	2.612%	1.244%	1.846%

垂直极对接地网的降阻效果可用降阻率 ζ 来表示，ζ 表示为：

$$\zeta = \left| \frac{R' - R_0}{R_0} \right| \times 100\% \tag{5.7}$$

其中：R_0——水平接地网的接地电阻；

R'——加入垂直极后的接地电阻。

从表 5.1 和图 5.1 可以看出，距离地网中心点从近到远的顺序为①→④→②→⑤→③，而降阻效果从低到高的顺序也为①→④→②→⑤→③。

计算分析表明，布置在接地网边缘的垂直极的散流电流是地网中心位置相同长度的两倍以上。因此，如果为了降低地网接地电阻而增加垂直极时，应将垂直接地极布置在水平接地网的边缘，使与水平地网间的屏蔽作用达到最小。如果地理条件允许的话，应尽可能远离水平地网布置垂直极，通过水平接地体与主地网相连，这样有利于散流，降低接地电阻，而且对接触电压的均匀、合理分布也有明显的改善作用。如果水平接地网内部存在电阻率比较高的土壤，也可在水平地网内部加入垂直极，虽然不能起到好的降阻作用，但可以用来改善局部电位分布。

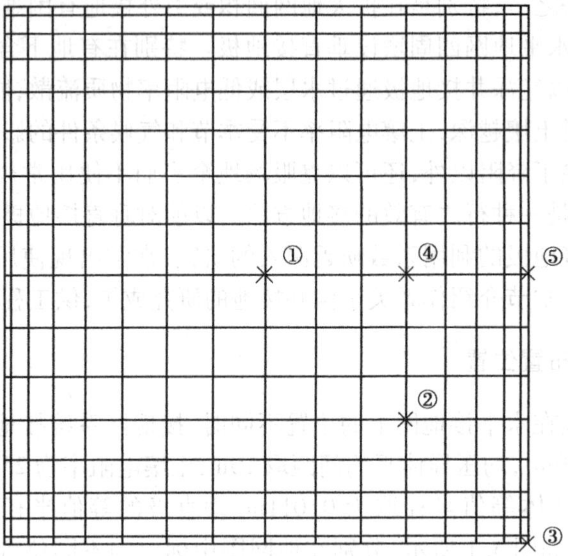

图 5.1　垂直极在地网上的布置图

5.2.2　垂直极的数量选择

在水平地网的边缘上加入垂直极，且在边缘上尽量等间距布置。水平地网面积取为 $160\times160m^2$，水平均压导体平均间距取 10m，土壤电阻率为 250Ω · m，水平接地网埋深为 0.6m，水平导体等值半径取 0.011m，垂直极的长度取为 50m，等值半径取为 0.025m，垂直极根数从 1 根到 28 根时三维接地网的接地电阻随垂直极数量的变化曲线如图 5.2 所示。

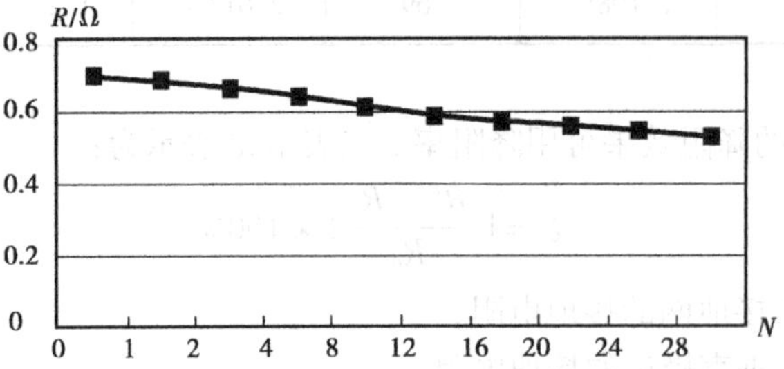

图 5.2　垂直极根数 N 变化对接地网电阻 R 的影响

由图 5.2 可看出，在水平地网保持不变的情况下，接地网的接地电阻 R 随垂直极根数 N 的增加而降低，当 N 达到一定数值时 R 值趋于饱和。这是因为垂直极间距减小后，相互之间的屏蔽作用增强，另外，垂直极对水平地网散流也有抑制作用。由于垂直极之间以及垂直极与水平接地网之间的屏蔽作用，总的接地电阻并不等于垂直极与水平地网的接地电阻的并联值，而是存在一个屏蔽系数，垂直极根数越多，屏蔽系数越大。

垂直极的数量选择还可用利用系数来作参考，利用系数定义为：

$$\eta = \frac{R_{\perp} /\!/ R_{-}}{R} \tag{5.8}$$

式中：$R_{\perp}$——所有垂直极的接地电阻的并联值；

R_{-}——水平地网的接地电阻；

R——整个接地网的接地电阻计算值。

单根垂直极的接地电阻值由电力行业标准 DL/T621-1997 推荐的公式求得：

$$R_v = \frac{\rho}{2\pi l}\left(\ln\frac{8l}{d} - 1\right) \tag{5.9}$$

式中：R_v——接地极的接地电阻，Ω；

ρ——土壤电阻率，Ω · m；

l——接地极的长度，m；

d——接地极等值直径，m。

今有一单根垂直极的接地电阻为 $R_v = 6.356\Omega$，加入垂直极后，垂直极的利用系数随根数的变化曲线如图 5.3 所示。

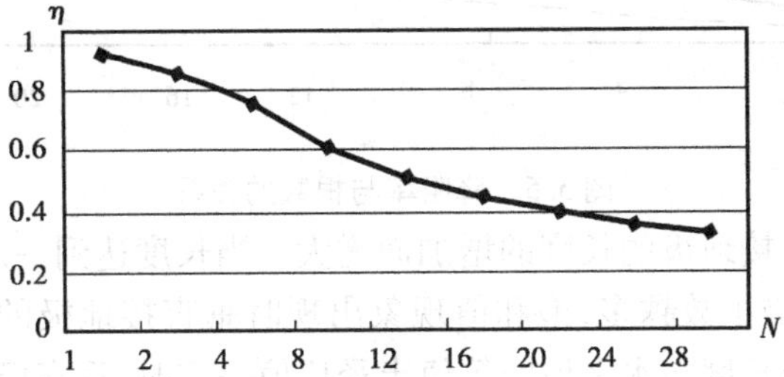

图 5.3　垂直极利用系数随根数的变化

从图 5.3 可以看出垂直极利用系数随根数的增加而降低，当增加到一定程度时，利用系数显著降低，说明垂直极之间的屏蔽作用已非常明显，再增加垂直极已没有多大意义，不能再有效地降低接地电阻，得不到好的技术经济效果。

为进一步研究垂直极数量的选择规律，在水平地网边缘添加不同数量和不同长度的垂直极进行计算，添加方法是尽量等间距的均匀分布在水平地网边缘，由计算结果得出如图 5.4 和图 5.5 所示曲线。

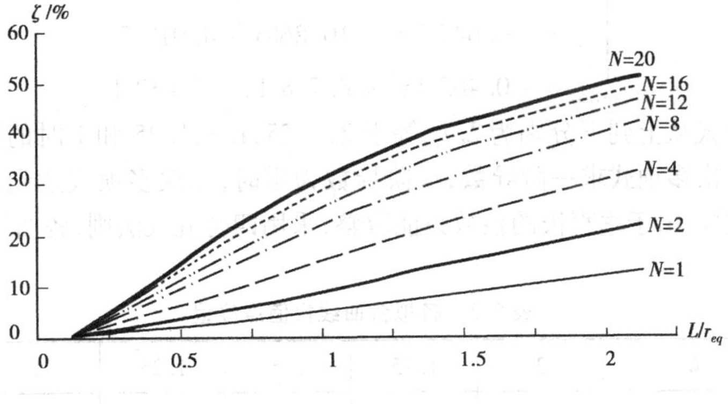

图 5.4　降阻率与垂直极长度的关系

图 5.4 与图 5.5 中，N 为垂直极的数量，L 为垂直极的长度，r_{eq} 为水平地网的等值半径，定义为：

$$r_{eq} = \sqrt{S/\pi} \tag{5.10}$$

式中：S——水平地网的面积。

分析图 5.4 中各条曲线可以看出，在已有水平地网的基础上添加垂直极，当垂直接地极根

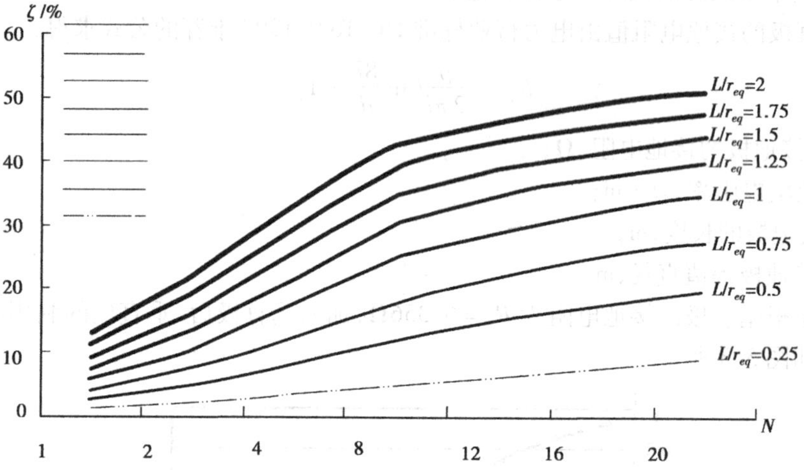

图 5.5 降阻率与根数的关系

数一定时，降阻率随垂直接地极的长度的增加而增大。当长度达到一定数值时，其增大趋势逐渐趋于饱和。垂直接地极根数越多，饱和值现象出现时垂直接地极的长度值越短。从图 5.5 可以看出，当垂直接地极长度与水平地网等值半径比值一定时，垂直极的降阻率随垂直极的根数的增加而增加，但随根数的增加，降阻率饱和趋势非常明显。从图 5.5 还可以看出，要想获得较高的降阻率，垂直极长度与水平地网的等值半径的比值应该在 L/r_{eq} 以上，此时降阻率可以提高到 30% 以上。

对图 5.5 中 L/r_{eq} 为 1 ~2 之间的 5 条曲线采用二次多项式拟合，拟合结果如下：

$$\begin{cases} y_1 = -1.0885x^2 + 15.238x - 2.3072 \\ y_2 = -0.9605x^2 + 14.033x - 3.2823 \\ y_3 = -0.8046x^2 + 12.489x - 3.9187 \\ y_4 = -0.6445x^2 + 10.868x - 4.0187 \\ y_5 = -0.4651x^2 + 8.7881x - 3.8371 \end{cases} \tag{5.11}$$

式(5.5)中各多项式从上到下分别为 L/r_{eq} 等于 2，1.75，1.5，1.25 和 1 时的拟合曲线多项式。对式(5.5)中各二次多项式求一阶导数，一阶导数为零时，二次多项式达到最大值，可得出此时的垂直极的根数。由于垂直极的根数只能取整，采用四舍五入法则，各曲线极大值点位置如表 5.2。

表 5.2 各拟合曲线极值点位置

L/r_{eq}	2	1.75	1.5	1.25	1
根　数	7	7	8	8	9

由图 5.5 和表 5.2 可以得出，要获得较高的降阻率，垂直极的长度与水平地网的等值半径的比值应该大于 1，而且在水平地网边缘添加垂直极的数量是随垂直极的长度增加而应该减少的，数量的选择具有饱和趋势，考虑到一般应在水平地网边缘均匀且尽量对称地添加垂直极，所以 8 根垂直极应该是垂直极数量选取的理想数量。此时，不仅能获得较高的降阻率，而

且不会造成浪费。

5.2.3　垂直极的长度选择

从图5.4、图5.5以及表5.2可以看出，垂直极的长度选择是和数量选择紧密联系的，长度较短时，添加的数量再多也得不到高的降阻率；较长时，可以获得较高的降阻率，但对垂直极的数量选择影响很大，必须考虑降阻率的饱和现象。

从技术经济角度考虑，增加垂直极时，除了要考虑降阻效果以外，还要考虑其增加的垂直极的单位长度的降阻效果。定义单位长度利用率来作为衡量指标：

$$\eta' = \frac{R_0 - R}{L} \tag{5.12}$$

单位长度利用率随 L/r_{eq} 及根数变化如图5.6所示：

从图5.6可以看出，垂直极并不是越长越好，垂直极较短时单位利用率较低，垂直极过长时单位利用率也较低。由于垂直极之间的屏蔽作用，垂直极的根数越多，单位长度的利用率最大时，垂直极的长度越短。

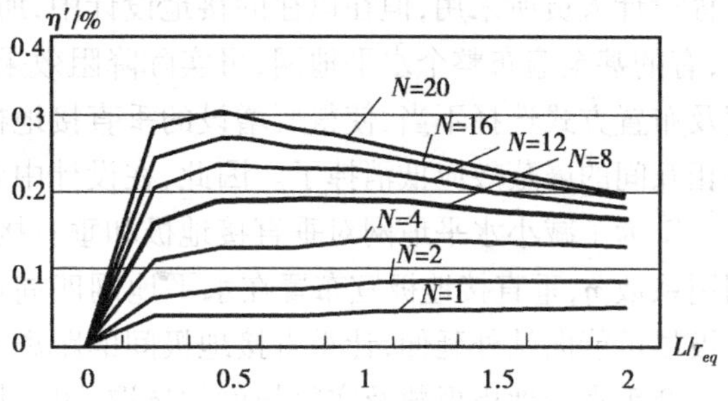

图5.6　单位长度利用率随 L/r_{eq} 的变化

当 $N=8$ 时，从图5.6可以看出，$L/r_{eq}=1$ 时单位长度利用率最大，所以，垂直极长度与水平地网的等值半径相当时，才能取得最高的单位利用率，从而取得好的技术经济效果，即边际利用率最大，边际成本最小。

在工程实际应用中，由于随深度的增加，单位长度钻井的费用增加，因此，布置垂直极时，应先考虑在水平地网的四周等间距布置一些与地网等值半径相当长度的垂直极；若降阻条件比较恶劣时，土壤分层比较明显，且下层土壤电阻率比较低或接近地下水源时，才考虑用深井接地技术。

5.2.4　地网面积的影响

以上讨论三维地网中垂直极对降低接地电阻的影响时，由于影响地网接地电阻的参变量较多，所以计算分析都在固定水平地网面积的情况下进行，以下对地网面积不同对结论的影响加以分析。

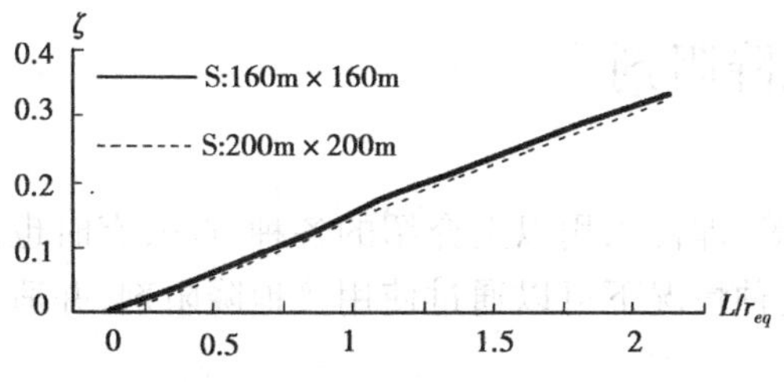

图5.7　地网面积与垂直极长度与降阻率的关系

以两个方形水平接地网为例，面积分别为 $160 \times 160\text{m}^2$，$200 \times 200\text{m}^2$，其他参数取值相同，即水平均压导体平均间距取10m，土壤电阻率为250Ω·m，水平接地网埋深为0.6m，水平导体等值半径取0.011m，垂直极等值半径取为0.025m。以添加4根垂直极为例，计算结果如图5.7所示。

从图5.7可以看出，两曲线基本重合，说明在垂直极的长度与水平地网等值半径的比值相同的情况下,地网面积的改变对垂直极的降阻率的影响极小。所以,在只有地网面积不同时,在水平地网的边缘均匀布置相同数量的垂直极,只要垂直极长度与水平地网等值半径的比值相同,就可以达到基本相同的降阻效果。因此,以上对垂直极的布置规律的分析所取得的结果,在不同水平地网面积下同样是实用的。

5.2.5 采用深井接地应注意的问题

在以上这些降阻措施中,增大地网面积和引外接地往往涉及到重新征地和难以维护等技术经济问题,不便于在工程中采用。换土又会增加巨大的工程量和资金的投入,特别是在高土壤电阻率地区有时换土就根本无法实现,因此实际工程中也很少采用。随着 GIS 技术的发展,发电厂、变电站采用 GIS 的情况越来越多,这就大大缩小了发电厂、变电站的占地面积,因此,其接地装置的接地电阻就越来越难以满足规程要求。这样,增设垂直接地极就被越来越多的工程设计人员所采用,但在以往的接地设计中,所增设的垂直接地极长度大多只有几米~十几米,有的甚至遍布整个水平地网,可实际降阻效果却不明显,其根本原因是由于垂直接地极长度及布置方式选择不当,使得所增设的垂直接地极的降阻作用基本上被水平地网或垂直接地极相互间的屏蔽效应抵消掉了。因此,在设计中应当注意以下问题:

①为了减小水平地网对垂直接地极和垂直接地极之间的屏蔽效应,以提高垂直接地极的利用系数 η,垂直接地极宜布置在水平地网四周边缘,有条件的发电厂、变电站最好将垂直接地极尽可能向站外延伸,让垂直接地极间的距离大于或等于垂直接地极的长度。

②垂直接地极根数及实际长度的选取,可根据水平接地网接地电阻的大小和实际的降阻要求以及地中土壤电阻率的变化情况来确定,其基本原则为:要获得明显的降阻效果,在地中无特殊的低电阻率层时,垂直接地极的长度一般不得小于水平地网的等值半径,垂直接地极的根数一般应在 4 以上,考虑到垂直接地极根数增加到一定程度时,降阻率逐渐趋于饱和以及根数的增加会造成较大的资金投入,因此垂直接地极根数(或深井个数)一般应控制在 8 以内。

③在高土壤电阻率地区,为了保证明显的降阻效果,埋设垂直接地极的深井中宜灌注长效接地降阻剂,并采用压力灌浆法进行;若发电厂、变电站处在岩石较多的地区,还可采用深井爆破的方式,将深井下半部的岩石炸裂,以便使接地降阻剂能沿着裂缝渗透,而进一步增大降阻效果。

④垂直接地极材料的选择,考虑到节省材料和灌注接地降阻剂的施工要求,最好选用 ϕ50mm,壁厚 3.5mm 的镀锌钢管,深井的孔径一般为 110~130mm。

⑤在采用深井接地降阻之前,先必须进行技术经济比较,否则可能造成巨大的浪费。

5.3 接地降阻剂

在高土壤电阻率地区,如沙漠、山区、岩石层等,即使采用以上介绍的各种方法,有时也很难将接地装置的接地电阻降到所要求的值。在这种情况下可以通过使用接地降阻剂,并适当配合上面的方法,便可达到降阻的目的。

在接地体周围的土壤中加入离子生成物,即化学降阻剂,以改善土壤的导电性能,从而降低接地装置的接地电阻。最早的方法是在接地体周围埋入木炭、食盐、硫铵等电解质或者用丙烯酰铵、硅酸盐、石墨和水的混合物作为接地降阻剂灌入土壤中以提高土壤的导电性能。但是这些降阻剂的有效成分大都是溶于水的,容易因雨水或地下水的冲刷而流失,因此,有效期较短,一般仅能维持两年左右,并且有些物质对接地体有腐蚀作用,会缩短接地装置的寿命。从20世纪60年代中期开始,日本研制并使用一些新型接地降阻剂,这类降阻剂主要是由电解质(如食盐、氯化铵、硫铵等)与水溶性常温硬化树脂(如尿醛树脂、酚醛树脂等)混合组成。将这种混合液注入电极周围的土壤中。经过一定时间,就形成具有导电性能的含水硬化树脂,提高土壤的导电性,并能经受雨水或地下水的冲刷,因此称为长效降阻剂。

我国为解决高土壤电阻率地区的降阻问题,也从20世纪50年代开始研究化学降阻剂,取得了一定的成效,目前已有很多厂家生产出了性能良好的化学长效降阻剂。

5.3.1　降阻剂的降阻原理

大家都知道,接地装置的接地电阻包括接地引线电阻,接地体自身电阻以及接地体与土壤之间的接触电阻和接地体散流电阻,后者完全由土壤特性决定。在高土壤电阻率地区,接触电阻和散流电阻都很高,如采用化学降阻剂,可以减小接触电阻和降低散流电阻,起到降低整个接地电阻的作用。如果将化学降阻剂看成是电阻率很低的物质,其降阻原理可以用半球形接地体为例加以说明,如图5.8。

如图5.8(a)所示,当 $x\to\infty$,假定土壤电阻率是均匀的,则不使用降阻剂半球形接地体的接地电阻为:

$$R = \frac{\rho}{2\pi r} \tag{5.13}$$

式中:ρ——土壤电阻率,$\Omega \cdot m$;

r——半球形电极的半径,m。

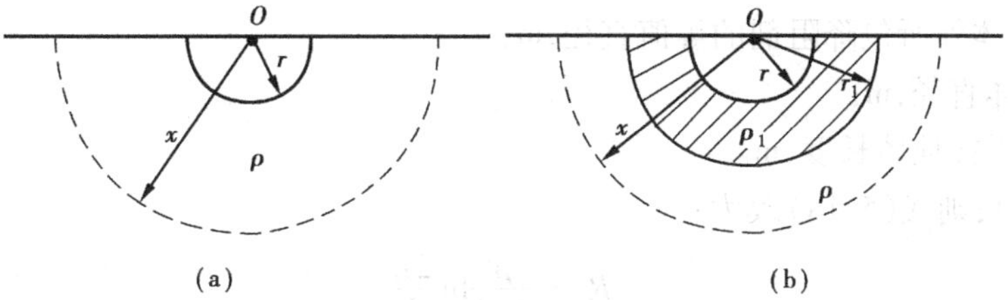

图5.8　使用降阻剂的半球接地体

使用降阻剂后,见图5.8(b),则半球形接地体的接地电阻为:

$$R_1 = \frac{\rho_1 r_1 + (\rho - \rho_1) r}{2\pi \cdot r \cdot r_1} \tag{5.14}$$

式中:ρ_1——降阻剂的电阻率,$\Omega \cdot m$;

r_1——降阻剂层到圆心的距离,m。

由于降阻剂的电阻率远小于土壤电阻率,即 $\rho_1 \ll \rho$,由式(5.13)和(5.14)相比可得:

$$R_1 = R\frac{r}{r_1} = \frac{\rho}{2\pi r_1} \tag{5.15}$$

由此可见,用降阻剂后,相当于增大了半球的半径,而使接地电阻降低。对于垂直接地体,如图5.9所示,采用降阻剂后,接地体的接地电阻为:

$$R = \frac{\rho_1}{2\pi L}\ln\frac{d_1}{d} + \frac{\rho}{2\pi L}\ln\frac{4L}{d_1} \tag{5.16}$$

式中：ρ——土壤电阻率，Ω·m；

ρ_1——降阻剂的电阻率，Ω·m；

L——垂直接地体长度，m；

d——垂直接地体直径，m；

d_1——降阻剂置换原土壤的直径，m。

由于 $d \ll L, d_1 \ll L, \rho_1 \ll \rho$，可将(5.16)式改为：

$$R = \frac{\rho}{2\pi L}\ln\frac{4L}{d_1} \tag{5.17}$$

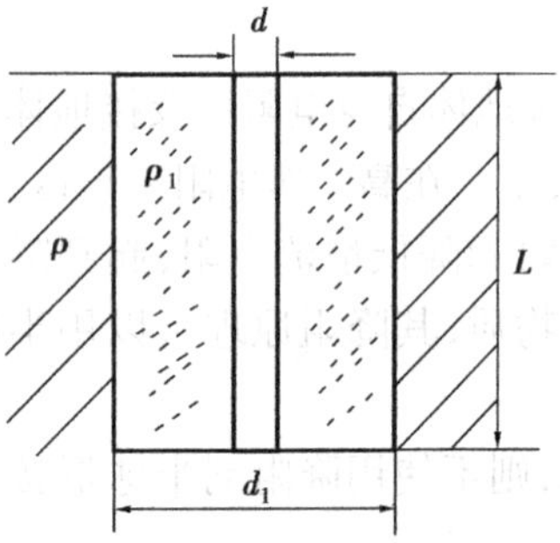

图 5.9　使用降阻剂的垂直接地体

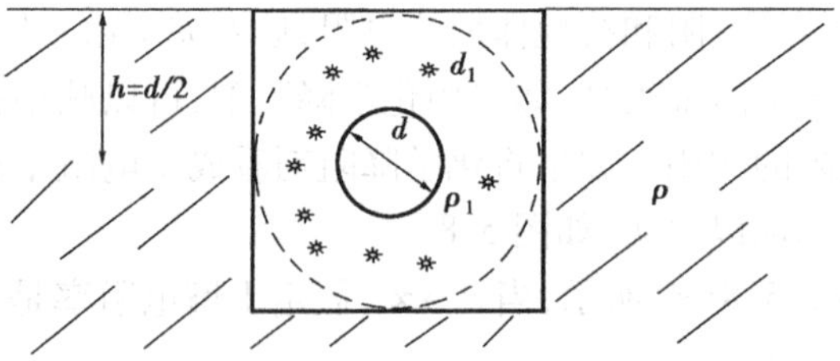

图 5.10　使用降阻剂的水平接地体

对于埋深为 h 的水平接地体，如图 5.10 所示，采用降阻剂后，接地电阻为：

$$R = \frac{\rho_1}{2\pi L}\ln\frac{L}{d} + \frac{\rho}{2\pi L}\ln\frac{2L}{d_1} \tag{5.18}$$

式中：d_1——导体外所包降阻剂的等值直径，m；

d——导体直径，m；

L——水平接地体长度，m。

当 $\rho_1 \ll \rho$ 时；则式(5.18)改为：

$$R = \frac{\rho}{2\pi L}\ln\frac{2L}{d_1} \tag{5.19}$$

由此可知，无论是水平接地体，还是垂直接地体，采用降阻剂后，都相当于增加了导体的直径，从而使接地电阻减小，起到了降阻作用。

5.3.2　降阻剂应当满足的要求

对于较理想的降阻剂，应当满足以下要求：

1. 降阻效果要好

降阻剂都是以一种主导剂（如高分子树脂、无机物、膨润土等）加交链剂（如尿素，亚甲基双丙酰铵等），填加剂（如聚乙烯醇、细粘土、水泥、生石灰等），电解质（如食盐、硫酸钠等），固化剂（如过硫酸铵、碳酸钠、三氯化铁等）和水配制而成。一般纯主导剂的电阻率较高，但加入电解质和水后就变成电阻率很低的降阻剂。由上面的推导和试验结果表明，降阻剂的电阻率愈低，其降阻效果愈好，因此应尽量选用电阻率低的降阻剂。

2. 使用寿命长

同发电厂、变电站一样，其接地装置都应具有使用年限，一般规定为25~30年。如果在高电阻率地区，接地体和降阻剂同时埋入地下，如果降阻剂短期失效，接地电阻将会回增。要更换新的降阻剂非常困难，而且有些设施（如高层大楼基础接地装置）根本无法重新施工。这不仅会因接地电阻回升达不到要求，酿成事故，影响设备和人身安全，而且还会带来巨大的经济损失，因此，希望降阻剂能长期保持降阻效果。

使降阻剂失效的原因大致有两种：一种是降阻剂与接地体同时埋在土壤中，要受到工频和雷电冲击电流的作用，受温度、湿度等环境条件的影响；另一种是降阻剂的有效成分因雨水的冲刷而流失，会引起化学或电化学变化而变质失效。

为了检验降阻剂是否因为工频和雷电冲击电流的作用而失效，可根据实际运行的情况和模拟试验来进行。下面就工频和雷电冲击电流模拟试验方法作一介绍。

（1）工频大电流试验

工频大电流试验是用工频大电流发生器产生试验所要求的大电流，注入到盛有降阻材料的模拟圆筒内，用伏-安法测试其电阻率在工频大电流前后的变化情况。以判定降阻剂在工频大电流作用下的稳定性，接地体模拟圆筒及试验接线如图5.11所示。

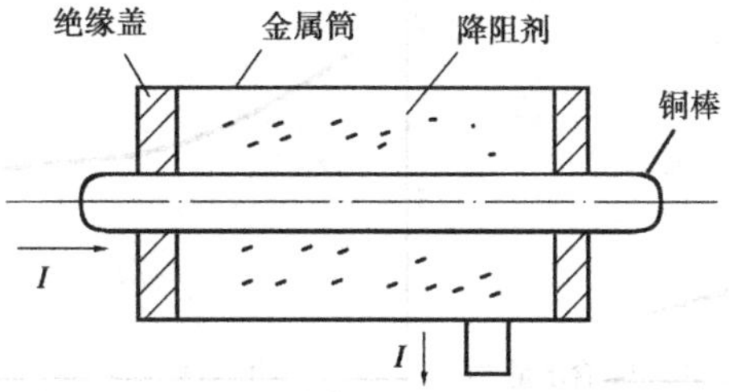

(a)

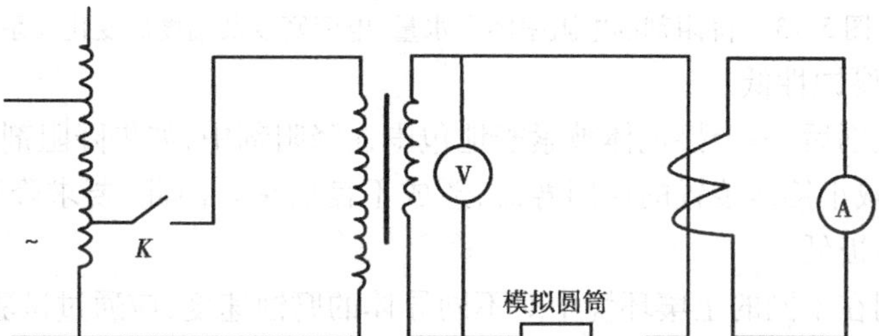

(b)

图5.11 降阻剂的工频大电流试验原理图
（a）接地体模拟圆筒 （b）工频大电流试验接线图

（2）冲击大电流试验

雷电冲击大电流试验是检验降阻剂在雷电流作用下的稳定性，基本方法就是在图5.11所示的试品中注入冲击电流。仍用伏-安法测量加冲击电流前及数次冲击电流后，降阻剂电阻率的变化情况，其试验接线图如5.12所示

为了考验降阻剂在工频大电流和冲击作用后是否还保持原有的降阻效果。要求降阻剂经过5次，持续时间为10s，有效值为100A/m的工频电流作用后，降阻剂的电阻率增加不超过

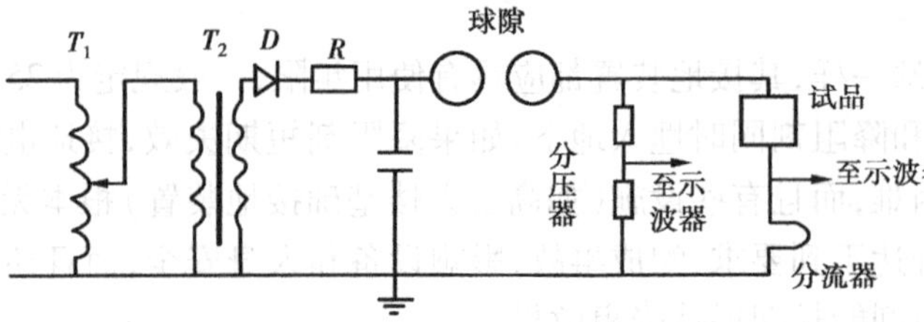

图 5.12　降阻剂的冲击大电流试验原理图

10%。每次作用之间撞隔时间为 30min。降阻剂经过 20 次，幅值为 10kA/m 的冲击大电流作用后，降阻剂的电阻率增加不超过 10%。

另外还有流水浸泡法、温度实验以及两者的结合来考验降阻剂的稳定性和长效性。

对于降阻剂的电阻率随含水量、电流密度及温度的变化情况，可根据实验来获得。如大地牌 GRR—A 型长效接地降阻剂的电阻率随含水量、电流密度及温度的变化情况如图 5.13 中的曲线所示。

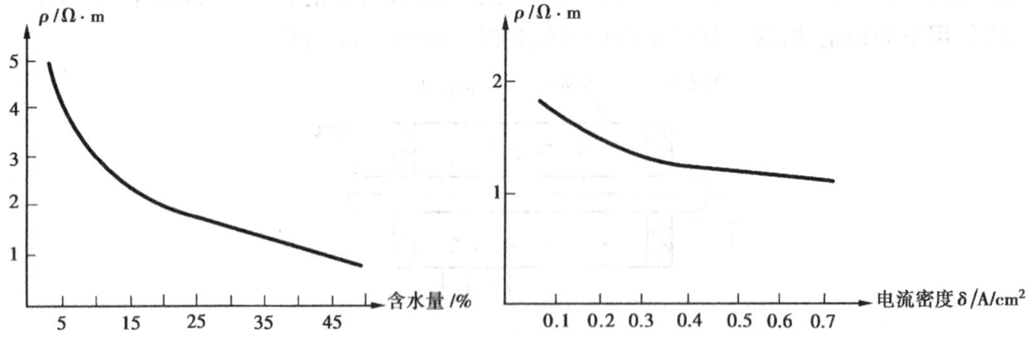

图 5.13　降阻剂的电阻率随含水量、电流密度及温度的变化关系

(3)对接地体腐蚀性低

采用化学降阻剂后，整个接地体被紧密地包围在降阻剂中，如果降阻剂对接地体有强烈的腐蚀作用，会大大减小接地装置的使用寿命，造成不良后果。因此，要求降阻剂对接地导体应无腐蚀或者腐蚀性极低。

不同的降阻剂在不同的土壤环境中对不同导体的腐蚀速度，应通过试验的方法确定，腐蚀速度的测试可采用自然失重法或电化学方法来进行。下面主要介绍自然失重法。

自然失重法，即是将不同的金属材料构件用稀盐酸洗净、烘干，测算出它的表面积 S，用分析天平称其重量 W_1，然后用降阻剂包好金属构件，直接埋入土坑中，并回填夯实。过 N 天后，再将试品(即金属构件)挖出，经过洗净，用稀盐酸去掉被腐蚀的部分、烘干，称出其重量 W_2，按下式计算出降阻剂对金属构件的腐蚀速度 v，即

$$v = \frac{\Delta W}{S} \cdot \frac{365}{N} \tag{5.20}$$

式中：v——金属构件腐蚀速度，$g/cm^2 \cdot a$；

ΔW——试件在 N 天内失去的重量，g，$\Delta W = W_1 - W_2$；

N——试品被埋的天数；

S——试品的表面积，cm^2。

自然失重法的主要优点是比较真实地反映了降阻剂对接地体的腐蚀情况。缺点是试验周期长，为了获得比较准确的腐蚀速度，往往需要数月的时间。

(4)无毒、对环境无污染

降阻剂中如果含有有毒的化学成分，对生产和施工中操作人员的健康均有危害。埋入土壤中，若经雨水或地下水的冲刷流散，对人、畜、鱼类及农作物均有危害，造成环境污染，这就有可能产生因小失大，得不偿失的恶果。日本在20世纪80年代生产的某些高分子树脂类降阻剂的某些成分具有毒性，已禁止使用。选用降阻剂时应特别注意，不应选取这样的降阻剂。目前国内研制开发了许多无毒无环境污染的降阻剂。

(5)价格低廉，来源广泛

对某一具体的接地工程采用化学降阻剂时，要进行技术、经济比较。

(6)施工操作简便

降阻剂的现场配制工序应尽量简单，以便现场使用方便。但有的降阻剂如尿醛降阻剂在配制时，需要对某些试剂加热溶解，这就给现场使用带来不便。

5.3.3　降阻剂的施工方法及用量计算

关于降阻剂的配制方法，可以参考产品使用说明书，当降阻剂配制好后，怎样灌入土壤中，对不同形式的接地体，其施工方法有所不同，大致可分为三种情况。

1. 垂直接地体的施工方法

垂直接地体使用降阻剂有两种施工方法。一是简单打入法。这种方法是先用铁锹挖成深为75cm左右的钵形洞，将1～3根接地棒打入洞底，然后将配制好的降阻剂浆液顺接地棒倒入洞中，等降阻剂固化后回填泥土并夯实。另一种方法是钻孔法，多见于深井接地，这种方法是用钻机钻成直径为10cm以上的圆孔，深度按设计要求，然后连接好接地棒，向下放到孔底，再将配制好的降阻剂浆液灌入孔内，直到灌满为止，等降阻剂浆液固化后回填泥土并夯实。夯实的目的是为了消除导体与降阻剂及降阻剂与土壤之间接触不好的情况。如果接地棒较长，可用直径较大的钢管做垂直接地体，在钢管下部的管壁上钻些小孔，用压力灌浆法，将降阻剂浆液灌入孔中。

2. 水平接地体或接地网的施工方法

水平接地体或接地网使用降阻剂时，根据设计好的接地装置布置图，按事先选择好的开沟形式挖好地沟，然后将接地导体布置好，注意用降阻剂固化物将导体支撑起来，再把配制好的降阻剂浆液倒入沟中，以保证降阻剂将整个导体都包住，待固化后回填土夯实即可。

3. 混合接地体的施工方法

对于既有水平接地体，又有垂直接地体的接地装置，应先按设计要求用垂直接地体的施工方法敷设好垂直接地体，然后再按水平接地体的施工方法敷设好水平接地体，最后将二者焊接起来，其焊接点应用抗腐蚀的降阻剂包起来。

一般来说，对土壤进行化学处理的效果，基本取决于置换土壤的降阻剂的孔径或沟道的宽度深度，这些几何尺寸愈大，接地电阻降低率愈高，但是如果这些几何尺寸取得太大，耗费的降阻剂过多，造成不必要的浪费。因此，应该确定降阻剂在不同土壤电阻率情况下垂直或水平接地体每米用多少公斤降阻剂比较合适。一个用降阻剂的接地装置，需要用多少降阻剂，可以根据孔或坑的几何尺寸进行精确的计算。

第 6 章
接地参数测试

在电力工程中，选定了变电所或发电厂的厂址后，为了正确合理的设计接地装置，需要知道发电厂、变电所所在地的土壤电阻率，土壤电阻率只有通过现场测试获得。根据测定的土壤电阻率设计地网，在施工完成投入运行之前，要测量接地电阻、接触电压和跨步电压是否在规定范围内，或者在设计值范围内，在满足要求后才能投入运行。地网运行一段时间后，还要测试它是否满足安全要求。因此，接地参数的测试是变电所、发电厂地网设计、运行必不可少的工作。下面分别介绍土壤电阻率、接地电阻、土壤表面电位分布的测试原理和方法。

6.1 土壤电阻率测试

6.1.1 测量原理

现场测量电阻率的方法是以稳定电流场理论为基础的。前面已讲到物质的电阻率是指单位立方体该物质两相对面之间的电阻。由于土壤结构的复杂性以及含水量不同等原因，土壤电阻率可以在很大范围内变化，不可能用取样的方法获得大地电阻率。通常采用的方法有三电极法和四电极法。四电极法比三电极法更准确些，现在一般采用四电极法，四电极法又叫 Winner 法。下面介绍由四电极法确定电阻率的基本原理。

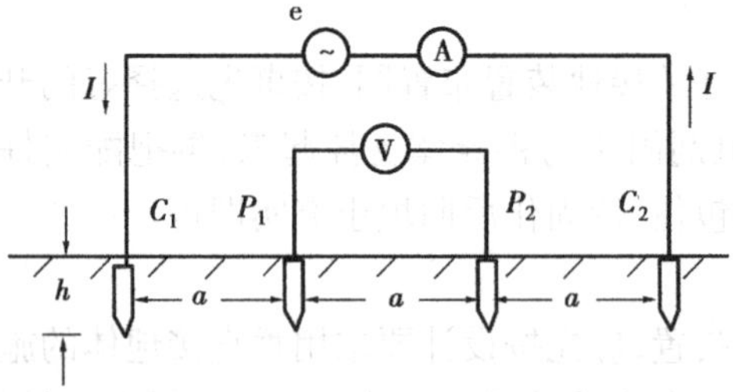

图 6.1 Winner 四电极法原理图

如图 6.1 所示，将 C_1、C_2、P_1、P_2 四根电极在一条直线上按等间距 a 打入地下，为了使打入的电极不影响地中电流分布，电极打入地下的深度 h 应满足 $h \leqslant a/20$。

外侧两电极 C_1、C_2 为电流极，与交流或直流电源 e 串联，用电流表 A 测量入地电流，内侧两电极 P_1、P_2 为电压极，与电压表 V 相连，由于 C_1 和 C_2 流入和流出的电流均为 I，根据前面讲的点源电极附近电位的计算方式，可计算出 P_1 和 P_2 点的电位为：

$$U(P_1) = \frac{I\rho}{2\pi}\left(\frac{1}{a} - \frac{1}{2a}\right) \tag{6.1}$$

$$U(P_2) = \frac{I\rho}{2\pi}\left(\frac{1}{2a} - \frac{1}{a}\right) \tag{6.2}$$

则 P_1 和 P_2 两极之间的电位差，即电压表的读数为：

$$U_{P_1P_2} = U(P_1) - U(P_2) = \frac{I\rho}{2\pi a} \tag{6.3}$$

则土壤的电阻率为：

$$\rho_a = 2\pi a \frac{V}{I} \tag{6.4}$$

6.1.2　土壤电阻率实测数据的简易处理方法

根据美国土壤有限公司出版的《地电阻率手册》中提供的资料表明，ρ_a 代表离地面深度为 a 的土壤层的视电阻率，它表征着该层土壤的综合散流特性。根据这道理，如果是均匀的各向同性的土壤，则 a 无论取多大，测得的 ρ_a 就是该站区实际土壤的电阻率。但在实际工程中，站区土壤一般都是非均匀各向异性的，在这种情况下，按照接地规程中测量接地网接地电阻的理论和方法，a 选取 4 ~5 倍接地网最大对角线长度，测量的结果与实际比较接近，但是，a 取得太大，会给测量工作带来一定的困难。因此，一般采取短间距 a 值测量，大量现场测量 a 的取值是从几米到几十米，由此可以得到一系列的 ρ_a 值。理论上可以直接用测得的视电阻率来计算接地电阻和地表电位，且准确度较高，但计算比较复杂，需要的计算机存贮容量大，计算时间长。从工程角度来看也不必那样准确。但是在设计计算时，又只能用一个等值电阻率进行计算，这就涉及到将若干 ρ_a 值等值为设计计算用的等值电阻率的处理问题。目前，这种等值处理的方法较多，如去掉所有测量数据中的最高和最低值后取算术平均值；Tagg 和 Gross 等人在大量理论分析与试验研究的基础上，提出将复杂结构的地下土壤用两层模型来描述的理论，及根据电流场理论推出视电阻率与上、下层土壤电阻率、上层土壤厚度，测量间距的关系公式，然后根据关系式在双对数坐标纸上作出量板图。在实际工程中，将测量的视电阻率曲线与量板曲线比较分析可得上、下层土壤电阻率及上层厚度等，再经分析计算得到计算用等值电阻率等等。由于站区占地面积大，测点数很多，在每一测点又有若干测量间距，无论选何点、何间距的实测值作为计算依据都不合适，而且比较繁杂。根据理论分析，参考国外的经验，在工程中可以用下面简单的方法进行处理。

1. 纵深分层土壤

为了研究纵深分层土壤的土壤等值电阻率问题，先对双层土壤进行分析，然后再考虑三层或多层土壤的情况。

如图 6.2 所示，把管形垂直电极视为一个瘦长形的旋转椭圆面，以其中心 O 为原点，采用正交椭圆双曲坐标，空间点的坐标为 (u,v,θ)，u 为椭圆坐标，v 为双曲坐标，θ 为该点与 YOZ 面的夹角。则管形接地电极的电场的拉普拉斯方程式如下：

$$\frac{\partial}{\partial u}\left(\frac{u^2 - r_0^2}{r_0}\frac{\partial V}{\partial u}\right) + \frac{\partial}{\partial v}\left(\frac{r_0^2 - v^2}{r_0^2}\frac{\partial V}{\partial v}\right) + \frac{\partial}{\partial \theta}\left[\frac{r_0(u^2 - v^2)}{(u^2 - v^2)(r_0^2 - v^2)}\frac{\partial V}{\partial \theta}\right] = 0 \tag{6.5}$$

式中：r_0 为椭圆与双曲线共交点至原点的距离。

考虑到地中各点电位对旋转长椭圆电极的中心轴（即长轴 Z）为对称，各椭圆面为等位面，故 V 同 θ 和 v 无关，上式可简化为：

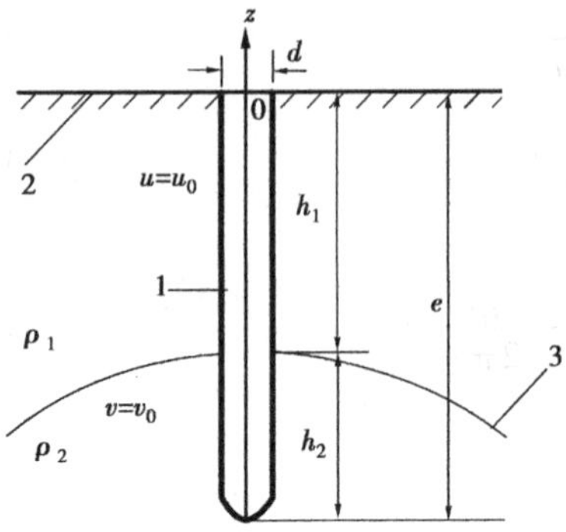

图 6.2　双层土壤中的管形电极
1—管形电极;2—地表面;3—双层土壤界面

$$\frac{\mathrm{d}}{\mathrm{d}u}\left(\frac{u^2-r_0^2}{r_0}\frac{\mathrm{d}V}{\mathrm{d}u}\right)=0 \tag{6.6}$$

这里,假定两层土壤的分界面正好与某一旋转双曲面吻合,如图 6.2 所示。

解(6.6)式所示的方程,考虑到 $l \gg d$,同时近似认为 $r_0=l$,可得电极表面电位:

$$V_0 = \frac{Q}{4\pi\varepsilon l}\ln\frac{4l}{d} \tag{6.7}$$

式中:Q 为 $2l$ 长的椭圆电极上的总电荷。

当假定 $r_0=l$ 时,实质上是忽略管端电荷的不均匀分布状态,认为电荷在电极表面是均匀分布的,于是可求得上层土壤中接地极段表面的总电荷为:

$$Q_1 = \frac{Q}{2l}h_1 \tag{6.8}$$

于是上层土壤中接地电极段表面电容为:

$$C_1 = \frac{Q_1}{V_0} = \frac{Q}{V_0}\frac{h_1}{2l} \tag{6.9}$$

将式(6.7)代入式(6.9)得:

$$C_1 = \frac{2\pi\varepsilon h_1}{\ln\frac{4l}{d}} \tag{6.10}$$

由 $R_1=\frac{\rho_1\varepsilon}{C_1}$即可求得上层土壤中电极段的接地电阻值为:

$$R_1 = \frac{\rho_1}{2\pi h_1}\ln\frac{4l}{d} \tag{6.11}$$

同样可以求得下层土壤中电极段的接地电阻为:

$$R_2 = \frac{\rho_2}{2\pi h_2}\ln\frac{4l}{d} \tag{6.12}$$

总的接地电阻为 R_1 与 R_2 的并联值,即:

$$R = \frac{R_1R_2}{R_1+R_2} = \frac{1}{2\pi l}\frac{l\rho_1\rho_2}{h_1\rho_2+h_2\rho_1}\ln\frac{4l}{d} \tag{6.13}$$

把它和单层均匀土壤中垂直管电极的接地电阻计算公式 $R=\frac{\rho}{2\pi l}\ln\frac{4l}{d}$相比较,可得等值土壤电阻率:

$$\rho_e = \frac{l\rho_1\rho_2}{h_1\rho_2+h_2\rho_1} = \frac{\rho_1\rho_2}{\frac{h_1}{l}\rho_2+\frac{h_2}{l}\rho_1} = \frac{l}{\frac{h_1}{\rho_1}+\frac{h_2}{\rho_2}} \tag{6.14}$$

这样就把双层不均匀土壤等效为单层均匀土壤而便于工程设计计算。对于 3 层不均匀土壤,可先将第 1 层和第 2 层土壤等值成一层土壤后,再与第 3 层土壤同样按式(6.14)2 层土壤等值电阻率公式计算出等值电阻率:

$$\rho_{e_3} = \frac{(h_1 + h_2) + h_3}{\frac{(h_1 + h_2)}{\rho_e^2} + \frac{h_3}{\rho_3}} = \frac{h_1 + h_2 + h_3}{\frac{h_1}{\rho_1} + \frac{h_2}{\rho_2} + \frac{h_3}{\rho_3}} \tag{6.15}$$

依此类推,可得 n 层土壤电阻率的等值电阻率为

$$\rho_{e_n} = \frac{\sum_{i=1}^{n} h_i}{\sum_{i=1}^{n} \frac{h_i}{\rho_i}} \tag{6.16}$$

2. 水平分块土壤

在工程中常会遇到土壤在水平方向分块的地质状况,如图6.3所示,水平接地网可能跨越在不同的分块上。为研究土壤分块时,土壤等值电阻率的处理,以下以水平接地网跨越两个分块的情况为例,求分块时土壤等值电阻率的处理。

设水平接地网面积为 $A = A_1 + A_2$,A_1 部分的土壤电阻率为 ρ_1,A_2 部分的土壤电阻率为 ρ_2,两部分各自的接地电阻分别为 R_1、R_2,则有:

$$R_1 = \frac{0.5\rho_1}{\sqrt{A_1}} \tag{6.17}$$

$$R_2 = \frac{0.5\rho_2}{\sqrt{A_2}} \tag{6.18}$$

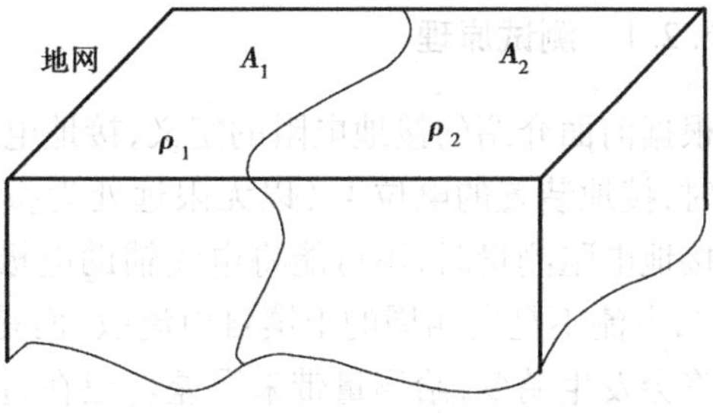

图6.3　水平方向分块不均匀土壤中接地网示意图

则总的地网接地电阻应为 R_1、R_2 的并联值:

$$R = R_1 /\!/ R_2 = \frac{0.5\rho_1\rho_2}{\rho_1\sqrt{A_2} + \rho_2\sqrt{A_1}} \tag{6.19}$$

若这块土壤是均匀的,其等值土壤电阻率为 ρ_e,则有

$$R = \frac{0.5\rho_e}{\sqrt{A}} \tag{6.20}$$

将式(6.19)代入,即可求得土壤分块时的等值土壤电阻率:

$$\rho_e = \frac{\rho_1\rho_2\sqrt{A}}{\rho_1\sqrt{A_2} + \rho_2\sqrt{A_1}} = \frac{\sqrt{A_1 + A_2}}{\frac{\sqrt{A_1}}{\rho_1} + \frac{\sqrt{A_2}}{\rho_2}} \tag{6.21}$$

若土壤分为3块,先将其中两块等值后再与第3块同样按式(6.21)作等值计算,可得土壤分为3块时的土壤等值电阻率为:

$$\rho_{e_3} = \frac{\sqrt{(A_1 + A_2) + A_3}}{\frac{\sqrt{(A_1 + A_2)}}{\rho_e^2} + \frac{\sqrt{A_3}}{\rho_3}} = \frac{\sqrt{A_1 + A_2 + A_3}}{\frac{\sqrt{A_1}}{\rho_1} + \frac{\sqrt{A_2}}{\rho_2} + \frac{\sqrt{A_3}}{\rho_3}} \tag{6.22}$$

依此类推,可得当土壤分为 n 块时的土壤等值电阻率为:

$$\rho_{e_n} = \frac{\sqrt{\sum_{i=1}^{n} A_i}}{\sum_{i=1}^{n} \frac{\sqrt{A_i}}{\rho_i}} \tag{6.23}$$

在对实测数据进行处理时,先将其所测区域分为若干块,分块时尽量把相邻的且电阻率实测值相近的点分为一块,然后将每块内各测点的相同间距的视电阻率平均,得到该块各间距下测得的视电阻率,然后按式(6.16)计算出该块土壤的等值电阻率,最后按(6.23)式计算整个所测区域土壤的等值电阻率。

6.2 接地电阻测试

6.2.1 测试原理

根据前面介绍的接地电阻的定义,接地电阻是接地短路电流经接地装置向无穷远处自由流散时,接地装置的电位 V_0(以无限远处为参考点)与经接地装置流入地中的电流 I 的比值。但在接地电阻测量时,不可能将电流辅助电极 C 和电压辅助电极 P 放在无穷远处。而且,如图6.4,电流不是向四周的土壤自由流散,而是受辅助电流极 C 位置的影响,这时地下电场的分布将会发生畸变,给测量带来误差。但在进行接地电阻测量时,无论辅助电流极 C 放在何处,都应测到接地装置的实际接地电阻值。下面从理论上分析把电压极布置在什么样的位置上才能消除测量误差,从而得到真实的接地电阻值。

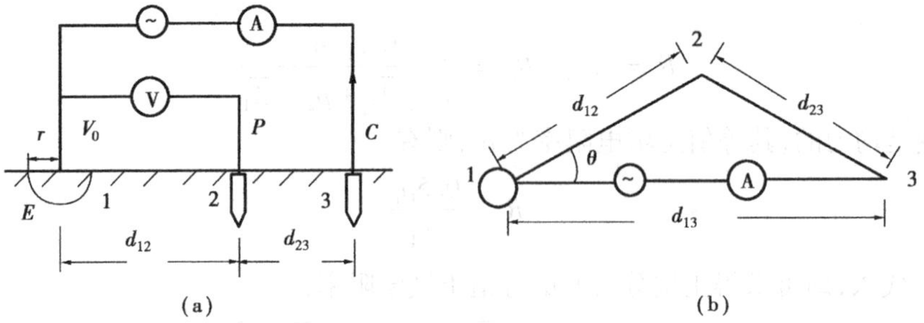

图6.4 接地电阻测试原理图

(a)剖面图 (b)平面图

假定短路电流 I 从接地体 E 流入,从辅助电流极 C 流出,则接地体 E 的电位应是 E 本身电流 I 和辅助电流极 C 的电流 $-I$ 所形成的电位叠加。点1上的电位为:

$$U_1 = \frac{\rho I}{2\pi r} - \frac{\rho I}{2\pi d_{13}} = \frac{\rho I}{2\pi}\left(\frac{1}{r} - \frac{1}{d_{13}}\right) \tag{6.24}$$

同理点2的电位为:

$$U_2 = \frac{\rho I}{2\pi d_{12}} - \frac{\rho I}{2\pi d_{23}} = \frac{\rho I}{2\pi}\left(\frac{1}{d_{12}} - \frac{1}{d_{23}}\right) \tag{6.25}$$

则1、2两点之间的电位差 $U_{12} = U_1 - U_2$,即

$$U_{12}=\frac{\rho I}{2\pi}(\frac{1}{r}-\frac{1}{d_{12}}-\frac{1}{d_{13}}+\frac{1}{d_{23}}) \quad (6.26)$$

故用此法所测到的接地体上的接地电阻值为：

$$R'=\frac{U_{12}}{I}=\frac{\rho}{2\pi}(\frac{1}{r}-\frac{1}{d_{12}}-\frac{1}{d_{13}}+\frac{1}{d_{23}}) \quad (6.27)$$

而当土壤电阻率 ρ 均匀时，半球接地体的实际接地电阻为：

$$R=\frac{\rho}{2\pi r} \quad (6.28)$$

因此，测量误差为：

$$\Delta R=R'-R=\frac{\rho}{2\pi}(\frac{1}{d_{23}}-\frac{1}{d_{13}}-\frac{1}{d_{12}}) \quad (6.29)$$

此处
$$d_{23}=\sqrt{d_{12}^2+d_{13}^2-2d_{12}d_{13}\cos\theta} \quad (6.30)$$

故
$$\Delta R=\frac{\rho}{2\pi}(\frac{1}{\sqrt{d_{12}^2+d_{13}^2-2d_{12}d_{13}\cos\theta}}-\frac{1}{d_{12}}-\frac{1}{d_{13}}) \quad (6.31)$$

要使测量结果符合实际值，即测量误差必须为0，即 $\Delta R=0$。要使 $\Delta R=0$，有两种可能，一种情况是 d_{12}、d_{13}、d_{23} 都足够大，则它们的倒数为零，但这种方法测量引线太长，实测不方便，一般不采取。

另一种情况，令 $\Delta R=0$，即有：

$$\frac{1}{\sqrt{d_{12}^2+d_{13}^2-2d_{12}d_{13}}}-\frac{1}{d_{12}}-\frac{1}{d_{13}}=0 \quad (6.32)$$

1）当辅助电压极 P 位于接地体 E 与辅助电流极 C 的直线上时，即有 $\theta=0$，$\cos\theta=1$，则有：

$$\frac{1}{d_{13}-d_{12}}-\frac{1}{d_{12}}-\frac{1}{d_{13}}=0 \quad (6.33)$$

令 $d_{12}=ad_{13}$，则上式变为：

$$\frac{1}{d_{13}-ad_{13}}-\frac{1}{d_{13}}-\frac{1}{ad_{13}}=0 \quad (6.34)$$

即
$$\frac{1}{1-a}-\frac{1}{a}-1=0 \quad (6.35)$$

整理得：
$$a^2+a-1=0 \quad (6.36)$$

解之得
$$a=\frac{-1\pm\sqrt{5}}{h}=0.618(取正值) \quad (6.37)$$

即是：
$$d_{12}=0.618d_{13} \quad (6.38)$$

如图6.5所示，图中 $D=2r$，r 为接地体的等值半径。从图中可以得出 d_{13} 从 $1.5D$ 到 $20D$ 变化的曲线族中，d_{12}/d_{13} 愈小，曲线愈陡。但各曲线确实都在 $d_{12}/d_{13}=0.618$ 处相交。这就说明，在直线布置电压和电流极时，电压极 P 离接地体 E 的距离 d_{12} 为电流极 C 离接地体 E 的距离 d_{13} 的61.8%时，可以测到接地体 E 实际的接地电阻。

2）当电压和电流极为三角形布置时，若取 $d_{12}=d_{13}$，如图6.6所示，则将 $d_{12}=d_{13}$ 代入(6.32)式得：

$$\frac{1}{\sqrt{d_{12}^2+d_{12}^2-2d_{12}^2\cos\theta}}-\frac{1}{d_{12}}-\frac{1}{d_{12}}=0 \quad (6.39)$$

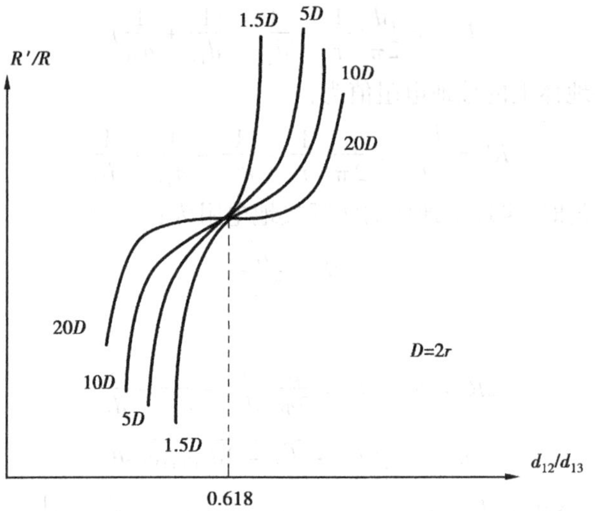

图 6.5　d_{13} 不同时，R'/R 与 d_{12}/d_{13} 理论关系曲线

$$2\sqrt{2(1-\cos\theta)}=1 \tag{6.40}$$

解之得：　　　$\cos\theta=7/8$，即 $\theta=28.9°\approx29°$

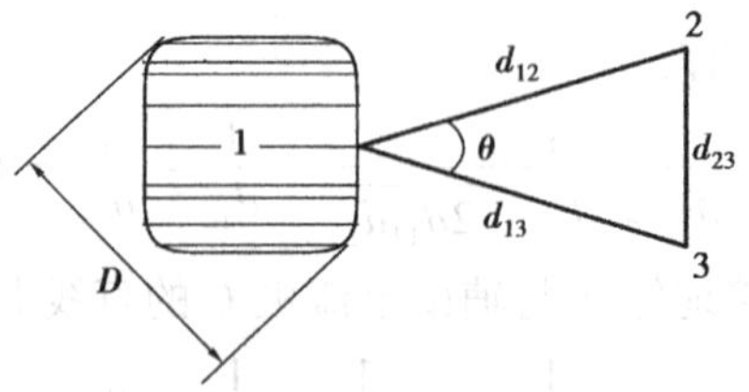

图 6.6　三角形布置

即当电压极 P 与电流极 C 离接地体的距离相等（$d_{12}=d_{13}$），且夹角为 29°时，可以测到接地体实际的接地电阻值。

从直观上看，在直线布置时，辅助电压极 P 似乎应放在 d_{13} 的 50% 处，因 50% 为零位点，但为什么要放在 0.618 的位置才能测到正确的接地体的接地电阻值呢？这就是因为实际的零位点在无穷远处，现在把它们移近了，必然会带来误差，使测得的结果偏小。为了补偿因零位点靠近接地体而引起的误差，需要将辅助电压极 P 从 50% 的零位点处移到 61.8% d_{13} 处，增加一些电压值修正测量结果，因此这种方法就称之为补偿法，或 0.618 法。

当采用等腰三角形法测量时，虽然零位不是在 60°的零位点上，同样为了补偿因零位靠近接地体而引起的误差，需将辅助电压极 P 从 60°的零位处移到 $\theta\approx29°$ 的非零位处。增加一些电压值修正测量结果，因此，这种测量方法亦为补偿法。

为了区别起见，前者称为直线补偿法，后者称为夹角补偿法，它们是目前规程所推荐的接地电阻测量方法。

大家应当注意，上述理论分析是在当接地体 E 的半径 r 为无限小，即点源电极的条件下才成立。但实际的接地网 r 比较大，因此必然会带来较大的误差。根据试验和理论分析，我国推荐采用 0.64 法或 25°法。

6.3　影响接地参数测试的因素和限制措施

6.3.1　影响因素

1. 地电阻率ρ不均匀时

前面的理论分析是在ρ均匀情况下进行的，若土壤电阻率ρ不均匀时，将给接地电阻的测量带来误差。在土壤具有一个或两个剖面结构时，采用0.618法的测量误差随剖面两侧电阻率变化而变化，变化越大测量误差越大。特别在被测接地网和电压极之间，或电压与电流极之间，如果存在一条有高电阻率地层（如冲沟，干涸河床等），采用0.618法误差极大，测量时应当注意。

2. 大地集肤效应的影响

交流电流通过接地网向大地流散时，由于地的电阻率相当大，在接地网附近因感应电势而引起的电压降远小于电阻电压降，因而对接地网附近直流和交流的作用可以认为近似相同。但是当使用导线—大地回路来测量接地电阻时，由于交流电流在接地网和电流极间的广大区域内流动，就要在这区域内产生相当强的磁场，具有趋肤效应，使电流通过区域截面变小，电阻增大。

3. 极化效应的影响

当直流或交流在地网和辅助电流极C之间流动时，由于激发极化效应，在断开电源后，地面上两点间的电位并不立即降到零，而从某一数值开始近似于指数衰减，一般要经过几秒或几分钟后才降到零，如果采用注入大电流的电压电流法测量接地电阻后，如果立即又用摇表去测量，有可能会产生异常现象。

4. 地中的自然电场和人工电场

自然电场有：化学电场、扩散电场、大地电流场及雷暴电场等，使大地带有一定电位。如果这电位与接地体电位之比较大就要考虑误差。

地中人工电场有：变压器中性点的零序电流、中性点不接地系统中的不平衡电电流、直流装置的泄漏电流等产生的人工电场将在地网和电压极之间产生电位差，给测量带来误差。

5. 地下金属管道

在测量电极的下面遇有金属管道使得电极与接地体之间的距离减小，因而减小接地电阻。

6. 电压极与电流极引线间的互感

由于电压极和电流极引线往往是平行的（比如用架空线），因此当电流经电流极引线流动时，在电压极引线中会产生互感电势，使电压表测量电压增加，因而测得的接地电阻增大。

6.3.2　消除测量误差的措施

1）采用大电流注入法，即增大信噪比，降低干扰源给测量带来的误差。

2）利用移相电源或将电源反相，如图6.7所示，测量倒相前后两次测到的电压值V_1、V_2和断开电源测到的干扰电压V_0，并按（6.41）式计算：

$$V = \sqrt{\frac{1}{2}(V_1^2 + V_2^2) - V_0^2} \tag{6.41}$$

如果干扰源的频率与测量电流频率不同,有 $V_1 = V_2$,可按下式计算:

$$v = \sqrt{V_1^2 - V_0^2} \tag{6.42}$$

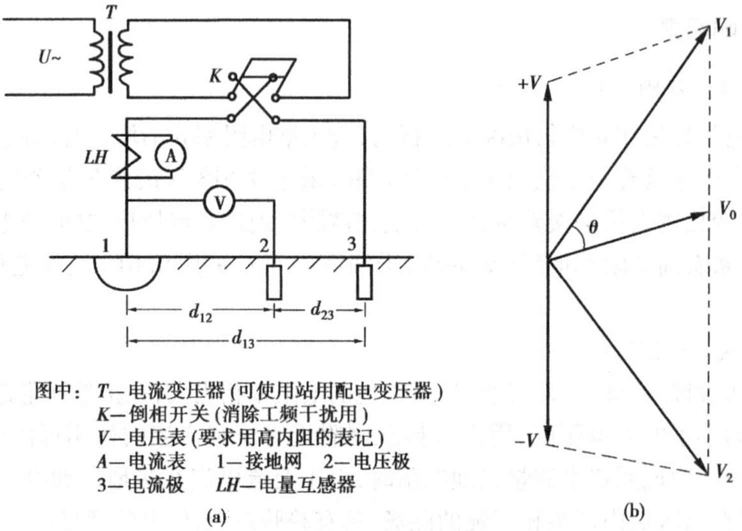

图 6.7 用倒相法测量接地电阻的原理图

(a)接线图 (b)矢量图

3)减小测量引线之间的互感电势带来的测量误差,可采用三角形电极布置,或将引线尽量分开,一般情况下,电流极引线与电压极引线之间的距离应大于 10m。比如可采用相隔较远的低压输电线分别作电压和电流极引线。但用架空线作电流极引线时,要把送电线路的架空地线与测定回路分开。

在有互感 M 的情况下,用倒相法测得的电压 V 将是接地网实际电压 IR 和互感压降 $\mathrm{j}\omega MI$ 之矢量和,即有:

$$V^2 = (IR)^2 + (\omega MI)^2 \tag{6.43}$$

由式(6.43)可以计算出地网的接地电阻 R 为:

$$R = \sqrt{\frac{V^2 - (\omega MI)^2}{I^2}} \tag{6.44}$$

引线间互感的影响也可以采用如图 6.8 所示的测量方法给以消除。图 6.8 中,在被测地网附近加一辅助电极 F,当电流 I 通过地网向地中流散时,G、F、P 各点的电位间的关系如下:

$$(V_{GP})_d = (V_{GF})_d + (V_{FP})_d \tag{6.45}$$

由于电流极和电压极引线间存在互感,所以电压表测得的 G、F、P 各点间的电位差为:

$$\dot{V}_{GP} = (\dot{V}_{GP})_d + \mathrm{j}\omega M_{GP}\dot{I} \tag{6.46}$$

$$\dot{V}_{GF} = (\dot{V}_{GF})_d + \mathrm{j}\omega M_{GF}\dot{I} \tag{6.47}$$

$$\dot{V}_{FP} = (\dot{V}_{FP})_d + \mathrm{j}\omega M_{FP}\dot{I} \tag{6.48}$$

由于 GF 间的电流极和电压极引线相距较远,所以有 $M_{GF} \approx 0$, $M_{GP} \approx M_{FP}$,由式(6.45)、(6.46)、(6.47)和(6.48),简化整理可得接地网的接地电阻:

$$R = \frac{V_{GP}^2 + V_{GF}^2 - V_{FP}^2}{2V_{GF}} \tag{6.49}$$

应当注意，辅助电极 F 离地网的距离不宜过近，否则 V_{GF}将过小。由(6.49)式不难看出过小的 V_{GF}将使 R 的计算误差大增。所以，在实际的测量中辅助电极可打在离地网边缘1/10～1/20地网对角线距离处。为了减小辅助电极和电流极引线之间的互感，辅助电极和电流极最好成夹角布置。

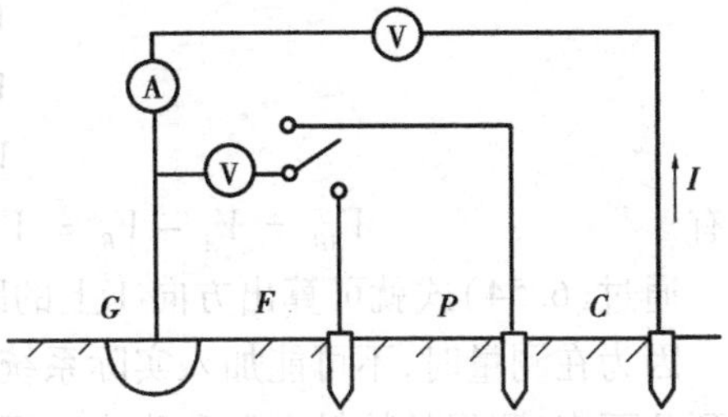

图6.8　测量接地电阻的四电极法

超高压变电所大型接地网接地电阻较小，一般为0.1～0.5Ω，用电压降法测到的是接地网的阻抗，其中除了电阻分量外还有无功分量。由于测量引线长，电压和电流辅助电极引线间的互感影响很大，因此测量中需要采用高阻抗的电压表，以免电压表的阻抗影响电阻值测量结果。为了区分有功与无功分量，可采用相位分析仪，测出电压与电流之间的相位。求有功分量，也可用瓦特表法。为了降低地电场(人工和自然)的干扰，可采用不同的频率测试，最后求得接近工频时的阻抗。为了降低辅助电极之间的影响，最好使引线远离，电压和电流辅助电极之间的夹角为90°最佳。

6.4　接触电压和跨步电压测试

为了验证发电厂、变电所内接触电压和跨步电压是否满足人身和设备安全的规程要求，需要对跨步电压和接触电压进行实际测量，测量的原理如图6.9所示。当电流 I 通过接地网和电流辅助电极在地中流散时，将电压表V一端接电流入地点，另一端与放在被测电位点1的铜板相连接，电压表V的读数 $V_j = V_0 - V_1$为被测点1的接触电压。铜板面积为26×26cm²。式中 V_0为地网电位，V_1为被测点的电位。这样可以很方便地测量所或站内地面上任意一点的接触电压。

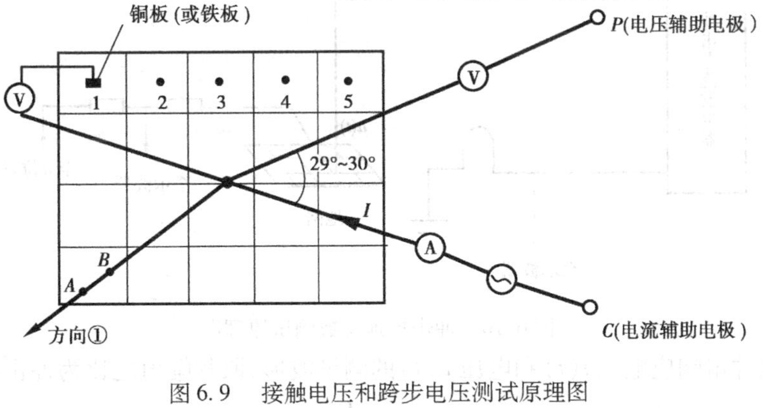

图6.9　接触电压和跨步电压测试原理图

在进行跨步电压测量时，可以在所内任何方向选择若干点，使得这些点之间的距离为规程规定的跨步距离，比如我国规定值为0.8m。如方向①上的 A、B 两点，先测出 A、B 两点的接触电压，V_{ja}、V_{jb}。则有：

$$V_{ja} = V_0 - V_A \tag{6.50}$$

$$V_{jb} = V_0 - V_B \tag{6.51}$$

即
$$V_A = V_0 - V_{jA} \tag{6.52}$$

$$V_B = V_0 - V_{jB} \tag{6.53}$$

故有
$$V_{AB} = V_A - V_B = V_0 - V_{jB} - (V_0 - V_{jB}) = V_{jB} - V_{jA} \tag{6.54}$$

通过(6.54)式就可算出方向①上的跨步电压分布。

因为在测量时,不可能加入实际系统的入地短路电流几 kA 或几十 kA。一般只能加入几十到几百安,测得的接触电压和跨步电压应按比例尺放大。即:$U_{实} = KU_{测}$,式中 $K = I_{实}/I_{测}$。

注意事项:

①线路避雷线与接地网应断开,避免架空地线分流;

②电压、电流极应布置在与线路或地下金属管道垂直的方向上;

③应避免电流和电压引线平行接近;

④电流和电压极引线与接地网的连接点宜选在高压配电装置的接地处;

⑤在测量电压极铜板与地面接触不好的地方,可用重物将铜板压紧,或用水将地面浇湿。应尽量避免在雨后立即进行实测。

⑥在实测时,应随时监视地网电位升高,以防止由于地网电位升高,对一、二次测试设备及人身安全造成危险。

6.5 冲击接地参数测试

在雷电冲击作用下接地体的冲击阻抗与冲击电流的幅值和波形有关,由于火花效应和电感效应,冲击接地阻抗是非线性的。为了较准确地测试冲击阻抗,需要高参数的冲击电流发生器。一般要 1 ~ 100kA 的冲击电流发生器。冲击接地参数测试原理结线如图 6.10 所示。

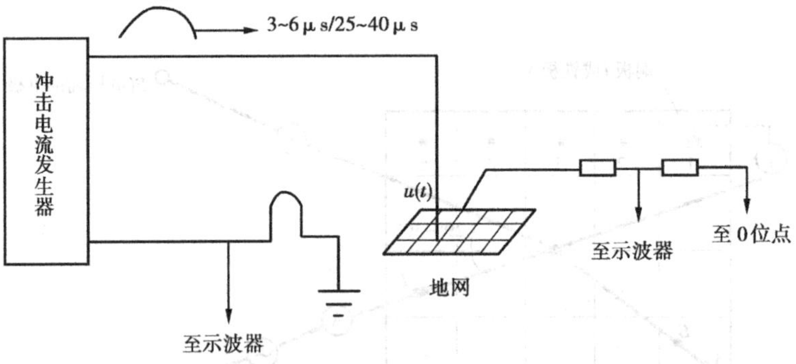

图 6.10 冲击接地参数测试原理图

根据地网冲击响应电流 $i(t)$ 和电压 $u(t)$ 的测量波形,取其幅值之比为冲击接地电阻:

$$R_{ch} = \frac{U_m}{I_m} \tag{6.55}$$

如果测量变电所或发电厂地面冲击电位分布,可将分压器与电流入地点的连接点解开,然后接一铜板电极放在要测量电位的点,仿照工频测跨步电压和接触电压的方法测量地网上土壤表面任意一点的电位随时间变化的波形，找出幅值，可给出土壤表面任意一方向的最大冲击电压分布曲线。

6.6　接地模拟试验

模拟实验研究之所以被广泛应用，一方面是由于模拟实验费用少，方便可行；另一方面通过模拟实验可以模拟地网的整个物理过程，了解各物理量之间的关系。此外，也可以作为数学模拟和计算机计算的补充，因为数学模拟是在做了一定的假设后，建立数学模型，再编制程序进行计算的，因此，在建立数学模型和计算机计算过程中都会出现一定误差。有时很难得到数学模型的误差估计式，对数值计算结果作误差估计非常困难，所以，数值计算结果的正确性可用模型实验进行验证。当然，模拟实验的正确性也可由计算结果加以验证，它们相辅相成。

6.6.1　工频接地模拟试验

1. 模拟比例尺

接地模拟试验是建立在相似原理基础上的一种物理模拟。将接地网（或接地体）的几何尺寸、埋设深度、注入地网的电流、土壤电阻率等参数，按一定的比例尺缩小，在模拟水池或砂池中进行。因此，这种模拟又叫几何模拟。根据模拟理论，工频接地的模拟比例尺为：

（1）地网尺寸比例尺 K_L：

$$K_L = L_{网}/L_{模} \tag{6.56}$$

式中：$L_{网}$ 和 $L_{模}$ 分别为实际地网和模拟地网的线性尺寸，m。

（2）电阻率比例尺 K_ρ：

如果用水来模拟各向同性的均匀土壤，有

$$K_\rho = \rho_{水}/\rho_{土} \tag{6.57}$$

式中：$\rho_{土}$ 和 $\rho_{水}$ 分别为实际土壤和自来水的电阻率，$\Omega \cdot m$。

（3）接地电阻比例尺 K_R：

根据接地电阻与土壤电阻率成正比，与接地网的线性尺寸成反比的原则有

$$K_R = K_\rho/K_L \tag{6.58}$$

（4）电流比例尺 K_I：

$$K_I = I_{短}/I_{模} \tag{6.59}$$

式中：$I_{短}$ 和 $I_{模}$ 分别为注入实际地网的短路电电流和注入模型地网中的电流。由于用水模拟土壤，而水在一定的电流下会电解，如注入电流太大，模型导体表面电流密度大，易发热，使得导体周围电解强烈，致使导体变黑或产生电蚀；但电流太小又会影响测量精度。经实验研究认为，导体表面电流密度控制在 $5mA/cm^2$ 左右为宜。

（5）电位比例尺 K_U：

$$K_U = K_I K_R = K_I K_\rho / K_L \tag{6.60}$$

2. 模拟试验装置

为了使模拟结果符合实际情况，除按上述原理正确确定各几何参量的比例尺寸外，更主要的是模拟池的形状和尺寸。从接地体在地中的电场分布来说，半球形模拟池是最理想的，但从

施工的角度考虑，方池最容易实现，经研究表明，只要地网尺寸按比例尺缩小后其对角线为方池对角线的 10% ~20%，即能保证测量精度。按此原则在重庆大学高压试研室建成了 $10 \times 10 \times 2.5\text{m}^3$ 的水池，可进行各种地网的模拟实验。模拟试验原理及其接线如图 6.11 所示。

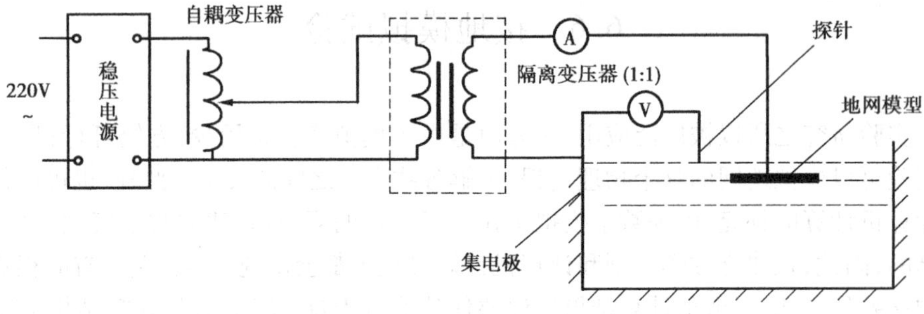

图 6.11 工频模拟试验接线原理图

模拟水池由砖砌成，混凝土衬里，集流电极由敷设在水池四周和底部的钢丝网组成。试验用测量仪表要求保证一定精度，电压表宜采用高内阻的。实验电位探针采用 $\phi0.3\text{mm}$ 的医药银针，它能前后、左右移动，可以测量模型地网上水面各点的电位。通过测量施加在地网模型上的电压和注入模型地网的电流，就可得到地网的接地电阻。

每次模拟实验都需要测定自来水的电阻率 $\rho_{水}$。它可用电导率仪测定，也可用标准铜半球放在水池中，测出其接地电阻 R_g 后，按 $\rho_{水} = 2\pi r R_g$ 计算(其中 r 为半球的半径)，这样测量既方便、简单，而且准确。

重庆大学高压室还建成了一个 $\phi5\text{m}$ 的半球型沙池，既可用来研究接地体的工频接地参数，又可用来研究接地体的冲击特性。

6.6.2 冲击接地模拟实验

自 20 世纪 30 年代以来，人们对输电线路杆塔接地装置的冲击特性表示出极大的关注，进行了不少研究，其中大部分是理论上的计算。但由于冲击电流经接地装置泄流时的产生的时变电场的复杂性，很难从理论上推导出比较精确的数学表达式，而只能从试验研究的角度出发来揭示接地装置的冲击特性。接地装置的冲击试验有两种方法:其一是真型试验。它必须具备大功率的冲击电流发生器和很大的试验场地，由于它很难改变土壤电阻率，加之人力物力的限制，因此真型试验只能少量的用来验证理论公式。其二是模拟试验。由于模拟试验简单，在冲击接地试验时它最大的优点是能够比较容易地改变土壤电阻率等参数，可方便地研究各种参数对冲击特性的影响。模拟试验的关键是模拟理论的推导。本节根据电磁场理论和相似原理详细地推导了模拟试验时各相关量之间的比例关系，介绍了冲击接地模拟实验方法和试验装置。

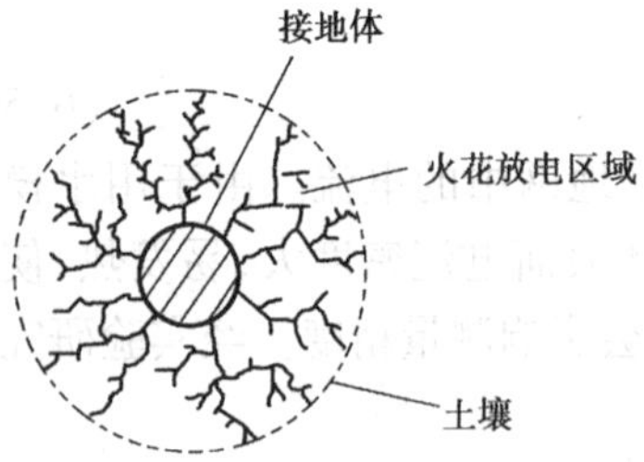

图 6.12 冲击接地的物理模型

1. 冲击接地的物理模型

雷击输电线路及杆塔时，雷电流经过杆塔，然后从接地装置流散到大地。接地装置在冲击电流作用下，在其周围产生瞬变电磁场。当电场强度超过土壤的临界击穿场强时，接地装置周围的土壤被击穿，产生火花放电效应。被击穿土壤的电阻率急剧降到很低的值，相当于增大了接地装置的尺寸,冲击接地物理模型如图6.12所示。

图6.13中,s是接地装置的特征尺寸,它为接地装置的几何中心在地面的投影点到接地装置最远点之间的距离。一定尺寸和形状,一定埋深的接地装置,s是惟一的。

2. 冲击特征的模拟

(1)火花放电效应的模拟

冲击接地模拟的关键是保证对火花放电效应的模拟。为保证对火花放电效应的模拟必须使模拟系统对应点的电磁场相同,以及二者的媒质相同。因此模型和真正土壤的电阻率ρ和临界击穿场强E_0相同,即:

$$\rho_1 = \rho_2 \tag{6.61}$$

$$E_{01} = E_{02} \tag{6.62}$$

式(6.61)和(6.62)中,ρ_1和E_{01}表示真型接地系统的土壤电阻率和电场强度,ρ_2和E_{02}表示模拟接地系统的土壤电阻率和电场强度。

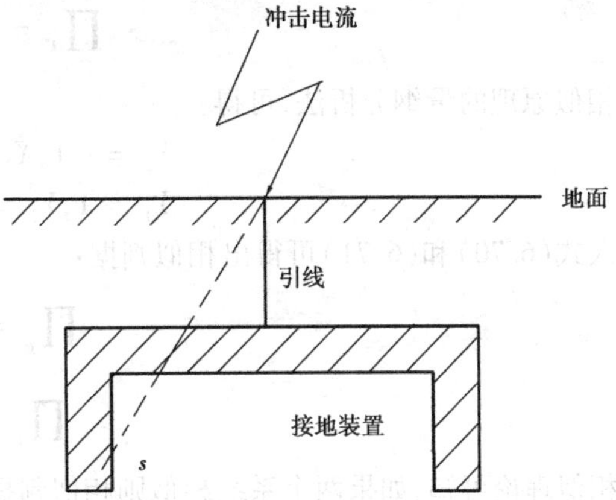

图6.13　接地装置的特征尺寸

媒质中波速相同,即

$$\upsilon_1 = \upsilon_2 \tag{6.63}$$

(2)时间的模拟

接地装置在冲击电流作用下产生的电磁场为时变电磁场。因此真型接地装置和模拟接地装置在土壤中产生的电磁场都必须满足自由电荷为零的电磁标量位的达朗贝尔方程:

$$\nabla^2 \Psi_1 = \frac{1}{v_1^2} \frac{\partial^2 \varphi_1}{\partial t_1^2} \tag{6.64}$$

$$\nabla^2 \Psi_2 = \frac{1}{v_2^2} \frac{\partial^2 \varphi_2}{\partial t_2^2} \tag{6.65}$$

上两式中:φ为电磁标量,t为时间。因模拟接地系统和真型接地系统对应点的电磁场相同,所以有:

$$\varphi_1 = \varphi_2 \tag{6.66}$$

如果模拟试验的接地装置的几何尺寸和埋深都按相同的比例尺n缩小,则真型和模型的特征尺寸有如下关系:

$$s_1 = ns_2 \tag{6.67}$$

即模拟系统的x、y、z坐标都按比例尺n缩小,由式(6.66)和(6.67)有:

$$\nabla^2 \Psi_2 = n^2 \nabla^2 \Psi_1 \tag{6.68}$$

从式(6.63)~(6.66)和(6.68)可推导出时间的比例关系:

$$t_1 = nt_2 \tag{6.69}$$

(3)冲击接地电阻的模拟

接地装置的冲击特性一般用冲击接地电阻和冲击系数的大小来衡量。冲击接地电阻是流过接地装置的冲击电压峰值和冲击电流峰值的比值。接地装置每一时刻的状态过程可用5个参量表示,即电流$I(t)$,A,土壤电阻率ρ,$\Omega \cdot m$,特征尺寸s,m,土壤击穿场强E_0,$V \cdot m^{-1}$和接地装置的瞬时接地电阻 $r(t)$,Ω 。由相似原理可写出如下相似判据：

$$\prod_a = \frac{i}{\rho^{x_1} s^{x_2} E_0^{x_3}} \tag{6.70}$$

$$\prod_b = \frac{i}{\rho^{y_1} s^{y_2} E_0^{y_3}} \tag{6.71}$$

用相似原理的量纲分析法,可得：

$$X_1 = -1, X_2 = 2, X_3 = 1$$

$$Y_1 = 1, Y_2 = -1, Y_3 = 0$$

代入式(6.70)和(6.71)可得出相似判据：

$$\prod_a = \frac{i\rho}{s^2 E_0} \tag{6.72}$$

$$\prod_b = \frac{rs}{\rho} \tag{6.73}$$

由相似理论可知,如果两个系统相似则相似判据相等,因此有：

$$\prod_1 = \prod_2 \tag{6.74}$$

由式(6.61)、(6.62)、(6.67)、(6.72)和(6.74)可得出模拟试验和真型试验时冲击电流的比例关系：

$$i_1 = n^2 i_2 \tag{6.75}$$

式(6.72)和(6.73)相乘可得到第三个相似数据：

$$\prod_0 = \frac{ir}{sE_0} = \frac{u}{sE_0} \tag{6.76}$$

由式(6.62)、(6.67)和(6.76)可得出模拟试验和真型试验时接地装置上的冲击电压的比例关系：

$$u_1 = nu_2 \tag{6.77}$$

式(6.75)和(6.77)是模拟试验和真型试验时加在接地装置上的电流和电压瞬时值应满足的比例关系。由于波形的峰值点是电流和电压时变函数上的对应点,所以真型和模拟试验时的冲击电流峰值 I_{M1} 和冲击电压峰值 U_{M2} 必然满足：

$$I_{M1} = n^2 I_{M2} \tag{6.78}$$

$$U_{M1} = nU_{M2} \tag{6.79}$$

由式(6.78)和(6.79)可得到冲击接地电阻 R_I 的比例关系：

$$R_{11} = \frac{1}{n} R_{12} \tag{6.80}$$

(4)冲击电流的模拟

冲击电流幅值及波形直接决定接地装置的冲击特性。由式(6.69)、(6.75)和(6.78)可知,与实际冲击电流相比,模拟冲击电流波形的时间应缩小 n 倍,电流值小 n^2 倍,即冲击电流幅值也缩小 n^2 倍。作为模拟试验时冲击电流波形和实际冲击电流波形上对应点的波头时间 τ 也应满足：

$$\tau_1 = n\tau_2 \tag{6.81}$$

(5)冲击系数的模拟

冲击系数 a 是冲击接地电阻 R_1 和工频接地电阻 R 的比值。工频接地电阻可以说是反映接地装置和土壤导电性能的参数,它与所加的工频电流无关。工频接地电阻只与接地装置的尺寸及土壤电阻率有关。因此,相似判据可写为:

$$\prod_d = \frac{R}{\rho^{Z_1}s^{Z_2}} \tag{6.82}$$

从量纲分析法可得出 $Z_1=1, Z_2=-1$,代入(6.82)式有:

$$\prod_d = \frac{Rs}{\rho} \tag{6.83}$$

由式(6.61)、(6.67)和(6.76)可得出工频接地电阻之间的比例关系:

$$R_1 = \frac{1}{n}R_2 \tag{6.84}$$

根据冲击系数定义,由式(6.80)和(6.84)可得出冲击系数之间的比例关系:

$$\alpha_1 = \alpha_2 \tag{6.85}$$

3. 模拟试验系统

在重庆在学高压实验室建有 ϕ5m 半球形砂池,其试验原理如图 6.14 所示。用细砂来模拟土壤,将砂池中的砂晒干或在砂池中加水和其他电阻率低的物质来改变土壤电阻率。砂池的外部是直径为 5m 的半球形铁壳,用来作为集电极模拟无穷远处大地。冲击电流发生器产生的最大的冲击电流为 65kA。在试验过程中可以容易地改变接地装置的几何尺寸和水平接地体的埋深、冲击电流的大小以及土壤电阻率。

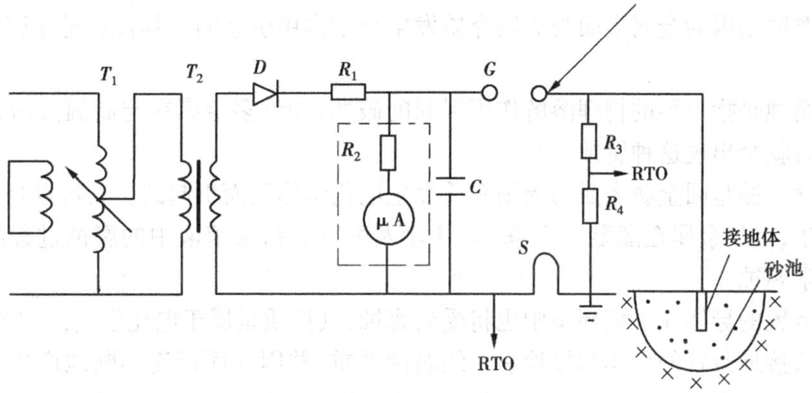

图 6.14　冲击接地模拟试验原理图

第7章 接地装置的腐蚀及其防护

金属表面与周围介质发生化学及电化学作用而遭破坏，叫金属的腐蚀。从热力学观点看，各种金属都有与周围介质发生作用而转变为离子的倾向，也就是说金属受腐蚀是自然趋势。金属的腐蚀现象普遍存在于国民经济和国防建设的各个部门，大量的金属构件和设备因腐蚀而报废，据国外统计每年由于腐蚀而报废的金属设备和材料约相当于金属年产量的20% ~ 40%，全世界每年因腐蚀而损耗的金属达1亿吨以上。因此，腐蚀的控制和防护具有十分重要的实际意义和巨大的经济价值。

金属腐蚀是发生在金属表面与周围介质之间的化学或电化学反应，其理论基础是物理、化学和金属学。按照腐蚀的机理，腐蚀可以分为化学腐蚀、物理腐蚀和电化学腐蚀。

化学腐蚀是因为金属表面与周围介质发生化学作用引起的。其特点是在腐蚀过程中没有电流产生。

物理腐蚀是指单纯的物理溶解作用引起的破坏，如许多金属在与高温溶盐、溶碱、液态金属相接触时就会出现这种腐蚀。

电化学腐蚀是因金属表面与周围介质发生电化学作用而引起的。其特点是在腐蚀过程中有电流产生，例如金属在潮湿气体、海水、土壤及酸、碱、盐水溶液中的腐蚀过程绝大多数都是属于电化学腐蚀。

接地装置的导体在土壤环境中也将受到腐蚀，其性质是属于电化学腐蚀的范畴。目前，国内普遍反映接地装置的导体和接地引下线腐蚀严重，并因此而接连不断地产生事故。广东省中试所在接地网腐蚀调查情况调查报告中指出，1981—1985年广东省将运行10年及以上130个35 ~ 220kV变电所进行挖土检查，发现有61个接地网均有不同程度的腐蚀。其中运行16年的东墩110kV变电站接地网，12 × 4的扁钢被腐蚀掉80%，且有十多处断裂；运行21年的平富岗110kV变电站接地网ϕ9的圆钢被腐蚀为细条状。据初步分析认为，造成这样严重腐蚀的原因主要有以下两个：一是现行规程在地网设计中没充分重视按腐蚀条件合理选择导体的材料及截面积；另一原因是对接地引下线和地网导体没有采取必要的防腐蚀措施，这样随着时间的推移，导体有效截面不断减小，以致不能满足热、动稳定的要求。当工频接地短路电流或雷电冲击电流流经地网时，可能因发热或电动力使地网导体或接地引下线断裂，引起一次、二次设备事故和人体遭受电击的危险，还会因事故造成巨大的经济损失。因此，有必要研究接地体在土壤中的腐蚀机理及其影响因素，寻找快速而准确的测定土壤对导体腐蚀程度的方法，以便在接地装置的设计中正确选择导体材料及其截面积，采用必要的防护措施，使地网能够安全可靠地运行。

7.1 腐蚀的基本原理

在土壤中含有溶解有盐或其他物质的土壤水——电解质溶液，当金属埋在土壤中时，其表面将会发生原电流作用而被腐蚀。原电池的作用与金属的电极电位有关，下面简单介绍金属的电极电位。

众所周知，金属晶格是由整齐排列的金属正离子及在其间运动着的电子（通常称为“电子气”）组成的。假如把一种金属浸入电解质溶液中，金属表面的金属离子由于水的极性分子的作用将会发生水化。如果水化时所产生的水化能足以克服金属晶格中金属离子与电子之间的引力，则一些离子将会脱离下来，进入与金属表面相接触的液层中形成水化离子。金属晶格上的电子，由于被水分子电子壳的同名电荷所排斥，则不能进行水化转入溶液，而仍然留在金属上，图7.1为金属在电解质溶液中进行水化的示意图。这个过程可简单地表示如下：

$$\underset{\text{金属晶格}}{Me^+ \cdot e} + nH_2O \rightarrow \underset{\text{在溶液中}}{Me^+ \cdot nH_2O} + \underset{\text{在金属上}}{e}$$

图7.1中 mn 表示固相与液相的交界面。

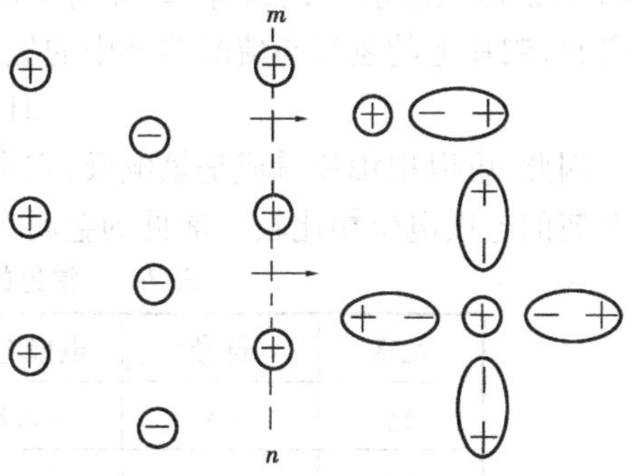

图7.1 金属表面离子化示意图

我们知道金属作为一个整体是电中性，当金属表面的金属离子由于水化而进入溶液中时，在金属表面就必然有相当数量的电子释放出来，结果就使得金属表面带负电，与金属表面相接触的溶液带正电。随着金属离子水化而转入溶液和过剩的电子在金属上的积累，在金属表面-溶液界面上，这两种相反的电荷将使传递过程——金属离子由溶液回到表面上与电子结合的速度逐渐增加，当正逆两过程的速度相等时，即建立起如下的动态平衡：

$$\underset{\text{金属晶格}}{Me^+ \cdot e + nH_2O} \rightleftharpoons \underset{\text{在溶液中}}{Me^+ \cdot nH_2O} + \underset{\text{在金属上}}{e} \tag{7.1}$$

此时，金属水化离子就聚集在带负电的金属表面的液层中，这样就在金属-溶液界面上形成了所谓的“双电层”。这个双电层与平行的电容器有点相似，它的一个极板上带正电，另一极板上带负电如图7.2(a)所示，许多负电性的金属（如锌、镉、镁、铁等）浸入水或酸、碱、盐溶液，就会形成这种“双电层”。

如果金属离子的水化能不足以克服金属晶格中金属离子与电子之间的引力，即晶格上的键能超过离子水化能时，把金属浸入溶液，则金属表面可能从溶液中吸附一部分正离子。此时金属表面带正电，而与金属表面相接触的液层，由于负离子过剩，则带负电。这样也可建立起一个双电层，但这种双电层的带电情况，恰与上述双电层相反，即金属带正电，溶液带负电，如图7.2(b)所示。将正电性的金属浸入含有浓度较大的正电性金属阳离子溶液中时，在金属与

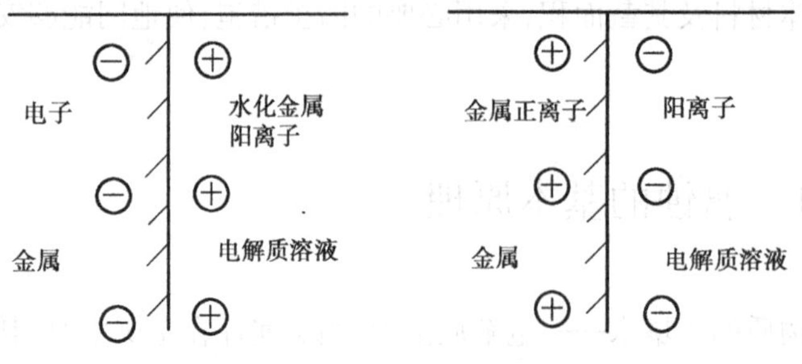

图 7.2 双电层示意图

溶液间即建立起这种双电层，例如铜浸在含有铜盐的溶液中。

金属-溶液界面上双电层的建立，使得金属与溶液间产生电位差，这种电位差称之为金属的电极电位。

金属电极电位的高低，是由双电层上金属表面的电荷密度决定的。它与很多因素有关，首先决定于金属的化学性质，此外金属晶格的结构、金属表面状态、温度以及溶液中金属的浓度等都会影响电极电位。

金属与溶液界面电位差，即金属电极电位的绝对值，现在还没有足够可靠的实验方法来进行测定，但其相对值则可以用比较的方法准确地测量出来。电极电位绝对值不能测定，对于研究金属腐蚀问题和电化学问题并没有什么不便之处。这是因为在实际中只有电极电位的相对值对我们才有意义。

测定电极电位相对值时，通常采用标准氢电极作为标准，把待测的电极电位和标准氢电极电位加以比较。标准氢电极是这样做成的：将镀有一层蓬松柏黑的铂片放到氢离子浓度为 1mol/L 的硫酸溶液中，然后在 25℃时不断地通入压力为 10^5Pa 的纯氢气流，这时氢气被铂片所吸收，铂片上的氢气与硫酸溶液中的氢离子之间将建立如下的平衡：

$$H_2 \rightarrow 2H^+ + 2e \quad (7.2)$$

因此，可以把铂片看成是氢电极，它也有电极电位，但人们假定它为零，作为标准，好与其他金属的电极电位相比较。常见的金属在 25℃时的电极电位如表 7.1 所示。

表 7.1 常见的金属的电极电位(单位 V)

元素	符号	电极电位	元素	符号	电极电位
钙	Ca	−2.84	镍	Ni	−0.23
镁	Mg	−2.38	锡	Sn	−0.146
铝	Al	−1.66	氢	H	0.00
锰	Mn	−1.05	铜	Cu	0.337
锌	Zn	−0.763	银	Ag	+0.8
铁	Fe	−0.44	铅	Fb	+0.8

前面已经提到，埋在土壤中的金属与土壤中的电解质溶液相接触时，其表面将会发生原电池作用而被腐蚀。那么什么是原电池呢？所谓原电池就是将两种不同的金属插入任何电解质溶液中而构成的装置，例如大家熟知的伏特电池就是原电池。将锌板和铜板两个电极插入 H_2SO_4溶液中，就构成伏特电池。由于锌和铜的电极电位不同，因此它们之间存在着一定的电位差。用导线将它们连接起来时，在电极-溶液界面所建立起来的电极过程平衡就遭受破坏，而在两极间分别进行如下的电极反应：

$$Zn + 2H^+ \rightarrow Zn^{2+} + H_2 \uparrow \quad (7.3)$$

物理学上的传统概念，认为电流是从电位高的一端沿导线流入电位较低的一端。这样，在伏特电池中，电流是从铜板经导线流向锌板，而电子流动的方向恰恰与此相反，即由锌板经导线流向铜板。在讨论腐蚀问题时，通常规定电位较低的电极为阳极，电位较高的电极称为阴极。

由上面的电极反应可以看出，较活泼的金属锌，其电极电位较低为阳极，较不活泼的金属铜为阴极，在原电池反应中，锌不断地把电子从连接导线传导给铜，并将自己的正离子投入电解质溶液，锌即溶解，遭受腐蚀；与此同时，铜仅起到传递电子的作用，使其周围的 H^+ 离子获得电子成为 H_2，从它的表面逸出，而铜本身没有任何变化。

如果把铜和锌两块金属直接接触在一起并置入电解质溶液（如 H_2SO_4）中，也将发生与上述原电池同样的反应。在这种情况下，锌与铜仍然可以看成是原电池的两极。锌为阳极，它所失去的电子，流过与它直接接触的铜（阴极），并在铜的表面上为 H^+ 离子所接受，于是锌不断地变成 Zn^{2+} 离子而转入溶液而遭受腐蚀。

即使是一块金属，不与其他金属相接触，并放入电解质溶液中，也会因为金属化学成分不纯，结构不均匀或物理状态不均匀而构成微小原电池被腐蚀。

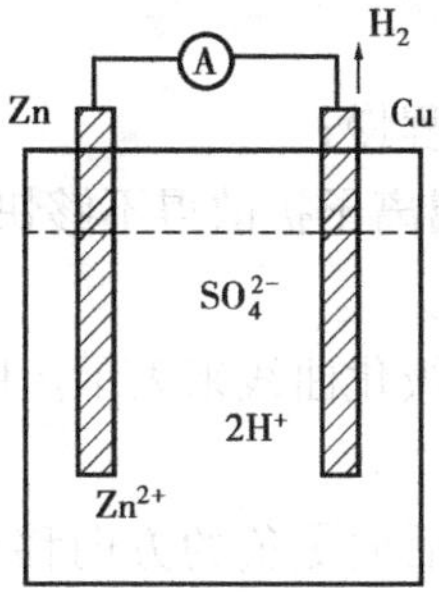

图7.3　伏特电池

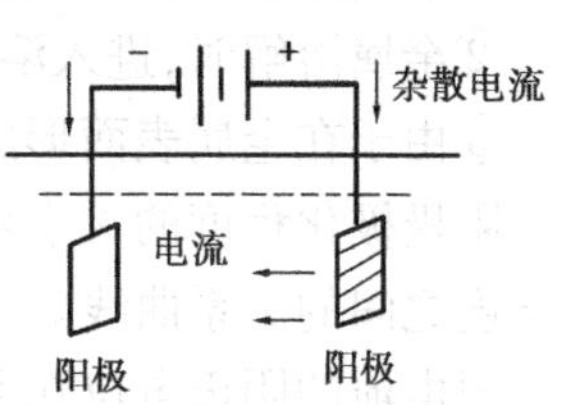

图7.4　电解腐蚀示意图

从以上的讨论可以清楚地看到，电化学腐蚀的产生是由于金属与电解质溶液相接触时，金属表面的各个部分的电极电位不尽相同，结果形成腐蚀原电池。其中电极电位较低的部分为阳极，容易失去电子，遭受腐蚀，而电位较高的部分则为阴极，只起传递电子的作用，不受腐蚀，其基本过程如下：

（1）阳极。金属溶解，变为金属离子进入溶液，即

$$Me \rightarrow Me^+ + e \tag{7.4}$$

此过程称为阳极反应过程。

（2）阴极。从阳极流来的电子被溶液中能吸收电子的物质（D）所吸收，即

$$e + D \rightarrow [D \cdot e] \tag{7.5}$$

此过程称为阴极过程。

在阴极能够与电子结合的物质是很多的，但大多的情况下是溶液中的 H^+ 离子和 O_2，H^+ 与电子结合形成 H_2，O_2 溶液中与电子结合生成 OH^- 离子。即

$$O_2 + 2H_2O + 4e \rightarrow 4OH^-\text{（在中性或碱性溶液中）} \tag{7.6}$$

$$O_2 + 4H^+ + 4e \rightarrow 2H_2O\text{（在酸性介质中）} \tag{7.7}$$

腐蚀电池可以分为两类，即宏电池和微电池。宏电池是用肉眼可以见到的原电池，它有以下三个情况：

1）不同的金属浸于不同的电解质溶液中；

2）不同的金属浸于同一种电解质溶液中；

3）同一种金属浸于同一种电解质溶液中。

所谓微电池是指金属表面由于各种原因形成许多微小电极而构成的电池。微电池可能由以下原因引起：

1)金属化学成分的不均匀性。如锌中含有铁杂质,它的电位比锌高,起到微电池阴极的作用,又如碳钢中的Fe_3C、铸铁中的石墨等。

2)金属组织的不均匀性。有的金属和合金其晶粒及晶界的电位不完全相同,例如工业纯铝其晶界的平均电位差为0.585V-0.494V=0.091V。

3)金属物理状态不均匀。金属在加工过程中,常常造成金属各部分形变及内应力的不均匀性,一般变形较大的部分为阳极,如铁轨弯曲处及铆钉头的腐蚀就是由于这种原因引起。

4)金属表面膜不完整,在孔隙下金属表面部分电位较低,成为微电池的阳极。

实验证明,原电池由于通过电流而减小电池两极间的电位差,因而引起电流强度降低,这种现象叫做电池的极化作用。由于发生极化作用,腐蚀电流强度即行减小,因而降低了金属的腐蚀速度。

原电池中阳极电位在通过电流之后,向正的方向移动的现象,称为阳极极化。产生阳极极化的原因有:

①阳极过程进行比失去电子的过程慢;

②金属溶解时,进入溶液中的金属离子扩散得不够快;

③由于在金属表面形成了钝化膜。

阳极极化程度的大小可以用阳极极化曲线来表示。所谓阳极极化曲线是指阳极电位与电流强度之间的关系曲线。

原电池的阴极电位在通过电流之后向更负的方向移动,这种现象叫阴极极化。阴极极化的原因是:从阳极送来阴极的电子,一时过多,而阴极附近能接受电子的物质由于某种原因,与电子结合的反应速度缓慢,这样阴极上将有负电荷积累,结果使阴极电位变得更负。同样,表示阴极电位与电流密度之间的关系曲线称为阴极极化曲线。

7.2 腐蚀速度及其测试方法

导体在不同的土壤环境中受到的腐蚀程度是不相同的,一般情况下,腐蚀程度用平均腐蚀速度来衡量。平均腐蚀速度可以用单位时间内单位面积上所损失的重量来表示,如$g/(cm^2 \cdot h)$;亦可用单位时间内金属表面层的腐蚀深度来表示,如mm/a。目前,常采用的测量腐蚀平均速度的方法是自然失去重法和电化学法,下面简单介绍这两种方法:

1. 自然失重法

自然失重法是测定金属腐蚀速度的最经典的方法。这种方法简单易掌握,具体测度步骤是先将试品表面擦洗干净,晾干或烘干,用分析天秤称出其重量,然后将它埋入待测土壤环境中,经过一定的时间(如4周)后取出,除去表面的锈层,再用稀盐酸或其他溶液清洗,晾干,称重,最后按下式计算其平均腐蚀速度:

$$v = \frac{\Delta W}{A} \cdot \frac{365}{D} \tag{7.8}$$

式中:v——腐蚀速度,$g/cm^2 \cdot a$;

ΔW——试品在D天内失去的质量,g;

D——试品在土壤中埋置的天数,d;

A——试品的表面积，cm^2。

这种方法的主要缺点是费时，且准确度较差。

2. 电化学方法

用电化学方法测试金属的腐蚀速度是基于给金属通以外加电流从电极电位的变化情况推算出腐蚀速度。测量一般是在电解质溶液中进行，测量的参数是金属的腐蚀电流，然后再根据法拉第定律将它转换成以失重法计算的腐蚀速度。根据法拉第定律可得 $1\mu A/cm^2$ 的腐蚀电流相当于：

$$3.27 \times 10^{-3} \times \frac{m}{nd} \tag{7.9}$$

式中 m 和 n 分别为金属的摩尔质量和腐蚀时每一金属原子所失去的电子数；d 表示金属的密度。以纯铁为例，$m=55.85$，$n=2$，$d=7.87g/cm^2$，则 $1\mu A/cm^2$ 的腐蚀电流的腐蚀速度为 $0.0104g/(m^2 \cdot h)$，或 0.0116mm/a。

常用的电化学测量方法有：

(1)极化曲线外延法

这种方法是利用金属的阳极极化曲线和阴极极化曲线的直线部分外延到腐蚀电位而求得腐蚀电流。

(2)线性极化法

它是近年来发展较快，应用较广的方法。其基本原理是通过微小极化进行金属腐蚀速度的测量，在这种情况下，腐蚀电流密度取决于外加电流密度 I 和极化电位 $\Delta\phi$，同时还取决于阴极和阳极极化曲线的斜率。在极化很小时，I 和 $\Delta\phi$ 成线性关系，因此，把这种方法称为线性极化法，这种方法的外加电流可以是恒定直流，亦可以是方波或脉冲电流。

(3)三点法

所谓三点法就是测量三对极化电流和极化电位值，然后由这三对值计算此腐蚀电流。要注意，所选的电位必须离腐蚀电位很近。

现在，国内已生产出根据线性极化原理测量腐蚀速度的仪器。例如国产的 FC 快速腐蚀测量仪器，HXJ—2 型线性极化仪等。其主要优点是测试速度快、准确度高。但是以往的测试只是在电解质溶液中进行，而且主要测定均匀腐蚀速度，因此，怎样把它用于土壤环境或者怎样用电解质溶液来模拟土壤环境。还是应该进行研究的课题。

此外，可以利用导体的电阻与导体的长度成正比与截面积成反比这一性质来测量金属的腐蚀速度。一些学者对变电站接地网的腐蚀和断点的诊断理论和方法也进行了研究。

电化学测试方法比自然失重法的测试速度快，准确度高。失重法只能测试长时间的平均腐蚀速度，而电化学法可测金属的瞬间腐蚀速度。

7.3　金属在土壤中的腐蚀

金属在土壤中的腐蚀原理和原电池作用一样，下面主要介绍影响土壤对金属腐蚀的主要因素。

1. 土壤电阻率

土壤的电阻率直接受土壤颗粒大小及其分布的影响,同时又受土壤的含水量及溶解盐类的影响,粗颗粒的土壤(如砂土)由于孔隙度大,水的渗透能力强,土壤中不容易保持水分。而小颗粒土壤则相反,土壤中的含水量大,可溶性的盐类就可以溶解进去,成为电解质溶液,所以电阻率就小。

在多数情况下,土壤的腐蚀性可以用土壤的电阻率来衡量,土壤的腐蚀性与土壤的电阻率如表 7.2 所示。

一般说来,土壤的电阻率在数 kΩ · cm 以上,则对钢的腐蚀轻微,在海水、矿泉水渗透的低畦地带,电阻率低至 100 ~ 300Ω · cm 时,其腐蚀性相当强。

表 7.2 土壤电阻率与腐蚀的关系

土壤电阻率/Ω · m	腐蚀性	钢的平均腐蚀速度/$mm \cdot a^{-1}$
0 ~ 500	很高	> 1
500 ~ 2 000	高	0.2 ~ 1
2 000 ~ 10 000	中等	0.05 ~ 0.2
> 10 000	低	< 0.05

2. 土壤中的含氧量

土壤中的含氧量对腐蚀过程也有很大的影响,除了酸性很强的土壤以外,通常金属在土壤中的腐蚀,主要由下面的阴极反应所支配:

$$\frac{1}{2}O_2 + H_2O + 2e = 2OH^- \tag{7.10}$$

土壤中的氧主要来源于:①从地表渗透来的空气;②在雨水、地下水中原有溶解氧,后者的含氧量是很有限的,对土壤起主要作用的是土壤颗粒缝隙中的氧。在干燥的砂土中,由于氧容易渗透,所以含氧量较多:在潮湿的砂土中,因氧较难通过,含氧量少,在这样含氧量不同的土壤中埋设金属导体,就可能形成充气不均的腐蚀电池。

3. 土壤的酸度(pH 值)

大部分土壤水,其 pH 为 6 ~ 6.75,即显中性,但也有 pH 值为 7.5 ~ 9.5 的盐碱土地,还有 pH 值为 3 ~ 6 的酸性土。一般认为,pH 值低的土壤,其腐蚀性较大,这是因为在条件(pH = 4)下可以进行氢去极化过程,即在阴极上产生 H_2。

$$2H^+ + 2e \rightarrow H_2 \uparrow \tag{7.11}$$

当在土壤中含有大量的有机酸(如腐植酸)时,其 pH 值虽然接近于中性,但其腐蚀性仍然很强,特别是对于铁、锌、铝和铜等金属。因此,在检验土壤的腐蚀性时,不能只看 pH 值这个指标,最好同时测定土壤的总酸度(酸性物质的含量)。

4. 土壤中的细菌

土壤中缺氧,按理说金属腐蚀难于进行,因为在一般情况下,氧是阴极过程的去极化剂。但是,当土壤中有细菌,特别是在硫酸盐还原菌存在时,则是另一种情况。

土壤中含有硫酸盐,并且在缺氧或完全不透气的情况下,有一种厌气细菌——硫酸盐还原细菌,就会繁殖起来,对于附近的钢铁构件,起着促进腐蚀的作用。硫酸盐还原细菌之所以能

促进腐蚀是因为在它们的生活过程中,需要氢或者某些还原物质,将硫酸盐还原成硫化物:

$$SO_4^{2-} + 8H^+ = S^{2-} + 4H_2O \tag{7.12}$$

而细菌本身是利用这个反应的能量而繁殖的。

埋藏在土中的钢铁构件表面,由于腐蚀有阴极过程进行,因此有氢产生,如果它附在金属表面不成为气泡逸出,它的存在就造成阴极极化,而使腐蚀缓慢或者停止进行。如果有硫酸盐还原细菌活动,恰好就利用金属表面的氢,把 SO_4^{2-} 还原,实际上,就是使阴极过程去极化,其结果就加速了金属的腐蚀。

在硫酸盐被还原时,所产生的 S^{2-} 离子又与 Fe^{2+} 离子化合生成黑色的 FeS,即

$$Fe^{2+} + S^{2-} = FeS\downarrow \tag{7.13}$$

所以,当有硫酸盐还原菌活动时,在铁的表面的腐蚀产物是黑色的。

这种细菌在中性土壤中最易繁殖,但当土壤 pH 值达到 9 以上就不容易繁殖了。

5. 土壤中的杂散电流

直流设备(如电解槽、电车、直流电焊设备等)常常会因绝缘不良产生入地杂散电流,以及当交流电流通过混凝土时,在钢筋和水泥交界处大约有 0.01% 的交流被整流成直流。这些杂散电流从土壤流进金属导体的地方是阴极,而电流经金属导体再流出土壤的地方则为阳极。阴极处不会受到什么影响,但在阳极处会引起腐蚀,这和电解时作为阳极的金属会发生腐蚀的情况基本一样。

杂散电流强度愈大,金属构件的腐蚀愈严重。实验结果表明,1A 的电流一年内能损耗 10kg 的铁,11kg 的铜或 37kg 的铅,而且对铅皮电缆来说,杂散电流能引起晶间腐蚀。杂散电流也能引起钢筋混凝土结构腐蚀,特别是在混凝土内含有氯化物盐类($NaCl$、$CaCl_2$)等在冬季施工时加入的这些盐的情况下,腐蚀就更为激烈。

7.4 腐蚀的防护

前面介绍了腐蚀的基本原理及导体在土壤中腐蚀的影响因素。了解到地网导体在土壤中腐蚀的主要原因是由于导体表面的物理化学的不均匀性,或者是与不同材料的导体相邻近或相接触,和土壤中的电解质溶液构成原电池而引起。为了防护地网导体免遭腐蚀,应当设法消除形成腐蚀原电池的各种条件或者尽量减缓极化反应速度。下面简单讨论腐蚀的防护办法。

1. 正确选用导体材料

对地网导体材料的选择应进行技术经济的全面分析比较。目前世界上普遍采用的地网导体材料是铜和钢两种。以前国外大多采用铜地网,比如美国以前都采用铜包钢材料,而我国绝大多数地网为钢地网。铜抗腐蚀能力强,但与地网连接或相邻的设备外壳、构架基础、电缆皮、水油气管道都是钢铁或铅做的,它们会与铜导体构成原电池,加速腐蚀。考虑到未镀锌的钢铁在土壤的腐蚀速度为铜的 4～5 倍,镀锌钢为铜的 1～2 倍,而铜的价格为钢的价格的几倍到几十倍,且钢的热稳定性能比铜的优越多,因此建议我国采用镀锌钢为地网导体材料。目前,美国、印度等许多国家都逐步采用镀锌钢作为地网导体材料,澳大利亚防雷保护规程中规定,除某些特殊情况外,只允许用镀锌钢作接地电极。当然,还应当重视防腐能力强,价格便宜的导体材料的研究。

2. 合理设计

在地网设计中，测量土壤电阻率的同时，应该测量该土壤对铜、钢和镀锌钢的腐蚀速度，并按预期的地网使用年限，考虑一定的裕度系数计算按腐蚀要求应选择的导体截面积。然后与按热稳定要求所选择的导体截面积相比较，取大值作为设计值。应尽量选用圆钢，少用扁钢，避免使用多股导线作为接地导体。布置地网时，尽量避免将电极电位差较大的金属导体相连接或靠近，减小腐蚀速度。

3. 采用电化学保护方法

电化学保护的实质在于对要保护的接地装置导体或金属管道通以直流电流使之进行极化反应。如果在导电的电解质溶液中将导体或金属管道连接到直流电源的负极，通以电流，它就进行阴极极化，这种方法叫阴极保护。如果将导体或金属管道连接到电源的正极并通以电流，使之进行阳极极化，此时如果引起金属钝化，腐蚀就会急剧下降，这种方法就叫阳极保护。阳极保护只是对于那些在氧化性的介质中发生钝化的金属才有良好的效果。因此，它的应用受到较大的限制，而阴极保护不受此限制，应用较广。下面简单介绍阴极保护方法。阴极保护法主要有两种，一种是消耗阳极法或称为无源法；另一种是馈电法或称有源法。图 7.5(a)是无源法的原理图。将一个比被保护物有更大负电性的辅助电极(镁)，埋在土壤里，并与铜锌导体接在一起，就会产生所需的电流。这样辅助电极被腐蚀，保护了锌和铜导体。图 7.5(b)是有源法原理图。将电源负极接在被保护的锌和铜导体上，正极接在一辅助电极(可用钢或石墨做成)，这样电流从正极流向铜锌导体，辅助电极被腐蚀。

阴极保护主要用于防止地下金属管道、电缆等的防护。

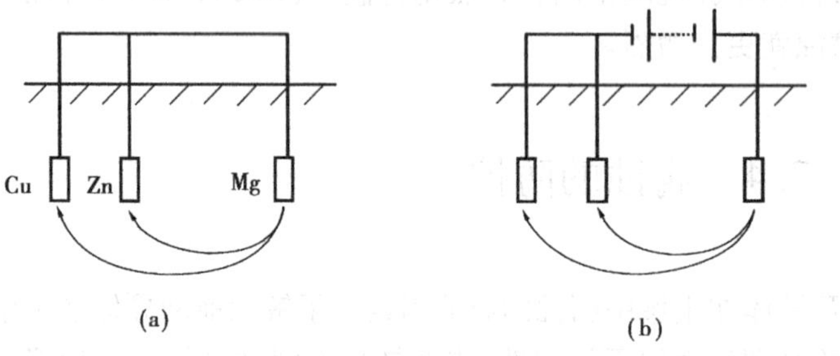

图 7.5　阴极保护法原理图

(a)无源法　(b)有源法

4. 用覆盖层保护

在导体表面用覆盖层是防止导体腐蚀最普通而又重要的方法，覆盖层的作用在于使导体与外界隔离开来，以阻碍金属表面的微电池腐蚀作用。覆盖可分为两类：①金属覆盖层，用耐腐蚀性强的金属或合金将容易腐蚀的金属表面完全覆盖起来，如铜包钢导体、镀锌钢等。②非金属覆盖层，其主要作用是将导体与电解质溶液隔离开来，用油漆、沥青和塑料等。这种方法主要用于地下管道及接地引下线(包括与地网接地处)的防腐。

5. 用缓蚀剂

在土壤中加入少量的某种物质，能使导体的腐蚀速度大大降低，这种物质就称为缓蚀剂或称腐蚀拟制剂。其作用实质上就是在于使阴极或阳极过程减慢。缓蚀剂种类很多，从组成来分可以分为无机和有机缓蚀剂两类。无机缓蚀剂主要用在由于氧的存在引起对金属的腐蚀，而有机缓蚀剂主要用于因为酸性而引起的腐蚀。当使用降阻剂时，可以加入一些缓蚀剂，降低导体的腐蚀速度。

参考文献

1. 曾永林．接地技术．北京:水利电力出版社,1979 年 10 月

2. 付良魁．电法勘探教程．北京:地质出版社,1983 年 5 月

3. [英]R. H. GOLDE 著　周诗健．孙景群译．雷电　下卷．北京:电力工业出版社,1982 年 5 月

4. [美]G. 夏里克著．侯景韩译．接地工程．中国通讯学会,1988 年 5 月

5. 美国土壤实验有限公司．地电阻率手册．武汉:湖北科技出版社

6. 李桂中．黄咏才等．电气设备安全接地．广西电机工程学会,1986 年 8 月

7. 解广润．陈慈萱编著．电力系统接地技术．水电出版社,1991 年 5 月

8. 黄丽英．不等间距地网电位分布的计算及模拟研究,重庆大学硕士学位论文,1988 年 1 月

9. 甄丽．三维地网仿真和模拟试验研究以及在接地工程中的应用．重庆大学硕士学位论文．1980 年 5 月

10. 何金良．输电线路杆塔接地装置冲击特性研究．重庆大学硕士学位论文．1991 年 1 月

11. 刘坤．发电厂、变电站计算机等弱电设备防护方法研究．重庆大学硕士学位论文．1996 年 4 月

12. 王旭东．发电厂、变电站接地网电气连接故障点检测方法研究．重庆大学硕士学位论文．1995 年 5 月

13. 张晓玲．变电站接地网腐蚀和断点的诊断理论与方法．重庆大学硕士学位论文．1998 年 5 月

14. 中华人民共和国电力行业标准．交流电气装置的接地．DL/T621—1997. 中华人民共和国电力工业部．1998 年 1 月

15. 中华人民共和国水利水电部．DL/T5091-1999,水力发电厂接地设计技术导则．中华人民共和国水利部．1999 年 1 月

16. 肖新华．三维地网数值计算及其设计方法研究．重庆大学硕士学位论文．2001 年 4 月